土壌学概論

犬伏和之
安西徹郎
——編

梅宮善章
後藤逸男
妹尾啓史
筒木　潔
松中照夫
——著

朝倉書店

執 筆 者

安 西 徹 郎（あん ざい てつ を）	千葉県農業総合研究センター
犬 伏 和 之（いぬ ぶし かず ゆき）	千葉大学園芸学部教授
梅 宮 善 章（うめ みや よし あき）	農業技術研究機構果樹研究所
後 藤 逸 男（ご とう いつ お）	東京農業大学応用生物科学部教授
妹 尾 啓 史（せの お けい し）	三重大学生物資源学部助教授
筒 木 　 潔（つつ き きよし）	帯広畜産大学畜産学部助教授
松 中 照 夫（まつ なか てる お）	酪農学園大学酪農学部教授

（五十音順）

序

土壌は地球上の全生物の生存に直接・間接に関与している．光合成によって二酸化炭素を固定し酸素を放出する植物を支え，人類を含めた動物に食糧や住みかを提供してくれる．また動植物が寿命を終えると再び土壌にもどり，土壌生物によって分解される．このように土壌は地球上の生命や物質循環の要(かなめ)にあり，生命の宿る星，地球に固有の貴重な財産である．土壌を適正に管理すれば，食糧や衣料•燃料をはじめさまざまな生物資源を持続的に供給することができる．しかし，その管理方法をいったん誤れば土壌汚染が広がり，環境破壊へとつながるおそれがあり，現実にも砂漠化や重金属汚染が進行している．また土壌が陸上の限られた部分しか存在しないことは宇宙からのリモートセンシングで明白であり，とくに貴重な土壌資源である肥沃な大地，優良な農地が森林破壊や都市化などで急速に失われつつある．土壌を正しく理解し，その保全と利用を進めることは現代人に広く求められている課題である．土壌学の基礎は，農学をはじめ理学・工学・環境科学・社会科学を学びつつある諸君に，また一般人にも重要かつ必須の分野であるといえよう．

本書の前身である高井康雄・三好 洋著『土壌通論』は1977年に刊行され，農学系大学・短期大学・農業大学校の土壌学の導入的基礎テキストとして，かつまた農業改良普及員・農協指導者・都道府県市町村農業担当者などの実践的入門書として幅広く利用されてきた．しかしながら刊行後20年以上を経過し，抜本的な改訂と内容の刷新を求める声が増してきた．本書は『土壌通論』の役割を継承しつつ，その後継書として，これを教科書として用いてきた気鋭の教育研究者と，農業現場で困難な問題解決に経験豊富な研究指導者が協力して分担し，最新の学問成果と土壌学の課題を踏まえてわかりやすく全面的に書き改めたものである．ただ，土壌学およびその周辺の学際領域のなかで土壌学の基本的な部分と進歩の著しい分野を，教科書という簡潔なスタイルにまとめることには限界があり，割愛せざるを得ない項目が少なくなかった．こうした点は忌憚なくご叱正いただき，今後更なる改善を続ける所存である．

本書が，土壌学を初めて学ぼうとする学生諸君の教科書・参考書として，また農業研究・普及指導あるいは環境保全や自然保護の現場で土壌の知識を平易に習得しようとする方などの入門書として役立てば幸いである．

本書の作成に直接また間接にご援助いただいた多くの方々，終始お世話いただいた朝倉書店編集部に心から謝意を申し上げる．

2001年3月

編　者

目　　次

1. 土壌とはなにか

1.1 地球および人類の歴史と土壌

a. 地球史のなかでの土壌の誕生

地球誕生は今から約46億年前，生命誕生は38億年前ごろといわれている．原始海洋で誕生した生命体が，やがて光合成活動により有機物と酸素を生産するシアノバクテリアへと進化した．それは海水に漂い，あるものはさらに多細胞化して海底に固定できるように進化したが，栄養分や水分はその全身で吸収できたと考えられる．生物が陸上で生活できるようになるのは，さらにはるかな時が経ち，大気中で分子状酸素から成層圏オゾン層が形成され，太陽からの有害な紫外線が遮断されるようになった4億年前の古生代中期頃とされる．陸上では水分吸収と保持が生物にとって必須の機能となり，植物も地中に根系を発達させるようになった．地表に植物遺体が集積しはじめ，これが地上での土壌の誕生となった．

その後，植物が旺盛に繁茂し有機物が蓄積し，泥炭化し変成作用を受け石炭として残された．一方，古生代以降，造山運動が活発化し大陸移動とともに陸上の気候が寒冷化あるいは乾燥化したため，それに対応した生態系ができ上がり，さまざまな土壌が発達したと考えられる．今日地上にみられる土壌は，平均すれば厚さ18 cmしかなく，その生成時間は地質的な有機物集積に比べれば短いものの，一般に数千年から数十万年かけてでき上がったことが多くの年代測定結果から明らかにされている．その生成には，長い時間とともに，骨格となる母岩の性質や気候，生物など複雑な要因が関与している（第11章参照）．

b. 農耕の歴史

人類が寒冷な氷河気候を乗り切り，狩猟生活から定住生活に移り集落を形成して，土壌を農耕に利用するようになったのは，約1万5千年前といわれる．野生植物の穀物化による農耕は野生動物の家畜化とともに土壌の人口扶養力を増し，集落は都市，そして国家へと発展した．紀元前4千年頃から繁栄した古代4大都市文明では，大河の運んだ肥沃な土壌を背景として人と富が集まった．しかし人口増加とともに，都市周囲の森林伐採と耕地化が次第に土壌を疲弊させ，やがて文明衰退につながったことが明らかにされている．

c. 人口問題と食糧問題

1950 年の世界人口は 25 億であったが，2000 年に 60 億を突破し，2050 年には 93 億になると予想されている．これに対して耕地面積は，これまで乾燥地帯での灌漑地の拡大などでわずかに増加したものの，そこでは水資源の枯渇や土壌の塩類化により乾燥農業の限界がみえつつある．現在残された潜在的可耕地も，その多くは問題土壌地帯に広がり，優良な農地は今後むしろ都市化や砂漠化などで減少する危険性が高い．1 人当たりの耕地面積は過去 50 年間に 0.25 ha から 0.12 ha へと半減した（図 1.1）．

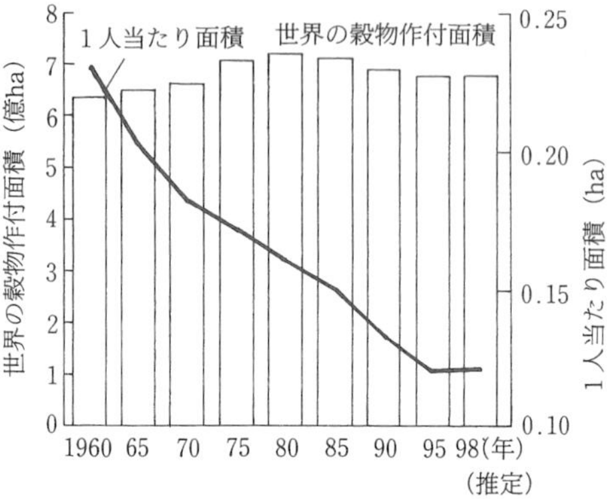

図 1.1　世界の穀物作付総面積と 1 人当たり面積の推移

人口増加に見合う食糧の増加は，単位耕地面積当たりの作物生産量，すなわち収量の増加に依存するしかない．過去 50 年間に世界の穀物生産量は 6 億 t から 3 倍以上の 20 億 t に増大したが，この間に収量は毎年平均 2.1 ％増加しており，品種改良など「緑の革命」や，化学肥料・農薬などの革新的農業技術によるところが大きい．しかし，今後は多くの作物で収量の増加が期待できない状況にある．たとえば，日本での米の収量は 1 世紀以上前の 1878 年には 1.4 t ha^{-1}であったのが，現在 5 t ha^{-1}という高水準に達したものの，今後その飛躍的増加は技術的に困難と予想されている．同様に困難な状況は中国，韓国，インド，東南アジア各国でも起きており，小麦でもアメリカ・カナダ・メキシコで収量の停滞が起こっている（図 1.2）．現在，収量増加が進んでいる地域，作物でも，今後，収量が停滞する可能性が指摘されている．これまで増収に貢献してきた化学肥料は一部で富栄養化などの環境汚染を引き起こした．最近，増収への効果が頭打ちになった結果，化学肥料の消費は低迷しており，技術的困難さを反映し

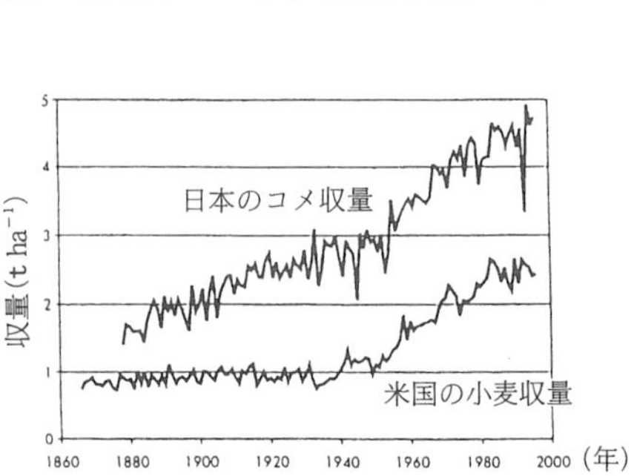

図 1.2　日本のコメ収量とアメリカ合衆国の小麦収量の推移

ている．遺伝子組替え技術も概して従来の育種技術を超えるまでには至っておらず，むしろ食品安全性や生態系への影響が懸念されている．

先進国では飽食の時代を迎えているが，その一方で途上国では8億人ともいわれる栄養失調と飢餓人口が生じている．この食糧のアンバランスが意味するものは，穀物を直接食糧とせずに，飼料を経由する肉食の効率の悪さである．先進国の年間1人当たり穀物消費量（家畜飼料を含む，1994年）580 kg は途上国 240 kg の倍以上になる．途上国では飼料の生産や換金性の高いプランテーションが優先され，土壌養分の収奪を招いている．したがって富める者はますます富み，飢える者はますます飢えるという格差の拡大が進んでいる．また世界の穀物備蓄は減少傾向にあり，温暖化による気候変動の激化を受けやすいが1999年にはわずか60日の消費量しかなかった（図1.3）．国際的な食糧逼迫が食糧危機へと発展する懸念は捨てられない．これを回避するためには，環境破壊的な農業から持続的農業への移行が重要である．土壌の機能を最大限に維持しつつ，その保全を進めることが緊急の課題として人類全体に求められている．

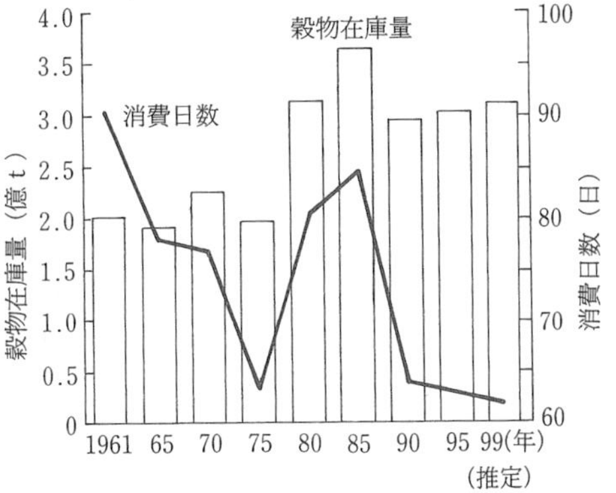

図 1.3 世界の穀物在庫量とその消費日数

1.2 土 壌 の 概 念

a. ドクチャエフの土壌観

人が「母なる大地」として，すなわち生命を育む場として土壌を認識するようになったのは，農耕を行うようになってからであろう．その後，幾多の学者によって土壌観が説かれた．古くは紀元前5～4世紀のギリシャ・ローマの思弁的（経験によらず，ただ純粋な思考による認識）土壌観，中世の暗黒時代を経て，18世紀には，2世紀以上信じられてきた「腐植栄養説」の体系化と「無機栄養説」の出現による崩壊，「無機栄養説」を決定的にしたリービッヒ（J.von Liebig, 1803～1873）的土壌観＝栽培試験と化学分析を手段とする農芸化学的土壌観の形成，19世紀のドイツの地質学的土壌観などである．これらの詳細は他書（たとえば松井 健著『土壌地理学序説』）に譲る．

こうした経過を経て，19世紀後半にロシアのドクチャエフ（V.V.Dokuchaev,

1846〜1903）は，チェルノーゼム分布地帯をはじめとして1万km以上のフィールドを踏査し，広大な面積にわたる土壌の自然断面調査を行った．その結果，土壌はその下層にある岩石とは本質的に異なり，気候，地形，母材や生物などの影響を受けて生成した独自の形態をもつ自然体（natural body）である，との認識を示した（第11章参照）．

ここでいう独自の形態とは，図1.4に示すように土壌断面に物理的，化学的，生物的性質が異なる層が分化していることを意味する．すなわち，土壌断面の形態や土壌の組成，土壌の性質にその土壌の生成の歴史が刻まれており，それを知るには野外調査が土壌研究の出発点となるという考え方である．彼の考え方は自然史的土壌観といわれている．ここに来て土壌研究は独立した自然体を研究対象とする土壌学として，ほかの自然科学と同様の性格をもつに至ったのである．

以上，土壌研究には二つの方向がある．一つは独立した自然体として生成の歴史から土壌にアプローチする方向，もう一つは農林業的立場からの生産基盤として土壌をみる方向である．前者はペドロジー，後者はエダフォロジーというが，現代土壌学においては両者の結びつきを視野においた研究が求められている．

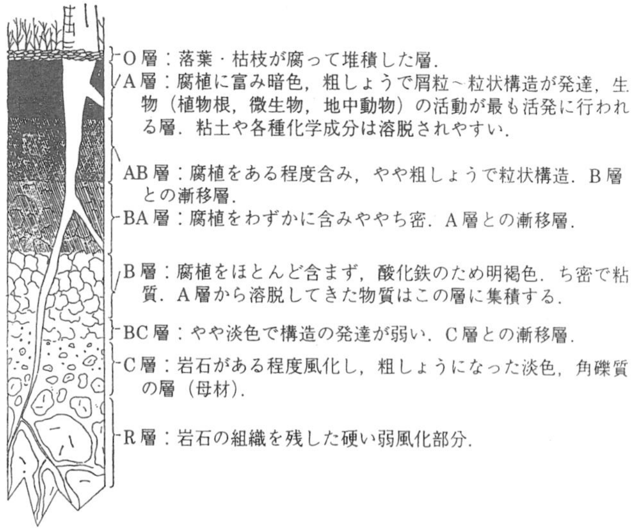

O層：落葉・枯枝が腐って堆積した層．
A層：腐植に富み暗色，粗しょうで屑粒〜粒状構造が発達，生物（植物根，微生物，地中動物）の活動が最も活発に行われる層．粘土や各種化学成分は溶脱されやすい．
AB層：腐植をある程度含み，やや粗しょうで粒状構造．B層との漸移層．
BA層：腐植をわずかに含みややち密．A層との漸移層．
B層：腐植をほとんど含まず，酸化鉄のため明褐色．ち密で粘質．A層から溶脱してきた物質はこの層に集積する．
BC層：やや淡色で構造の発達が弱い．C層との漸移層．
C層：岩石がある程度風化し，粗しょうになった淡色，角礫質の層（母材）．
R層：岩石の組織を残した硬い弱風化部分．

図1.4　土壌断面の模式図（松井(1988)を一部削除）

b. 土層の分化

土壌表面から1～2m程度の深さまでの断面を整えてよく観察すると，図1.4のように表層には黒くて粒子が細かく，構造が発達した部位，次いで酸化鉄の色が反映された明褐色の硬い部位，そしてさらに深くには基盤である岩石がみられる．このように，土壌にはいくつかの異なった性質をもつ層がみられ，これを土層の分化という．これらの層はA，B，C層などと呼ばれている（第11章参照）．

i） A層： ふつう土壌の最上層にあって，生物や気候の影響を最も強く受けている層である．岩石や堆積物が風化した無機物質と動植物遺体などが分解してできた有機物（腐植）が蓄積し，黒色～褐色を呈する．さらに植物根によって下層から吸い上げられた成分が加わる一方で，降雨や灌漑などによって土壌中の粘土や各種成分が溶解して水とともに下方へ溶脱する層でもある．

ii） B層： A層の下にあって，上層から溶脱した粘土，鉄，アルミニウム，腐植などが集積している層である．また，ケイ酸が溶脱したため，鉄やアルミニウムの酸化物が残留・富化し，褐色～赤・黄色を呈する層やケイ酸塩粘土，遊離酸化物の生成と構造の発達が認められる層もB層として特徴づけられている．

iii） C層： 土壌の母材となる岩石の物理的風化層または非固結堆積物層をいう．

iv） その他の層： C層の下の強く風化を受けていない硬い岩石（基岩）をR層という．また，水田のように水の影響で還元的になっている土層をG層，林地でみられる落葉・枯枝の堆積層をO層，湿原で見られる泥炭，黒泥と呼ばれる植物遺体の堆積層をH層，鉄やアルミニウムの酸化物，粘土，腐植などが溶脱した結果，相対的に砂やシルトに富む層をE層という．

c. 土壌の定義

土壌の定義は土壌学と名のつく本のなかで多くの人が試みているが，その内容は立場によって違う．世間一般には「土壌」という言葉はあまり使われず，「土」とか「泥」といわれ，もう少し大きな単位では「地面」「土地」などと使われる．では「土壌」とは何かといえば，「壌」は長時間かけてかもし出された物理的・化学的・生物的性質の集合体を意味し，あらたな生命体を育むものと解釈したい．

以上のことから，本書では，「土壌」とはドクチャエフのいう，「気候，地形，母材や生物などの影響を受けて生成した独自の形態，すなわち物理的・化学的・生物的性質をもつ自然体」であって，生物を含み，植物の支持・生産基盤となっているもの，と定義しておく．

〔犬伏和之・安西徹郎〕

2. 土壌の構成

2.1 土壌の三相

土壌は，固体である無機質と有機質の粒子と，その隙間（孔隙）を満たす気体（土壌空気）および液体（土壌水分）の三つの相から成り立っている（図 2.1）．これらを土壌の三相という．それぞれの体積比率を固相率，液相率(水分率)，気相率（空気率）といい，それらの比率分布を土壌の三相分布という．三相分布は，土壌の種類，管理方法，深さ，土壌粒子の性質などによって変化する（図 2.2）．一般に有機物の多い土壌は少ない土壌より固相率が低く，農耕地では表土のほうが下層土より固相率が低い．また気象条件によっても変動し，降雨によって液相

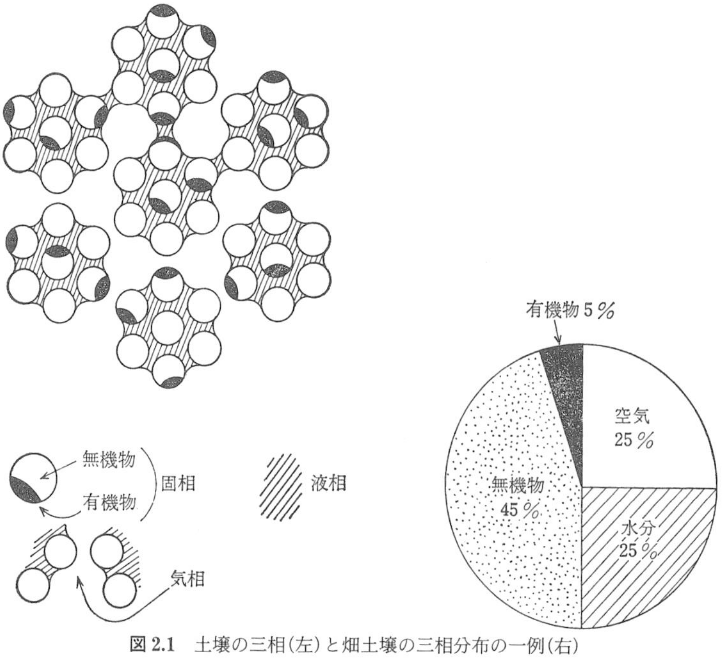

図 2.1 土壌の三相(左)と畑土壌の三相分布の一例(右)

(a) 根の伸長が困難な　　(b) 根の伸長が容易な　　(c) 火山灰土壌
　　三紀層土壌(土性：LiC)　　沖積層土壌(土性：LiC)　　　(土性：L～CL)

▨ 固相　　□ 気相　　⋯ 液相

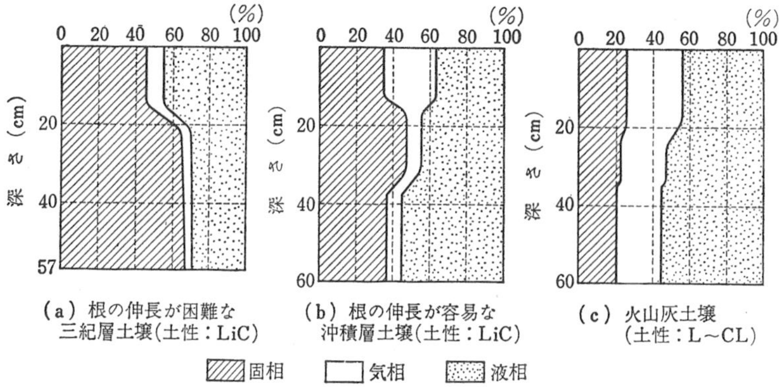

図2.2　各種土壌の三相分布の比較（千葉農試）

率が増加し気相率が低下する．

　植物の根は，土壌中に伸びていく過程で水分・養分・酸素の存在や土壌の硬さに影響されるので，土壌の三相分布は植物生育にとって重要な性質になる（第9章参照）．固相率の高い土壌や土層では根の伸張が妨げられる．三相分布を測定するには，まず野外土壌を一定容積の金属製円筒（コアサンプラー）で土壌構造を壊さぬよう採取し，実容積計を用いて固相率と液相率の合計体積を求める．その試料を105℃で乾燥させて，その前後の重量変化から液相率を求める．

2.2　比 重 と 孔 隙

　土壌の三相分布は，比重や孔隙率などの物理量と密接な関係がある．

a．真　比　重

　土壌の固相部分のみの単位体積当たり重量を真比重といい，土壌粒子の組成により変化する．無機質土壌では $2.6～2.8\,\mathrm{g\,mL^{-1}}$，有機物の多い土壌ではそれ以下である．鉄鉱物や有色鉱物は比重 3.0 を越えるものが多く，これらを多量に含む土壌も真比重は高くなる．

b．仮比重（容積重）

　土壌全体の単位体積当たり重量を仮比重または容積重といい，土壌の孔隙率によって大きく変化する．三相分布の測定で用いたコアサンプラーの容積当たりの固相率から求められる．これを現地仮比重といい，風乾細土を室内で充塡して求めた値とは区別する．

　仮比重は，砂質土壌では $1.1～1.8\,\mathrm{g\,mL^{-1}}$ 程度であるが，土壌有機物を多く含むほど小さくなり，黒ボク土壌では 0.5〜0.8 g mL^{-1}，泥炭土壌では 0.2〜0.6 g mL^{-1} にまで低下する．

c. 孔隙率

土壌の孔隙（液相＋気相）が全体容積に占める割合を孔隙率という．孔隙率は土性，有機物含量，耕うん，水分状態などによって変化する．植物の生育や土壌生物の活動に影響する．

2.3 土性

a. 粒径分布

土壌粒子は，後述（第9章）のように単一粒子が互いにつながり，より大きな団粒構造を形成している．団粒をばらばらに分散させ，その単一粒子の粒径を篩（ふるい）または水中での沈降速度の違いで調べると，砂粒子や粘土粒子，その中間的なシルト粒子に分けることができる．それぞれの粒子は表 2.1 のように物理的・化学的性質が大きく異なるため，土壌中の粒子の構成割合（粒径分布）を調べることが重要になる．

表 2.1 土壌を構成する粒子の性質

粒子	粒径 (mm)	比表面積 (cm^2 g^{-1})	物理性・化学性
粗砂	2.0〜0.2	21	土壌の骨格を形成し粗孔隙を大きくする．単粒状．
細砂	0.2〜0.02	210	
シルト	0.02〜0.002	2100	骨格形成と反応性に寄与．粘着性はないが，わずかに凝集性がある．
粘土	0.002 以下	23000	比表面積が大きく反応性に寄与．粘着性・凝集性に富む．

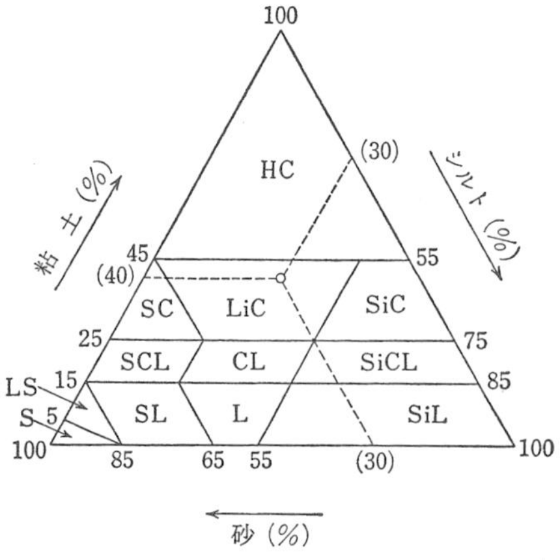

図 2.3 三角図表による土性の区分（国際土壌学会）

b. 土性の表示

土性とは，粒径分布によって分類される土壌の名称であり，粒径 2 mm 以上の礫を除いた細土について，砂（粗砂＋細砂）・シルト・

粘土それぞれの重量割合を求め，図 2.3 のような三角図表にプロットし，土性名を決める．図中の記号は以下の正式名の略称である．

S	Sand	砂土
LS	Loamy sand	壌質砂土
SL	Sandy loam	砂壌土
L	Loam	壌土
SiL	Silt loam	微砂質壌土
SCL	Sandy clay loam	砂質埴壌土
CL	Clay loam	埴壌土
SiCL	Silty clay loam	微砂質埴壌土
SC	Sandy clay	砂質埴土
LiC	Light clay	軽埴土
SiC	Silty clay	微砂質埴土
HC	Heavy clay	重埴土

2.4　土壌の化学的組成

土壌は表 2.2 のような元素組成をもち，岩石と植物の中間的性質を示している．地殻を構成する元素で存在量の最も多い酸素，ケイ素，アルミニウムの三元素は，3 章で述べる土壌中の粘土鉱物の基本骨格となる．また植物に多く含まれる炭素，水素，酸素は土壌中で有機物として安定化する．このことからも，土壌はその母材となる岩石と生物の相互作用ででき上がることがわかる．さらに植物に必要な元素で土壌に不足する窒素などは肥料で補給する必要がある．また元素として土壌中に存在しても，植物に利用できる形態にあるのはその一部にすぎない．

表 2.2　地殻・植物と土壌中の平均元素組成（重量%）

元素名	岩石圏	植物体	土　壌
酸素	47.2	70.0	49.0
ケイ素	27.6	0.15	33.0
アルミニウム	8.8	0.02	7.13
鉄	5.1	0.02	3.8
カルシウム	3.6	0.31	1.37
ナトリウム	2.64	0.02	0.63
カリウム	2.6	0.31	1.36
マグネシウム	2.1	0.07	0.60
チタン	0.61	1×10^{-4}	0.46
水素	0.15	10.0	5.0
炭素	0.1	18.0	2.0
イオウ	0.09	0.05	0.085
リン	0.08	0.07	0.08
塩素	0.045	$n\times10^{-2}$	0.01
窒素	0.01	0.3	0.1

表 2.3　土壌の無機成分の全分析値（灼熱物%）

地　名	土壌の種類	土　層	深　さ (cm)	SiO_2	Al_2O_3	Fe_2O_3	MnO	C_aO	MgO	$N_{a_2}O$	K_2O
北海道 浜頓別	ポドゾル*1 (砂丘由来)	A_1 A_2 B_2	1〜 9 9〜21 21〜40	85.7 91.2 85.0	8.6 5.6 9.6	3.5 1.1 3.9	0.5 0.4 0.4	0.5 0.3 0.5	1.0 0.8 1.0	0.4 0.6 0.5	0.3 0.4 0.3
千葉県 佐原市	火山灰土*2	第 1 層 第 3 層	0〜30 45〜	40.1 36.6	25.3 23.5	17.1 15.5	0.6 0.4	7.2 7.2	6.1 5.9	3.9 3.7	1.4 1.0
静岡県 三ケ日町	黄褐色森林土*3	A C	0〜 6 85〜120	48.6 49.0	18.5 24.1	16.2 15.4	0.1 0.2	4.1 4.0	9.3 7.5	1.3 1.6	0.4 0.2

*1：佐々木(1960)，*2：三好(1966)，*3：永塚(1975)．

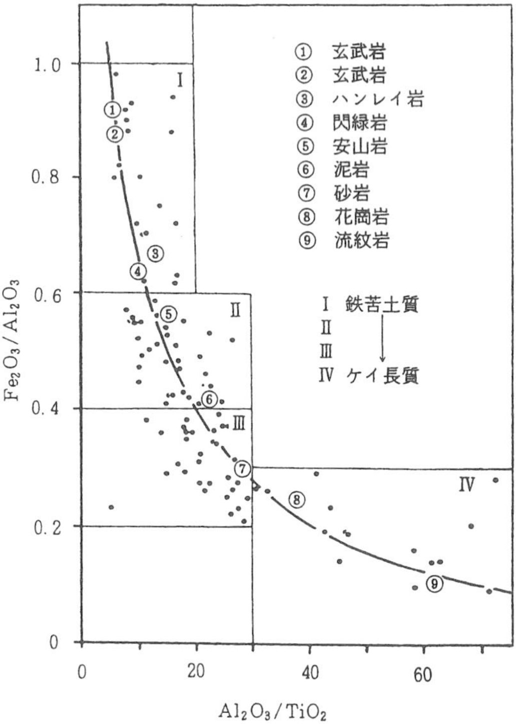

図 2.4　土壌試料と代表的岩石の Fe_2O_3/Al_2O_3 比と Al_2O_3/TiO_2 比の関係(Araki and Kyuma, 1985)

土壌の無機成分の化学組成（全分析）は表 2.3 のように酸化物の重量%で表すが，土壌別に調べると砂質で塩基の溶脱が進んでいるポドゾルはほかの土壌に比べて鉄・アルミニウム・カルシウム・マグネシウムなどの含量が少ない．また図 2.4 のように元素の比をとることによって土壌とその母材との対応が明らかになる．土壌の全分析は近年の機器分析技術の発展で迅速にできるようになった．

〔犬 伏 和 之〕

3. 土 壌 鉱 物

3.1 土壌鉱物の分類

一般に岩石には多くの鉱物が含まれており，その数は約 2000 種類にも及ぶ．そのうち重要なものは少なく，表 3.1 に示すように長石，石英，輝石，角閃石，雲母などであり，これらは土壌中でも主要な成分を占めている．これらの鉱物は一次鉱物（造岩鉱物）と呼ばれる．しかし，土壌中の一次鉱物組成は母岩とは異なり，たとえば火成岩が母岩の土壌では輝石・角閃石の相対比は少なく，石英が多くなる．これは石英が風化に対する抵抗性が強いためである．一次鉱物に対して，これらが地表で風化作用および変成作用を受けて新たに生成したり，変質した鉱物が二次鉱物である．通常，一次鉱物は無水物で形が大きく，砂～シルト画分にみられ，二次鉱物は含水物で形が小さく，粘土画分にみられる．

表 3.1 火成岩，火山灰および堆積岩の平均鉱物組成（井上，1997）

鉱　物	火成岩 (%)	火山灰*1 (%)	頁　岩 (%)	砂　岩 (%)
長石類	59.5	6.0	30.0	11.5
角閃石・輝石類	16.8	2.0	—	tr*3
石　英	12.0	—	22.3	66.8
雲母類	3.8	—	—	tr
軽　石	—	70.0	—	—
火山ガラス	—	21.0	—	—
粘土鉱物	—	—	25.0	6.6
褐鉄鉱	—	—	5.6	1.8
炭酸塩	—	—	5.7	11.1
その他*2	7.9	1.0	11.4	2.2

*1：最も塩基性のもの．
*2：チタン鉄鉱，リン灰石，ジルコン，磁鉄鉱，金紅石など．
*3：tr ＝少量．

3.2 一 次 鉱 物

土壌中の一次鉱物は表 3.2 に示すケイ酸塩鉱物，酸化物鉱物，その他の鉱物に区分されるが，ケイ酸塩鉱物が最も種類が多い．

a. ケイ酸塩鉱物

1) 長石類　長石類のうち，正長石や微斜長石はカリウム，曹長石はナトリ

表 3.2 土壌中の主な一次鉱物

鉱 物	化 学 式
1. ケイ酸塩鉱物	
a. 長石類	正長石 $KAlSi_3O_8$ など
b. カンラン石	$(Mg, Fe)_2SiO_4$
輝石類	普通輝石 $Ca(Mg, Fe, Ti, Al)(Si, Al)_2O_6$ など
角閃石類	普通角閃石 $(Na, Ca)_2(Mg, Al)_5(Si, Al)_8O_{22}(OH)_2$ など
c. 雲母類	白雲母 $K_2(Si_6Al_2)Al_4O_{20}(OH, F)_4$ など
d. 火山ガラス	
e. 付随鉱物	電気石 $(Na, Ca)(Li, Al)_3(Al, Fe, Mn)_6(BO_3)_3Si_6O_{18}(OH, F)_4$, 黄玉 $Al_2SiO_4(OH, F)_2$ など
2. 酸化物鉱物	
a. 石英	SiO_2
b. 付随鉱物	クリストバライト SiO_2, 磁鉄鉱 $Fe_2O_3 \cdot FeO$ など
3. その他	
リン灰石	$Ca_5(PO_4)_3(OH, F, Cl)$

ウム，灰長石はカルシウムに富んだアルミニウムケイ酸塩である．長石類は石英とともに土壌中に多く含まれており，正長石を除いて風化抵抗性が小さく，土壌中の陽イオンの重要な給源となっている．長石はカオリン鉱物に変化することが知られている．

2) カンラン石・輝石・角閃石 これらはマグネシウムと鉄に富むので，苦鉄鉱物と呼ばれる．長石に次いで土壌中での分布が広いが，風化を受けやすいため，含量は一般に低い．

3) 雲母類 主要な雲母は白雲母と黒雲母で，ともに薄片状の小片をなす．白雲母にはカリウムが含まれるが，きわめて風化しにくいため，土壌中に多く存在する．黒雲母はカリウムのほかマグネシウムと鉄を含んでおり，それら成分の給源となっている．風化を受けてイライトやバーミキュライトに変化しやすい．

4) 火山ガラス 火山ガラスは火山灰などに含まれる非晶質のケイ酸塩である．ケイ酸の含有率によって酸性と塩基性のものとに分けられる．酸性の火山ガラスはケイ酸含有率が高く風化を受けにくい．塩基性の火山ガラスはカルシウム，マグネシウムなどが相対的に高く，風化を受けやすく，塩基の給源となる．

b. 酸化物鉱物

1) 石英 石英は土壌中に最も広く，多量に含まれている．純粋なものは無色透明であるが，不純物により乳白，黄，褐色のものもみられる．風化抵抗性がきわめて大きく，花崗岩，片麻岩などの酸性岩や変成岩，砂岩などの堆積岩の主要鉱物となっている．

2) クリストバライト 石英と結晶構造が異なるケイ酸鉱物で，少量ながら火山灰土中に存在する.

c．その他の鉱物

上記の鉱物のほかに，土壌中には電気石，ジルコンなどのケイ酸塩鉱物，磁鉄鉱，チタン鉄鉱，酸化チタンなどの酸化物鉱物，リン灰石などが含まれている．これらの鉱物は岩石中にも少ないが，風化を受けにくいので，ごく少量ながら土壌中にも見出される.

3.3　二　次　鉱　物

二次鉱物はその化学組成から次のように区分される.

1．ケイ酸塩鉱物　{結晶性, 準晶質および非晶質}

2．酸化物・水和酸化物

これらのうち狭義にはケイ酸塩鉱物を粘土鉱物と呼ぶが，二次鉱物を粘土鉱物と同義に用いることも多い．粘土鉱物は一般にその粒子表面がマイナスの荷電をもっており，比表面積が大きいので，きわめて反応性に富んでいる(第4章参照).

3.4　結晶性粘土鉱物

a．層状ケイ酸塩鉱物の基本構造

土壌中の主な粘土鉱物を表3.3に示したが，1：1型，2：1型，2：1：1型，中間種鉱物および混合層鉱物は層状の格子構造をもつケイ酸塩鉱物である．このような粘土鉱物を結晶性粘土鉱物という.

層状ケイ酸塩鉱物は図3.1(a)(c)のように，Si四面体とAlあるいはMg八面体を基本構造としている．Si四面体は小さいSi^{4+}を4個の大きなO^{2-}が取り囲んでおり，正四面体となっている．四面体の荷電はSiはSi^{4+}，$4\times O^{2-}$の差し引きで，マイナスの荷電が4個多くなる．図3.1(b)のように，このうち3個は隣の四面体と底面のOを共有し，残りの頂点のOを同一方向に向けて，*ab*両軸方向，すなわち水平方向につながる四面体シートを形成する．このとき6個の四面体のつながりでできる六角形を六員環という．一方，Al^{3+}は6個のOH^-またはO^{2-}に囲まれ，正八面体となる．この八面体は図3.1(d)のように，稜角のOをそれぞれ隣の八面体と共有して*ab*両軸方向に広がり，八面体シートを形成する．このシートはAl^{3+}やFe^{3+}のような3価の陽イオンを含むときは八面体の陽イオン位置の1/3が空席となり，Mg^{2+}やFe^{2+}のような2価の陽イオンのときにはすべての八面体のイオン

表 3.3 土壌中の主な粘土鉱物とその特性（三枝，1989）

鉱物名	構造式	粒子の形態	比表面積 (m^2g^{-1})	陽イオン交換容量 (cmol(+)kg^{-1})
1：1型				
カオリナイト	$Al_2Si_2O_5(OH)_4$	板〜薄板状	10〜55	2〜10
ハロイサイト(10Å)	$Al_2Si_2O_5(OH)_4\cdot 2H_2O$	中空管状，球状	60〜1100	5〜40
ハロイサイト(7Å)	$Al_2Si_2O_5(OH)_4$	中空管状	60〜1100	5〜15
蛇紋石(サーペンティン)	$(Mg,Fe^{2+})_3Si_2O_5(OH)_4$	板状〜管状		
2：1型				
スメクタイト (0.2< x*1 <0.6)				
モンモリロナイト	$M^{I}_{0.33}$*2$Si_4(Mg_{0.33}Al_{1.67})O_{10}(OH)_2\cdot nH_2O$	薄膜状	770	60〜100
バイデライト	$M^{I}_{0.33}(Al_{0.33}Si_{3.67})Al_2O_{10}(OH)_2\cdot nH_2O$			
ノントロナイト	$M^{I}_{0.33}(Al_{0.33}Si_{3.67})Fe_2^{3+}O_{10}(OH)_2\cdot nH_2O$			
バーミキュライト (0.6< x <0.9)				
バーミキュライト	$M^{I}_{0.86}(Al_{0.86}Si_{3.14})Al_2O_{10}(OH)_2\cdot nH_2O$	板〜薄板状	770	100〜150
雲母(x＝1)				
イライト	$K(AlSi_3)Al_2O_{10}(OH)_2$	板〜薄板状	10〜55	10〜15
2：1：1型				
クロライト	$(Mg_5Al)(AlSi_3)O_{10}(OH)_8$	板〜薄板状	10〜55	2〜10
2：1〜2：1：1型 中間種鉱物		板〜薄板状		
混合層型 混合層鉱物(規則型，不規則型)				
準晶質				
イモゴライト	$(OH)_6Al_4O_6Si_2(OH)_2$	繊維(中空管)状	1025	20〜30
非晶質				
アロフェン	$1〜2SiO_2\cdot Al_2O_3\cdot nH_2O$	塊(中空球)状	1050	30〜135

*1：x は単位化学式当たりの層荷電，*2：M^{I} は1価陽イオンで代表させた交換性陽イオン．

が満席となる．前者は2八面体，後者は3八面体と呼ばれている．

この四面体と八面体のシートは四面体の頂点に残っているOを Si^{4+} と Al^{3+} が共有して垂直方向，すなわち c 軸方向に連結して，2種類の単位層を作る．一つは四面体シートと八面体シートが1枚ずつ組み合わさった1：1型層，ほかの一つは2枚の四面体シートが1枚の八面体シートをサンドイッチのように挟んだ2：1型層である．この1：1型層が繰り返し重なり合っているものを1：1型鉱物，2：1型層が重なり合っているものを2：1型鉱物，2：1型層の層間にさらに1枚の八面体シートが挟まってできているものを2：1：1型鉱物という．

b. 1：1型鉱物

これに属するものとして，カオリナイト，ハロイサイト(7Å*，10Å)，蛇紋石などがある．(*Å：光学や結晶学で用いられる長さの単位．本章では便宜的にÅ

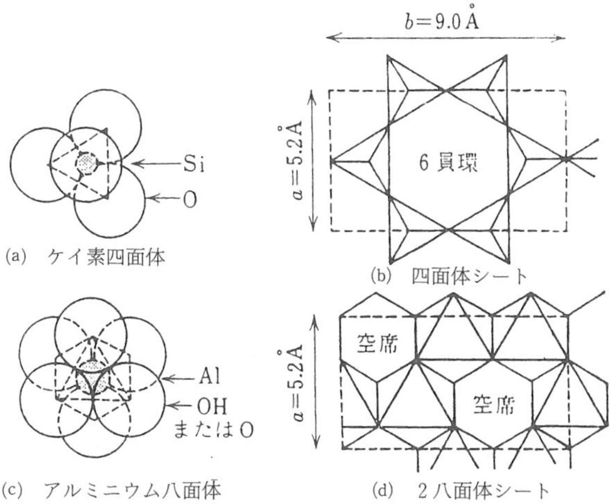

図 3.1　層状ケイ酸塩鉱物の基本構造(三枝，1989)

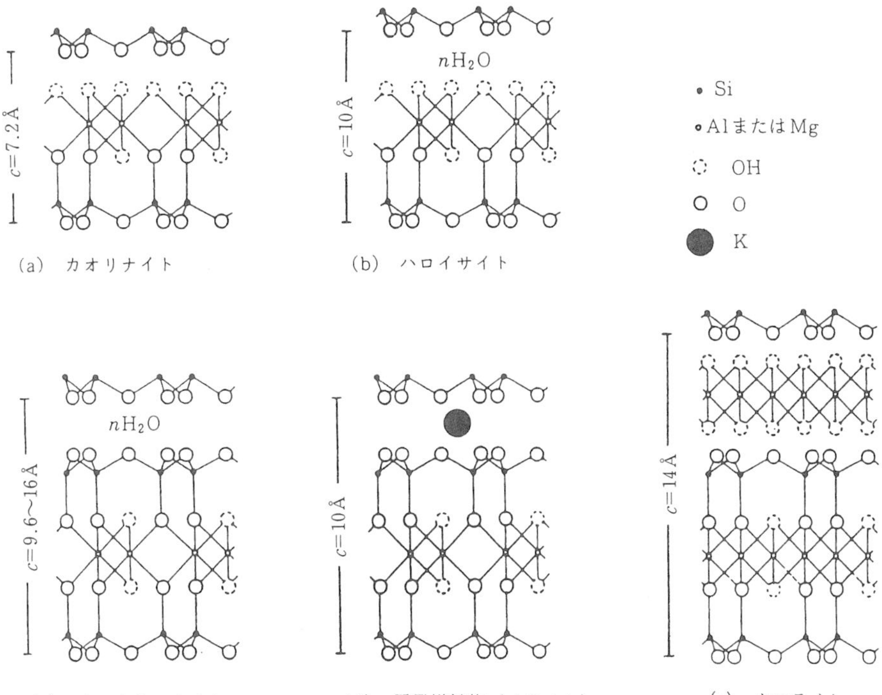

図 3.2　層状ケイ酸塩鉱物の模式図（井上，1997）

を用いる．SI 単位との関係は 1 Å $=10^{-10}$m $=0.1$ nm である．)

1) カオリナイト　図 3.2(a)に示すように，カオリナイトの下部の四面体シートの頂点の O が上部の八面体シートと共有されて，単位層となっている．また，隣接する単位層間は O^{2-} と OH^{-} による水素結合とファン・デル・ワールス力で比較的強固につながっている．このためカオリナイトは 0.1～5 μm という割合大きな六角板状の結晶ができる (図 3.3(a))．また，層間には水が浸入できないので，底面間隔（一つの単位層の底面から次の単位層の底面までの距離）は単位層そのものの厚さとほぼ同じ 7.2 Å である．

2) ハロイサイト　ハロイサイトは図 3.2(b)のように，カオリナイトと同じ基本構造を有するが，単位層間の結合が弱いために 1 分子層の水が入ると，底面間隔は約 10 Å に膨張する(加水ハロイサイト)．しかし，この水分子は乾燥や加熱によって比較的容易に失われてハロイサイト(7 Å)に変わる．この鉱物の形態は図 3.3(b,c)のように中空管状や球状のものが多い．

3) 蛇紋石　Mg^{2+} や Fe^{2+} が入った 3 八面体の 1：1 型鉱物である．蛇紋石にはアンチゴライト，クリソタイル，リザーダイトの 3 種があり，ともに 7.3 Å の底面間隔をもっている．

c. 2：1 型鉱物

2：1 型鉱物にはスメクタイト，イライト，バーミキュライトなどがある．この鉱物では四面体の Si^{4+} が Al^{3+} と，八面体の Al^{3+} が Fe^{3+}，Fe^{2+}，Mg^{2+} などと一部置換する．このようにほぼ同じイオン半径をもったイオン間の置換を同形置換という．同形置換では結晶の形が基本的には変化しないが，質的な変化は大きい．たとえば Si^{4+} が Al^{3+} と，Al^{3+} が Fe^{2+} や Mg^{2+} と置換するとマイナスの荷電が生じ，これを中和するために単位層間に陽イオンが吸着し，層間が狭まる．

1) スメクタイト　スメクタイトはモンモリロナイト，バイデライト，ノントロナイトなどを含む鉱物群の総称である．代表的なモンモリロナイトは図 3.2(c)のように上下二つの四面体シートに八面体シートが挟まる構造となっている．隣接の四面体シート同士は O^{2-} で向かい合っており，単位層間の結合力は弱い．そして表 3.3 に示した構造式のように，八面体シートの Al^{3+} の 1/6 が Mg^{2+} と同形置換されているが，層間の陽イオンは少ないので，水が浸入すると膨張し，底面間隔は約 10 Å から 16 Å までなる．粒子の形態は図 3.3(d)のような薄膜状である．

2) イライト　イライトは基本的に構造が一次鉱物の雲母と同じであるので，雲母様鉱物とも呼ばれる．その構造は図 3.2(d)のとおりであるが，同形置換によ

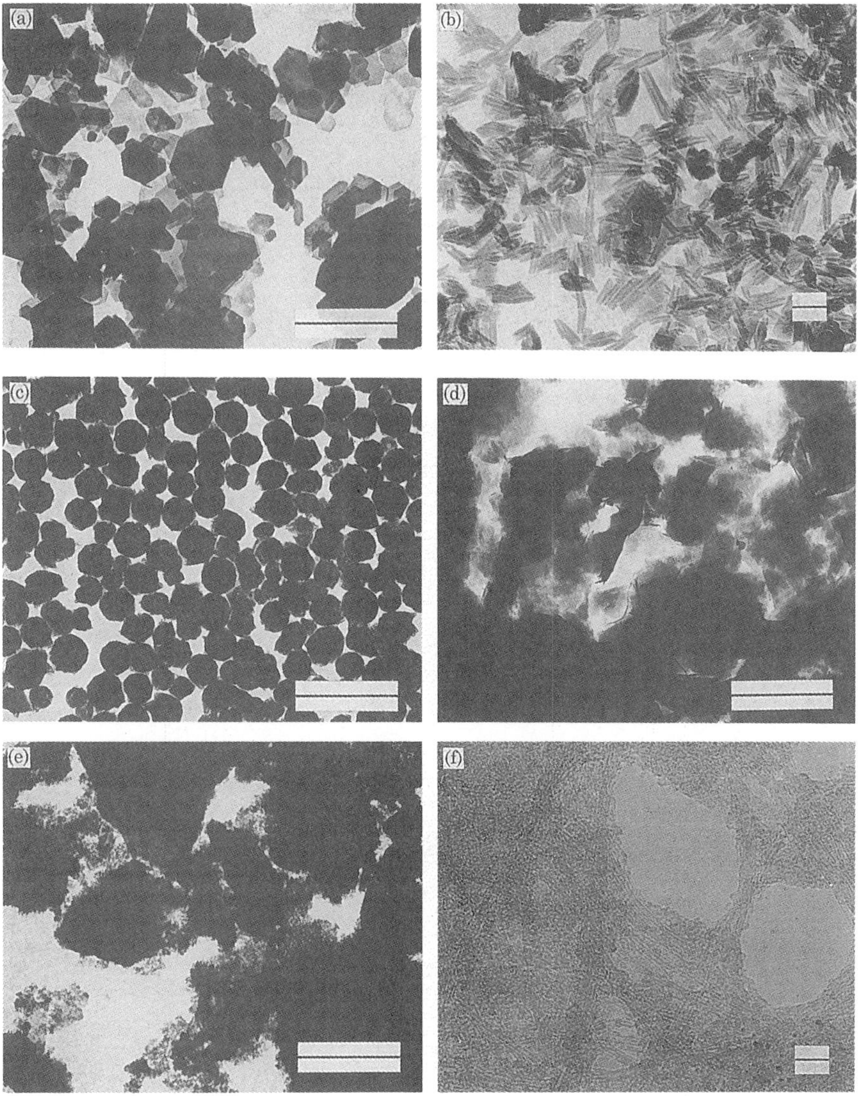

図 3.3 粘土鉱物の電子顕微鏡写真

(a)カオリナイト(六角板状)—ジョージアカオリン，(b)ハロイサイト(中空短管状)—アルフィソル(ニュージーランド)，(c)ハロイサイト(球状)—沼野井粘土，(d)モンモリロナイト(薄膜状)—ワイオミングベントナイト，(e)アロフェン(中空球状)—鹿沼土，(f)イモゴライト(中空管状)とアロフェン—黒ボク土B層(十和田).

スケール：(a)，(c)，(d)，(e)は 1 μm，(b)は 0.2 μm，(f)は 0.025 μm.

写真提供：(a)，(c)，(d)，(e)は北川・渡辺・山本，(b)，(f)は三枝.

ってマイナスの荷電を帯びた隣接の四面体シートが，非交換性のK^+によって中和されている．このような四面体シートの同形置換によるマイナスの荷電は，八面体シートのそれに比べて層間の陽イオンとの距離が短いので，静電気的にK^+を強く引きつけている．またK^+は隣接する四面体シートの六員環の穴にそれぞれ入り込むため，強い結合が生じる．そのため，層間には水分子が浸入できないので膨張収縮性を示さず，陽イオン交換容量も小さい．イライトの底面間隔は約10Åであり，不規則な板状の結晶粒子となる．

3）バーミキュライト　バーミキュライトは主に四面体シートのSi^{4+}とAl^{3+}の同形置換によって生じた層荷電によって層間に陽イオンと水分子を挟む構造をもつ．陽イオンがMg^{2+}の場合は2分子の水が入り，底面間隔は約14Åを示す．2八面体型と3八面体型があり，前者は八面体陽イオンとしてAl^{3+}が多く，後者はMg^{2+}，Fe^{2+}が多い．バーミキュライトは雲母類，クロライト，火山ガラスの風化によって生成する．

d．2：1：1型鉱物

クロライトは図3.2(e)のように，2：1型の単位層間にMg^{2+}が一部Al^{3+}，Fe^{3+}と同形置換した八面体シートが挟まったものである．これらの層間は静電気的に強く結合しているため，水分子が浸入できず，底面間隔は約14Åである．クロライトは蛇紋岩の風化やスメクタイト，バーミキュライトの層間におけるAl^{3+}の重合・沈着などにより生成する．

e．中間種鉱物

スメクタイトやバーミキュライトの層間には，ヒドロキシアルミニウムイオン($Al_m(OH)_n^{(3m-n)+}$)が不規則に浸入して，2：1型鉱物と2：1：1型鉱物の中間的な性質をもつ鉱物がある．たとえばスメクタイト-クロライト中間種鉱物，バーミキュライト-クロライト中間種鉱物などである．

f．混合層鉱物

2種類以上の異なる単位層が積み重なっている鉱物である．土壌中では広く見出され，最も普遍的にみられるのが雲母/スメクタイト混合層鉱物である．

3.5　非晶質および準晶質粘土鉱物

黒ボク土中には結晶単位層が短い範囲で規則性をもつケイ酸塩鉱物がみられる．これは，長い範囲で規則性をもつ結晶性粘土鉱物とは明らかに区分されるので，非晶質および準晶質粘土鉱物といわれる．これらは多分に漸変的なものである．

a. アロフェン

アロフェンは一定の化学組成をもたないが，主に SiO_2，Al_2O_3 の和水物がゆるく結合したもので，原子配列の規則性がみられない非晶質鉱物である．図 3.3(e)のような直径約 35〜50 Å の中空球状の粒子からなり，これが凝集体を形成するが，一定の形状を示さない．中空球状粒子の球壁は多孔質でできており，水分子が浸入できる．また，SiO_2/Al_2O_3（珪ばん比）が 2 以下であり，表 3.3 に示すように比表面積が大きいので，表面に多くの [Al-OH_2^+]基が露出して，リン酸イオンなどを吸着する．このため，黒ボク土は高い水分保持力とリン酸固定力を示す．

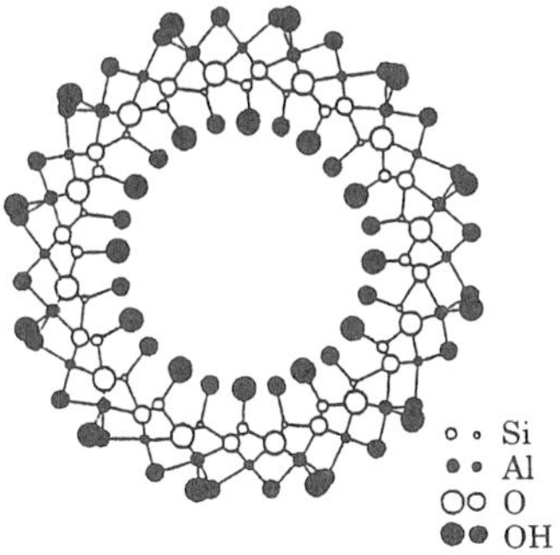

図 3.4 イモゴライトの中空管状構造を示す断面図（和田，1986）

b. イモゴライト

イモゴライトはアロフェンと似た化学組成や性質をもつ．図 3.3(f)および図 3.4 に示す外径約 20 Å，内径約 10 Å の中空管状構造が集合･配列して繊維状となる．イモゴライトは中空管状の長さの方向（*ab* 軸）には原子配列の規則性がみられるが，三次元方向（*c* 軸）の規則性は認められないので，準晶質鉱物と呼ばれる．

3.6 その他の二次鉱物

a. 酸化物・水和酸化物

土壌中には非晶質，結晶質のアルミニウムや鉄の水和酸化物がみられる．とくに，熱帯〜亜熱帯の土壌では主要な二次鉱物である．

1) ギブサイト アルミニウムを陽イオンにもつ 2 八面体型の八面体シートが積み重なった結晶構造でできている．熱帯〜亜熱帯のラテライト質土壌中に多量に含まれる．

2) 鉄酸化物 鉄の無水および水和酸化物は土壌に色を与えている鉱物で，土壌中ではケイ酸塩鉱物に次いで多い二次鉱物である．無水酸化物には赤色を呈するヘマタイト（赤鉄鉱）と黒色で強磁性を示すマグネタイト（磁鉄鉱）があり，水和酸化物には黄色を呈するゲータイト（針鉄鉱）と水田のような還元条件下で生成した Fe^{2+} が酸化されてできる黄色のレピドクロサイト（鱗鉄鉱）がある．水田下層土の黄色の斑鉄は多くがこれである．また，従来非晶質の水和鉄酸化物と

表 3.4　わが国の土壌の主要粘土鉱物組成（和田，1988）

土の種類	母岩・母材	主要粘土鉱物組成
グライ土，灰色低地土，赤黄色土，褐色森林土	堆積岩（海成）	スメクタイト，イライト，あるいはスメクタイト，カオリン鉱物*1
グライ土，灰色低地土，褐色低地土，赤黄色土，褐色森林土	堆積岩（河成）	カオリン鉱物*1，バーミキュライト，ときにイライト
赤黄色土，褐色森林土	火成岩（酸性岩）	カオリン鉱物*1，バーミキュライト，ときにイライト，ギブサイト
赤黄色土，褐色森林土	火成岩（塩基性岩）	カオリン鉱物*1，バーミキュライト，ヘマタイト，あるいはゲータイト，ときにクロライト，スメクタイト
黒ボク土*2	火山灰	a）アロフェン，イモゴライト，b）ハロイサイト，c）ギブサイト，d）バーミキュライト，e）スメクタイト，f）オパーリンシリカ

*1：カオリナイト，あるいはハロイサイト，またはその両者．
*2：黒ボク土の粘土鉱物組成は層位，火山灰の化学組成，風成じん混入の有無，土壌化の進行程度によって a）～f）あるいはその組合せとなる．

いわれていたものの大部分はフェリハイドライトとされている．

3）　マンガン酸化物　土壌中には黒紫色のマンガン酸化物・水和酸化物がみられ，結核や斑紋が形成される．

4）　オパーリンシリカ　黒ボク土の腐植層には円盤状，楕円盤状の形態をもつ非晶質オパールが見出される．

b．　リン酸塩・硫酸塩・炭酸塩

1）　リン酸塩鉱物　土壌に固定されたリンは Fe，Al，Ca とともに，それぞれストレンジャイト，バリサイト，アパタイトに類似した難溶性化合物を形成している．

2）　硫酸塩鉱物　海成層や干拓地の酸性硫酸塩土壌中にはパイライト（黄鉄鉱）が酸化されたジャロサイトが見出される．

3）　炭酸塩鉱物　方解石とドロマイト（苦灰石）は乾燥～半乾燥地帯の土壌に多く，地表付近にある．炭酸塩鉱物は最も溶解しやすい鉱物である．

3.7　わが国の土壌中に存在する主要粘土鉱物組成

わが国の土壌中に存在する主要粘土鉱物組成は表 3.4 のとおりである．一つの土壌に多くの粘土鉱物が存在していることがわかる．　〔安 西 徹 郎〕

4. 陽イオンと陰イオンの交換と固定

4.1 陽イオン交換反応

a. 土壌コロイド

土壌が植物を育てる培地として適している理由の一つは，肥料成分を蓄える性質があることで，そのような性質を一般には肥(こえ)もち，土壌学的には保肥力という．保肥力に直接関与する土壌成分は粘土鉱物と腐植であるが，間接的には土壌微生物や有機物もかかわっている．土壌中の粘土鉱物や腐植はコロイド(0.0001 mm 程度の微細な物質）としての特性をもち，土壌コロイドと呼ばれる．

粘土鉱物や腐植は非常に微細な物質であるので，電子顕微鏡を使わないと形が判別できないが，図 4.1 のような構造をもつ特殊な光学顕微鏡（暗視野顕微鏡あるいは限外顕微鏡と呼ばれる)を用いるとその存在を確認できる．スライドグラス上に粒径 0.002 mm 以下の希薄な土壌けんだく液をセットすると，視野にはちょうど夜空の星のようにきらきら輝くスポットがみられる．次に，スライドグラスの中に微細な電極をセットして直流電圧をかけると，スポットに動きがみられ，その多くは陽極に向かって走り出す．また，条件によってはほかとは逆に陰極へ向かって走るスポットもみられる．このような現象は電気泳動と呼ばれ，コロイドに特有のものである．なお，電気泳動を示さないス

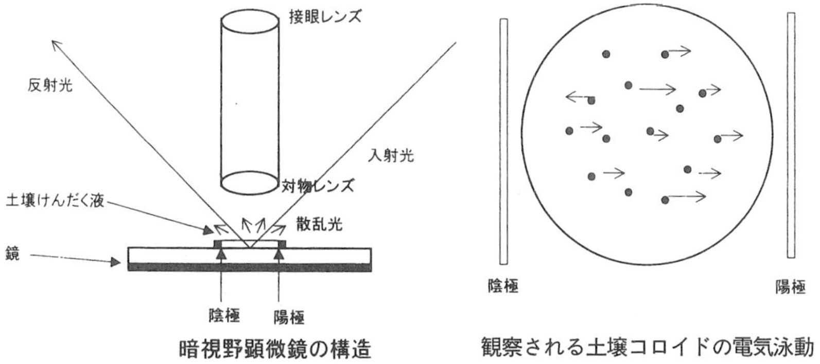

図 4.1　暗視野顕微鏡による土壌コロイドの観察

ポットは石英などのような風化抵抗性の強い一次鉱物である．

b．イオン交換

電気泳動の結果からわかるように，土壌コロイドは陰電荷と陽電荷を有する帯電粒子で，土壌コロイドの陰電荷部分の外側にはそれを中和するように Ca^{2+}，Mg^{2+}，K^{+}などの陽イオン，陽電荷の外側には HCO_3^-，NO_3^-，Cl^-などの陰イオンが取り囲んで，土壌コロイド全体として電気的中性を保っている．この結びつきは電気的な引力であり，イオンの種類によりその引力が異なるので，降雨などの自然条件，あるいは施肥などの人為的影響によりイオン間で入れ替えが起こる．このような現象をイオン交換と呼び，陽イオン間での交換を陽イオン交換，陰イオン間での交換を陰イオン交換という．

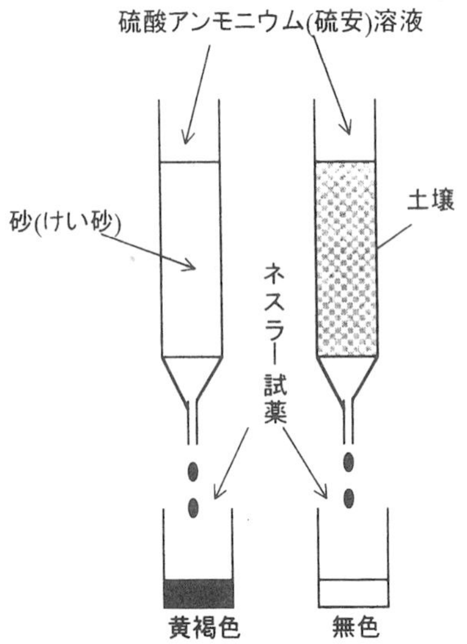

図 4.2　陽イオン交換反応を確かめる実験

このイオン交換を確認するには，図 4.2 のような実験を行う．ガラスカラムに土壌を充塡して，カラム上部から硫酸アンモニウム（硫安）の水溶液を滴下する．カラムの下部から流出する溶液を採取して，その中のアンモニウムイオンと硫酸イオン濃度を測定してみると，流出溶液中の両イオン濃度が低下していることがわかる．ガラスカラム内の土壌中では図 4.3 のようなイオン交換反応が起こったことになる．なお，一般の土壌では中性～微酸性条件において，圧倒的に陰電荷が多いの

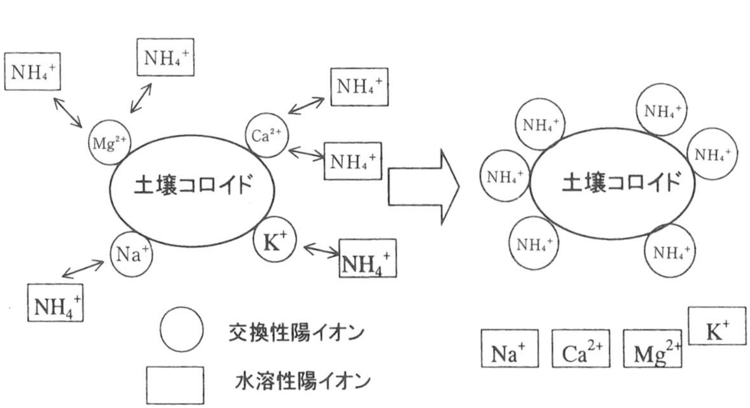

図 4.3　土壌コロイドの陽イオン交換反応

で，陽イオン交換がイオン交換の主体となる．この陽イオン交換は物質の変化や移動，風化，膨張収縮・透水性などの物理性，植物への養分吸収などに関与しており，土壌中の重要な現象である．一方，陽電荷は火山噴出物(火山灰)を生成母材とする黒ボク土中のアロフェンに多く含まれているので，黒ボク土では陽イオン交換だけでなく陰イオン交換も重要となる．

c. 土壌コロイドのイオン交換メカニズム

土壌コロイドが陰電荷と陽電荷をもつメカニズムは，次のような粘土鉱物や腐植の構造内の原子配列に起因している．

1) 陰電荷の起源　粘土鉱物がもつ陰電荷には，結晶構造内に生じる永久陰電荷と結晶の末端に発生する pH 依存性陰電荷(付加陰電荷)の二種類に分類される．

i) 永久陰電荷：　2：1 型の粘土鉱物であるスメクタイトやバーミキュライトは 2 枚のケイ酸四面体層の間にアルミニウム八面体層が挟み込まれた結晶構造をなしているが(第 3 章参照)，結晶を構成する単位構造中の各原子の電荷数は次のように陽電荷と陰電荷がちょうど釣り合い，電気的中性が保たれている．

原子数	電荷	
3 O	−6	ケイ素四面体層
2 Si	+8	ケイ素四面体層
2 O+OH	−5	ケイ素四面体層／アルミニウム八面体層
2 Al	+6	アルミニウム八面体層
2 O+OH	−5	アルミニウム八面体層／ケイ素四面体層
2 Si	+8	ケイ素四面体層
3 O	−6	ケイ素四面体層
$Si_4Al_2O_{10}(OH)_2$	0	

このような状態であれば，土壌コロイドは電荷をもたないわけであるが，実際に粘土鉱物が生成する際には結晶の構成成分以外の成分も含まれているので，必ずしも上のような原子配置とはならない．たとえば，粘土鉱物が生成する環境中に大きさが同じくらいのイオンが存在すれば本来入るべきイオンと入れ替わってしまうこともある．具体的には，ケイ酸四面体層中の Si^{4+} の一部が Al^{3+} と，アルミニウム八面体層中の Al^{3+} の一部が Mg^{2+} と入れ替わることが知られている．同形置換が生じると電荷数にアンバランスを生じて陽電荷が足りなくなるので，粘土

鉱物全体としては陰電荷をもつことになる．同形置換により発生するこの陰電荷は周辺の pH の影響を全く受けないので，永久陰電荷と呼ばれる．なお，同形置換は 2：1 型や 2：1：1 型粘土鉱物にはよくみられる現象であるが，1：1 型粘土鉱物や非晶質粘土鉱物中ではほとんど起こらない．

ii）　pH 依存性陰電荷：　pH の変化に応じて電荷量が変わる陰電荷を pH 依存性陰電荷と呼ぶ．これは粘土鉱物の結晶構造の末端に生じる末端基と腐植の構造中に含まれる官能基に由来する陰電荷である．

結晶性粘土鉱物のケイ酸四面体層の末端には図 4.4 のように SiOH と AlOH が存在する．土壌の pH が高まると OH^- が増加して H^+ が減少するので，次のように O と H の間で解離して陰電荷が発生する．

$$SiOH \rightleftarrows SiO^- + H^+$$

$$AlOH \rightleftarrows AlO^- + H^+$$

これらの末端基は弱酸的な性質を示すため，逆に pH が下がれば陰電荷量が減少する．非晶質粘土鉱物であるアロフェンやイモゴライト構造中にも同じ末端基が存在して，それらの陰電荷の起源となっている．この pH 依存性電荷は，1：1型粘土鉱物やアロフェンなどでは陰電荷の大部分を占めるが，永久電荷を主体とする 2：1 型粘土にとっては一部にすぎない．

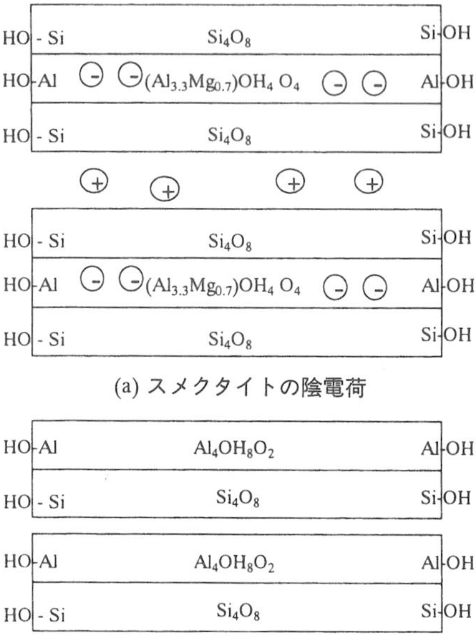

(a) スメクタイトの陰電荷

(b) カオリナイトの陰電荷

図 4.4　結晶性粘土鉱物中の陰電荷

腐植にはその複雑な化学構造中に官能基として含まれるカルボキシル基やフェノール基が図 4.5 のように解離して陰電荷を発生する．これらの陰電荷も結晶性粘土鉱物の末端基やアロフェン中の陰電荷と同様に解離度の小さな弱酸的性質をもち，その解離度が pH により支配される pH 依存性電荷である．

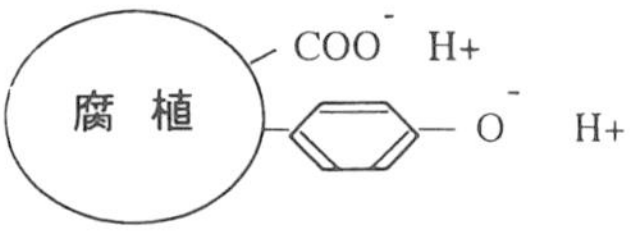

図 4.5　腐植中の陰電荷

2) 陽電荷の起源 土壌の pH がさらに低下すると粘土鉱物の末端基やアロフェン中の SiOH や AlOH の解離が完全に抑制されるが，それ以上に pH が下がって土壌溶液中に H^+が増加すると，H^+が AlOH に取り込まれて，次のように陽電荷をもつようになる．

$$\mathrm{AlOH} \rightleftarrows \mathrm{AlOH\text{-}H^+}$$

土壌中の粘土鉱物以外にもギブサイトやヘマタイトなどのようなアルミニウムや鉄の含水酸化物中の AlOH や FeOH 基にも H^+が取り込まれて陽電荷を発生する．土壌中の陰電荷と陽電荷量が全く等しくなる pH を等電点と呼ぶが，その値は AlOH や FeOH 基を多量に含んでいる土壌の方が高い．アロフェンを主体とする黒ボク土の下層土の等電点は pH 7 付近と高いが，腐植を多量に含む表層土では pH 依存性陰電荷量が多いので，等電点が酸性域に下がる．結晶性粘土鉱物を主体とする土壌では永久陰電荷や pH 依存性陰電荷を多量に含むので，等電点は 4 以下と低く，通常の土壌条件下で陽電荷コロイドとなることはない．

d. 陽イオン交換容量

粘土鉱物や腐植中の陰電荷部分には対イオンとして陽イオンが吸着される．これらの陽イオンのうち，陽イオン交換反応で交換される陽イオンの量を陽イオン交換容量という．その英語名は，cation exchange capacity であるので，頭文字を取って CEC とも呼ばれる．この陽イオン交換容量は乾土 1 kg 当たりに交換される陽イオンの量をセンチモル(cmol)に換算して表示する．

1 cmol(+)とは 6.02×10^{21}(アボガドロ数の 1/100)個の陽イオン交換基(陽イオン交換が起こる陰電荷)に相当するので，たとえば陽イオン交換容量 10 cmol(+)kg^{-1}の粘土であれば 1 kg 当たり 6.02×10^{22}個の陽イオン交換基をもつことになる．すなわち，陽イオン交換容量とは陽イオン交換基の数を示す値であるので，交換される陽イオンの重量は陽イオンの種類により表 4.1 のように異なる．

陽イオン交換容量は第 3 章表 3.3 のように粘土鉱物の種類により著しく相違し，永久陰電荷を主体とする 2：1 型粘土鉱物では 100 cmol(+)kg^{-1}あるいはそれ以上に達するが，pH 依存性陰電荷が中心の1：1型粘土鉱物では非常に小さい．なお，アロフェンと腐植の陽イオン交換容量の上限が特異的に大きい原因は粒子が微細であり，比表面積が大きいため露出する陽イオン交換基が多いからである．

表 4.1 陽イオン 1 cmol 当たりの重量

陽イオンの種類	原子量	イオンの価数	mg
Ca^{2+}	40.1	2	201
Mg^{2+}	24.3	2	122
K^+	39.1	1	391
Na^+	23.0	1	230
NH_4^+	18.0	1	180
Al^{3+}	27.0	3	90

土壌中の構成成分のうち，陽イオン交換容量をもつのが粘土鉱物と腐植であるので，土壌の陽イオン交換容量は，土壌中の粘土含有量すなわち土性，粘土中に含まれる粘土鉱物の種類，腐植含有量の三つの要因により決定される．世界で最も肥沃な土壌といわれるチェルノーゼムはスメクタイトを主要な粘土鉱物とし，腐植にも富んでいるので，その陽イオン交換容量は 30～50 cmol(+) kg^{-1}に及ぶ．

土壌の陽イオン交換基に交換吸着している陽イオンは二種類に大別される．一つは水に溶けるとアルカリ性(塩基性)を示す陽イオンで，Ca^{2+}, Mg^{2+}, K^+, Na^+, NH_4^+が該当する．これらは交換性塩基とも呼ばれる．もう一つは，水中では直接あるいは加水分解により酸性を示す陽イオンで，Al^{3+}, Fe^{2+}, Mn^{2+}, H^+などがある．このうち，Al^{3+}は一部が加水分解した塩基性アルミニウムイオン($Al(OH)_n^{(3-n)+}$)として存在することが知られている．土壌中におけるこれら交換性陽イオンの存在割合が土壌の pH を支配しており，交換性塩基の割合が高まれば塩基性に，低くなれば酸性に傾く．そこで，陽イオン交換容量に占める交換性塩基の割合を塩基飽和度と呼び，次の式で表現される．

$$\text{塩基飽和度} = \frac{\text{交換性塩基量}}{\text{陽イオン交換容量}} \times 100 \ (\%)$$

なお，NH_4^+は未耕地土壌中にはほとんど存在せず，農耕地であっても施肥直後にわずか認められる程度であるので，塩基飽和度の算出には入れない．一般の植物にとって生育に都合のよい土壌 pH は pH(H_2O) 6.0～6.5 とされているが，塩基飽和度ではおよそ 80 %前後となる．土壌中に含まれる交換性陽イオンの中ではCa^{2+}が最も多く，次いでMg^{2+} > K^+ > Na^+の順であるが，酸性土壌ではその酸性が強まるほど Al^{3+}, $Al(OH)_n^{(3-n)+}$の割合が増えてくる．

e. 陽イオン交換浸入力

土壌コロイドは図 4.6 のように表面に陰・陽電荷を帯びた粒子とそれを取り巻く対イオン（コロイドミセル）からできていて，ちょうど地球を取り巻く空気のように中心部では密に，外側になるほど粗に分布していると考えられる．中心部の陽イオン交換基に吸着されている交換性陽イオンはいつまでもそこに留まるわけではなく，外側からほかの陽イオンが近づいてくると，両イオンと陽イオン交換基間の電気的引力の強弱(陽イオン交換浸入力)に基づいて入れ替わることがある．このような現象が陽イオン交換反応であり，入れ替わる陽イオン間のイオンの原子価，イオン半径とイ

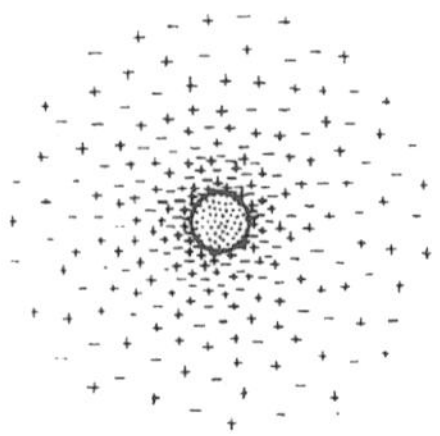

図 4.6 土壌コロイドミセル

オンの和水度，イオン濃度などの条件により支配される.

i）イオンの原子価と和水度：　陽イオン交換反応が１対１で起こるような場合には，Na^+よりCa^{2+}のように陽イオンの価数が大きいほど陽イオン交換浸入力が強い．また，同じ価数間の陽イオンであればイオンの大きさが小さいほどコロイド内部に浸入しやすいため陽イオン交換浸入力が強くなる．ただし，実際の陽イオンは水分子をくっつけて和水イオンとなっているので，その大きさにより交換浸入力の強さが左右される．たとえば，１価の陽イオンの和水度と交換浸入力を示す表4.2のように，Na^+はK^+よりイオン半径が小さいが，和水イオンの大きさが和水したK^+より大きくなるので交換浸入力が弱くなる．なお，水素イオンは１価の陽イオンであっても，ほかの多価イオンに比べて交換浸入力が特異的に強い．

したがって，土壌中に存在する一般的な交換性陽イオンの浸入力は，$H^+ > Al^{3+} > Ca^{2+} > Mg^{2+} > K^+ > Na^+$となる.

表 4.2　１価の陽イオンの和水度と交換浸入力

陽イオンの種類	イオン半径（nm）		交換浸入力の大小の順位
	無水物	和水物	
Li^+	0.078	1.003	4
Na^+	0.098	0.790	3
K^+	0.133	0.532	2
Rb^+	0.149	0.509	1

ii）イオン濃度：　上記のような一般的な陽イオン交換浸入力の序列は交換される陽イオンと浸入する陽イオンの濃度が同等の場合である．化学肥料を施用したときのように浸入する陽イオンの濃度が高い場合にはそれらの陽イオンの浸入力にかかわりなく交換反応が起こる．このような場合には，両陽イオン間に質量作用の法則が適用される．たとえば，K^+が吸着された土壌コロイドにNH_4^+が浸入した場合には，次のような陽イオン交換反応が起こる.

$$\boxed{\text{コロイド}}-K^+ + NH_4^+ \rightleftarrows \boxed{\text{コロイド}}-NH_4^+ + K^+$$

この反応に質量作用の法則を当てはめると，

$$\frac{[NH_4^+]_i[K^+]_o}{[K^+]_i[NH_4^+]_o}=k \qquad \frac{[NH_4^+]_i}{[K^+]_i}=k\cdot\frac{[NH_4^+]_o}{[K^+]_o}$$

i：コロイド表面上，o：溶液中

となり，溶液中のNH_4^+濃度が高まれば，土壌コロイド表面上のNH_4^+濃度も高まることになる．

4.2　陽イオンと陰イオンの固定

植物の養分として重要なアンモニウム，カリウム，リン酸イオンが土壌中に施用されると，陽イオンあるいは陰イオン交換反応とは異なったメカニズムにより非交換態あるいは難溶態に変化して，植物に利用されにくくなる現象を陽イオンあるいは陰イオンの固定という．

a．カリウムとアンモニウムイオンの固定

陽イオン交換反応により粘土鉱物の表面に吸着された K^+ と $NH_4{}^+$ がほかの陽イオンによって交換浸出されにくくなる現象を，カリウム，アンモニウムイオンの固定と呼ぶ．これは 2：1 型粘土鉱物のスメクタイトとバーミキュライトに特異的に生じる．

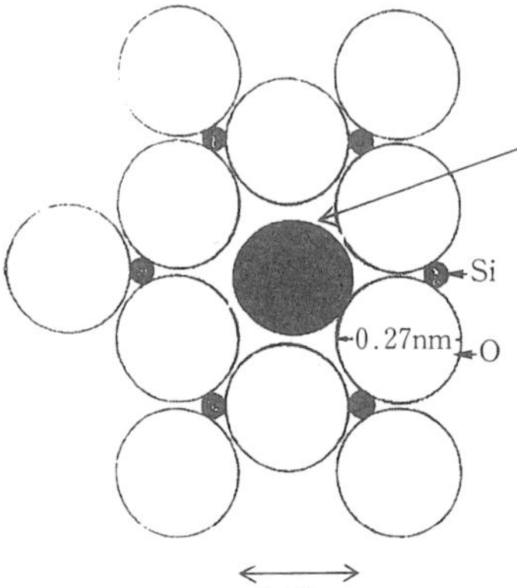

図 4.7　スメクタイト・バーミキュライトによる K^+ の固定

図 4.7 のように，結晶性粘土鉱物のケイ酸四面体層の外面には，6 個の酸素原子が取り囲む直径約 0.29 nm の六角形をした（6 員環）穴が存在する．スメクタイトとバーミキュライトにはその穴の近くに永久陰電荷が存在するので，交換性陽イオンが吸着されている．ここに K^+ あるいは $NH_4{}^+$ が浸入してくると，両イオンが穴とほぼ同じ大きさ（K^+：0.27 nm, $NH_4{}^+$：0.29 nm）であるので，その穴の中に半分が捕捉される．バーミキュライトではその穴があるケイ酸四面体層中の Si^{4+} の一部が Al^{3+} に同形置換されて生じる多量の永久陰電荷が存在するので，強い電気的引力により K^+ や $NH_4{}^+$ が隣り合うケイ酸四面体層表面の穴に引き寄せられ，すっぽりそこに収まってしまうとともにバーミキュライトの層間が閉鎖されてしまい，外部からの陽イオンの浸入を阻止してしまう．このようにバーミキュライトではカリウム，アンモニウムの固定力が非常に強いため，固定が起こると 1.4 nm の層間中から水を追い出して 1.0 nm に収縮する結果，結晶構造がイライト（雲母様鉱物）に変わってしまう．

一方，スメクタイトの場合には主な同形置換がアルミナ八面体層中（Al^{3+} の一部が Mg^{2+} に置換）で起こるため，永久陰電荷の発生位置から穴までの距離がバーミキュライトより遠くなる．また，陰電荷量がバーミキュライトより少ないため K^+ や $NH_4{}^+$ を引きつける

電気的引力が弱まり，層間の水を追い出すには至らない．このため，スメクタイトによるカリウム，アンモニウムの固定力はバーミキュライトより弱い．

b. リン酸の固定

窒素・リン酸・カリウムは肥料の三要素として植物の生育に最も重要な養分であるが，このうち最も吸収利用されにくい養分がリン酸である．その原因は施用したリン酸が土壌と直接に物理・化学反応を起こして，水に溶けにくい形態に変わってしまうためで，このような現象をリン酸の固定という．そのメカニズムには二種類が知られている．

1) アロフェンなどへの交換反応による固定　土壌中の結晶性粘土鉱物の末端やアロフェン，あるいは水酸化鉄鉱物，水酸化アルミニウム鉱物などの表面には Al-OH や Fe-OH のような OH 基がある．土壌中に施用されたリン酸イオンは，これらの OH 基と交換反応を起こすことによりアルミニウムや鉄と直接結合してしまう．その結果，ほかの陰イオンが近づいてきても交換浸出されることはない．また，このような形態で固定されたリン酸は水にも溶けないので，植物には利用されにくい．

2) 化学的沈殿反応による固定　リン酸イオンは土壌中のカルシウム，アルミニウム，鉄イオンと化学的な沈殿反応を起こして固定されるが，その反応形態は pH により異なり，また，生成するリン酸塩沈殿の植物に対する有効性も大きく相違する．

リン酸イオンは pH 2.1 以下の酸性条件では解離せず H_3PO_4 として存在するが，pH が上昇するに伴い，$H_2PO_4^-$, HPO_4^{2-} と変化し，pH 12 以上では PO_4^{3-} となる．したがって通常の農耕地土壌では $H_2PO_4^-$ と HPO_4^{2-} が主体であり，理論的には pH 7.2 で両者が 50 %ずつとなる．

土壌の pH が 8 程度以上と高い場合には，多量の Ca^{2+} が存在するので，リン酸は $Ca_3(PO_4)_2$ として沈殿する．この物質は水に対する溶解度の小さな難溶性沈殿であるので，植物に対しては非可給態リン酸である．しかし，このリン酸カルシウムは土壌の pH が 7～6 に低下すれば，植物根の呼吸や有機物の分解により発生する炭酸(H_2CO_3)と次のような化学反応を起こして，水に溶け植物にも利用可能な $Ca(H_2PO_4)$ に変化する．

$$\underset{\text{難溶性}}{Ca_3(PO_4)_2} + 4\,H_2CO_3 \rightleftarrows \underset{\text{水溶性}}{Ca(H_2PO_4)_2} + 2\,Ca(HCO_3)_2$$

このように中性付近では土壌リン酸の植物に対する有効性が高い．

しかし，pH 6 以下の酸性土壌中では Ca^{2+}に替わって Al^{3+}や Fe^{2+}が増加してリン酸イオンと次のように反応して，水に対する溶解度が非常に低いバリサイトやストレンジャイトを生成する（第 3 章参照）．

$$Al^{3+} + H_2PO_4^- + 2\,H_2O \rightarrow 2\,H^+ + Al(OH)_2H_2PO_4$$

このような形態で固定されたリン酸は 1)項による固定リン酸と同様，植物に対する有効性が著しく低い．〔後 藤 逸 男〕

5. 土 壌 の 反 応

5.1 土壌の酸性・中性・アルカリ性反応

わが国の土は酸性でやせているという農業生産者の意識が強いため，従来から畑作物や野菜を栽培する際には基肥とともに石灰資材を施用することが慣習化している．このような酸性土壌の改良対策や土壌酸性に関する基礎的研究は，1910年大工原銀太郎により世界に先駆けて行われた．土壌の酸性，中性，アルカリ性反応は主に気候などの土壌生成環境を反映するものであるが，それが植物の生育ばかりではなく，土壌微生物の活動，あるいは土壌中での物質変化などにも大きく影響を及ぼしている．

5.2 土壌酸性の表示法

a. pH による表示法

土壌酸性あるいはアルカリ性の程度を測定して表示するための一般的な方法が pH である．pH とは，$pH=-\log[H^+]$ で示される水素イオン濃度指数であり，pH 7 が中性，7 以上ではアルカリ性，7 以下では酸性を表す．pH を測定するには一般にガラス電極をセンサーとする pH メーターを用いる．最近では，農業生産現場でも手軽に使える安価で小型の pH メーターも市販されている．

ガラス電極は液中の水素イオン濃度を測定するセンサーであるので，水田のように湛水状態にある土壌にはセンサーを差し込んで pH を測定できるが，そのほかの土壌では直接測定することはできない．そこで，土壌試料に一定量の水あるいは 1 M 塩化カリウム溶液（通常，土壌 1 に対して 2.5 倍量）を加えた懸濁液について pH を測り，たとえば pH(H_2O)6.5 あるいは pH(KCl)6.0 のように表示する．同じ土壌について両 pH を測定すると，通常 pH(H_2O)の方が pH(KCl) より 1 内外高い（5.4 節参照）．

b. 交換酸度(y_1)による表示法

pH(KCl) を測定した懸濁液をろ過した溶液の一定量を採取して，フェノールフタレインを指示薬として 0.1 M 水酸化ナトリウム溶液で滴定する．溶液全体が微赤色に変化するまでの滴定値をろ液 125 mℓに換算した値を交換酸度(y_1)という．この滴定により中和された物質の大部分は土壌から K^+により交換浸出された Al^{3+}で，土壌酸性の主体をなしている．土壌 pH が酸性の強度因子(強弱)を示す値であるのに対して，交換酸度は酸性の容量因子(大小)を示す．両分析値により土壌の酸性は表 5.1 のように分類される．また，交換酸度は本来酸性土壌に対する石灰資材施用量を決定するために行われた分析であるが，最近では専ら緩衝能曲線法が用いられる（5.5 節参照）．

表 5.1　土壌酸性の分類

分　類	y_1による分類	pH(H_2O)による分類	pH(KCl)による分類
強アルカリ性	―	8.1 以上	―
弱アルカリ性	―	7.1～8.0	―
中性	2.9 以下	6.5～7.0	6.0 以上
弱酸性	3.0～6.0	6.0～6.4	5.0～5.9
強酸性	6.1～15	5.0～5.9	4.0～4.9
極酸性	15.1～30	4.9 以下	3.9 以下

5.3　土壌酸性化の原因

a.　塩基の溶脱による土壌の酸性化

雨水は二酸化炭素がとけ込んだ希薄な炭酸水となっているため，pH は 5.7 を示す．

$$H_2O+CO_2 \rightleftarrows H_2CO_3 \rightleftarrows H^+ + HCO_3^-$$

希薄であっても特異的に陽イオン交換浸出力の強い雨水中の H^+が土壌中にしみこんでくると，粘土鉱物に吸着されている Ca^{2+}，Mg^{2+}，K^+などの交換性塩基と交換反応を起こして，陽イオン交換基に占める H^+の割合が増加する．その結果，酸性が強まると粘土鉱物自体の構造が破壊され，Al^{3+}が溶出して安定な交換性 Al^{3+}となる．すなわち，土壌の酸性化が進行するほど，交換性塩基が減少し，交換性 Al^{3+}が増加する．このような降雨による土壌の酸性化はわが国のような年降水量が 1000 mm を越える湿潤気候下で起こる．H^+との交換反応で浸出された Ca^{2+}，Mg^{2+}などの交換性塩基は水溶性塩基に変化し，やがては地下水中に溶出する．この現象を塩基の溶脱という．このように土壌が酸性化する過程は図 5.1 のとおりである．

b.　硫化物の酸化による酸性化

干拓地土壌や河川の浚渫土を客入した土壌，あるいは新第三系頁岩造成地など

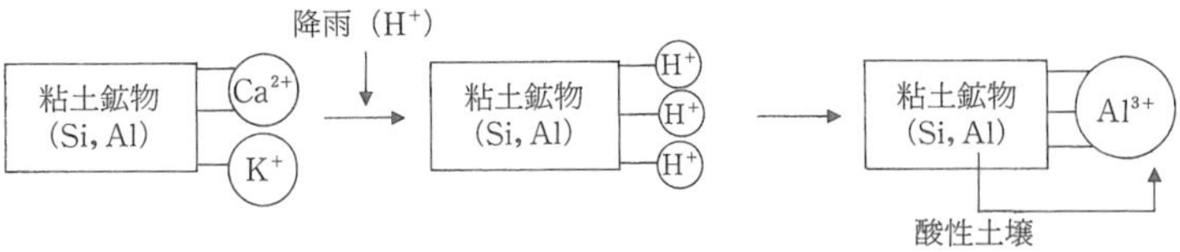

図 5.1　雨水による土壌酸性化のメカニズム

では，土壌中に含まれる硫化鉄(パイライト：FeS_2)が何らかの原因で土壌表面に露出すると，酸化して硫酸を生成する結果，土壌が急激に酸性化する．このような土壌を酸性硫酸塩土壌という．上記の a 項による酸性化では pH が 4 程度以下とならないが，酸性硫酸塩土壌の場合には pH 2 を下回ることもある．

c．施肥による酸性化

農耕地に硫酸アンモニウムや塩化カリウムなどの化学肥料を施用すると，肥料が土壌中の水に溶けて NH_4^+ や K^+ となり，交換性陽イオンと交換して吸着される．これらが植物根から吸収されると，代わりに土壌中の水から電離した H^+ が吸着され，さらに上記 a 項の原理で交換性 Al^{3+} が増えるので，土壌が酸性に傾く．

降雨がかからないハウスやビニールによるマルチング圃場では窒素肥料を過剰施用するとアンモニウムイオンがアンモニア酸化細菌と亜硝酸酸化細菌の作用で硝酸を生成するので，土壌が酸性化する．いずれも，人為的な施肥による土壌の酸性化である．

d．有機酸の生成による酸性化

土壌中に施用された有機物が分解すると最終的には二酸化炭素と水になるが，気温が低かったり，多湿な条件下では中間生成物質として有機酸を生成し，土壌を酸性にする．たとえば，シベリアなどに広く分布するポドゾルの有機物層では生成した有機酸により A 層中の鉄やアルミニウムが溶かされ，漂白層ができる．また，未熟な堆肥を施用した直後の水田に水を張ると有機酸が生成しやすい．畑でも多量の緑肥などを鋤き込むと，有機酸ができて一時的に酸性になることもあるが，比較的すみやかに分解されてもとに戻る．

5.4　土壌の酸性反応

酸性土壌の土壌コロイドには交換性アルミニウムイオンが吸着し，その外側にも水溶性のアルミニウムイオンが分布しているが，それらの形態は単なる Al^{3+} ではない．アルミニウムイオンは pH 4 程度以下では Al^{3+} として存在しているが，こ

れにアルカリを加えていくと,

$$
\begin{array}{ccccccc}
 & OH^- & & OH^- & & OH^- & \\
 & \downarrow & & \downarrow & & \downarrow & \\
Al^{3+} & \rightarrow & Al(OH)^{2+} & \rightarrow & Al(OH)_2{}^{+} & \rightarrow & Al(OH)_3 \text{（沈殿）}
\end{array}
$$

のような塩基性アルミニウムイオンに変化し, pH 8.5 以上では完全に水酸化アルミニウム $Al(OH)_3$ として沈殿する. したがって, これら価数の異なる塩基性アルミニウムイオンが吸着していると考えられる. 強酸性土壌では価数が大きく, 逆に弱酸性土壌では価数が小さい塩基性アルミニウムイオンが多い. また, Al^{3+} を吸着する強酸性土壌であっても土壌コロイド中心部から離れた水溶性アルミニウムイオンは水と反応(加水分解)して,

$$Al^{3+} + H_2O \rightarrow Al(OH)^{2+} + H^+$$
$$Al(OH)^{2+} + H_2O \rightarrow Al(OH)_2{}^{+} + H^+$$
$$Al(OH)_2{}^{+} + H_2O \rightarrow Al(OH)_3 + H^+$$

塩基性アルミニウムイオンに変化するとともに水素イオンを生成するので, 土壌が酸性反応を示すことになる.

土壌に水を加えて測定する $pH(H_2O)$ は, 土壌コロイドの外側に存在するこの水素イオンの濃度を測定していることになる. 一方, 土壌に 1 M 塩化カリウム溶液を加えて pH を測定する場合には, 土壌コロイドに吸着されている交換性アルミニウムイオンが添加された K^+ と交換反応を起こして, コロイドの外側に追い出される.

$$土壌\text{-}Al(OH)_n{}^{(3-n)+} + K^+ \rightarrow 土壌\text{-}K^+ + Al(OH)_n{}^{(3-n)+}$$

水溶性となったアルミニウムイオンはただちに水と反応して, 水素イオンを生成する.

$$Al(OH)_n{}^{(3-n)+} + H_2O \rightarrow Al(OH)_3 + H^+$$

上のような反応により, 土壌を水で処理した場合より比較にならないほど多量の水素イオンができるので, pH(KCl) は $pH(H_2O)$ より低くなる. $pH(H_2O)$ で示される酸性を活酸性, pH(KCl) で示される酸性を潜酸性という. なお, 交換酸度 (y_1) とはこの際追い出されたアルミニウムイオンの量を中和滴定により測定するものである (5.2.b 項参照).

土壌の $pH(H_2O)$ 測定では, 懸濁液中に pH メーターの電極を挿入するが, ろ液を用いると懸濁液の pH より低くなる. また, pH 試験紙を用いて $pH(H_2O)$ を測ると pH メーターによる値より低く表示される.

5.5 土壌の緩衝能

土壌に酸やアルカリを加えても pH はわずかしか変化しない。その理由は急激な pH の変化を押さえようとする緩衝能が働くためであり，土壌が植物生育環境として適している一因となっている。本来，緩衝溶液とは酢酸-酢酸ナトリウムのように弱酸とその弱酸塩の混合溶液であるが，土壌中では弱酸的な性質をもつイオン交換基(pH 依存性陰電荷をもつ基)と炭酸塩やリン酸塩のような弱酸の塩類などがその役割を担っている。

たとえば，炭酸カルシウムのような炭酸塩を含む土壌に酸が入り込むと，

$$CaCO_3 + 2\,H^+ \rightarrow H_2CO_3 + Ca^{2+}$$

のような化学反応により水素イオンが中和される。また，炭酸塩を含まないが，交換性塩基を保持している土壌では，陽イオン交換反応により水素イオンが土壌コロイドに取り込まれて，pH の低下を妨げる。

$$土壌\text{-}Ca^{2+} + H^+ \rightarrow 土壌\text{-}H^+ + Ca^{2+}$$

この場合，陽イオン交換基が強酸的性質をもつ永久陰電荷であれば，水素イオンを解離してしまうので，緩衝能が弱まる。また，酸性土壌に水素イオンが添加されると，土壌中に存在する水酸化アルミニウムが水素イオンと反応して，pH の低下が抑えられる。

$$Al(OH)_3 + 3\,H^+ \rightarrow Al^{3+} + 3\,H_2O$$

逆に，土壌にアルカリが添加されると土壌中の Al^{3+} や塩基性アルミニウムイオンにより中和され，pH の上昇を防ぐ。

土壌の緩衝能は土壌の種類，とりわけ粘土含量，粘土鉱物の種類，腐植含量により大きく異なる。とくに，アロフェンと腐植を多量に含む黒ボク土の緩衝能は

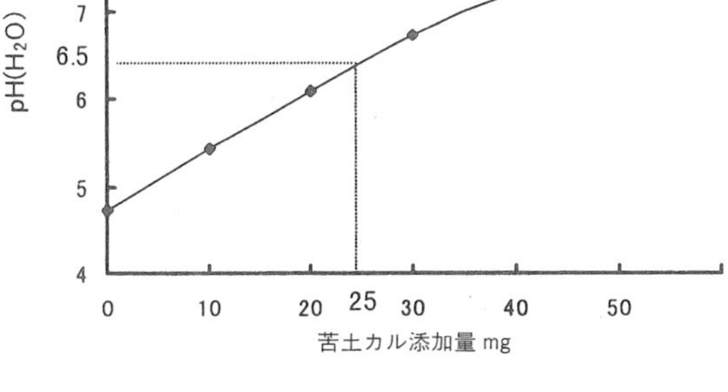

図 5.2 土壌の緩衝能曲線から石灰資材施用量を算出する方法

土壌 10 g に苦土カルを 25 mg 添加した結果 pH(H_2O)が 6.5 になったとすると，苦土カル施用量(kg ha^{-1})は

苦土カル施用量 $= 25 \times 150$

$= 3750$ kg ha^{-1}

ただし，改良する土壌の深さを 15 cm，乾燥密度を 1 kg L^{-1} とする。

非常に大きい．また，苦土カル（苦土石灰）などク溶性の石灰資材を多量に施用した農耕地土壌では緩衝能が高まり，施肥や塩基の溶脱に起因する土壌の酸性化を押さえることができる．ただし，黒ボク土のように緩衝能が大きな土壌の酸性を改良するには，多量の石灰資材を必要とする．

土壌の緩衝能曲線の事例を図 5.2 に示す．

5.6　土壌の反応と植物生育

植物の多くは，土壌の反応が中性に近い pH(H_2O)6.0〜6.5 の微酸性で最も生育が良い．それは土壌の pH により養分の有効性や有害元素の挙動が支配されるからである．

図 5.3 のように，窒素・カリウム・イオウ・モリブデンなどは pH 6 程度以上で植物に対する有効性が高まる．リン・カルシウム・マグネシウム・ホウ素も pH が高いほど有効性が高いが，アルカリ性では低下する．

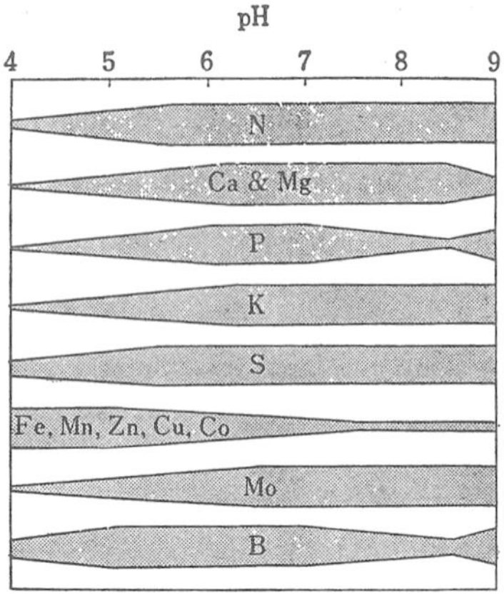

バンドの幅は各養分の有効性の大小を示す

図 5.3　植物養分の有効性と pH の関係（Backman ら，1970）

表 5.2　各種植物の最適 pH(H_2O)範囲（土壌・植物栄養・環境辞典，1994）

水稲	5.0〜6.5	キュウリ	5.5〜7.0	タンポポ	5.5〜7.0
オオムギ	6.5〜7.8	トマト	5.5〜7.5	ソルゴー	5.5〜7.5
コムギ	5.5〜7.5	カリフラワー	5.5〜7.5	アワ	6.0〜7.5
ダイズ	6.0〜7.0	アスパラガス	6.0〜8.0	赤クローバー	6.0〜7.5
ラッカセイ	5.3〜6.6	キク	6.0〜7.5	白クローバー	5.6〜7.0
トウモロコシ	5.5〜7.5	ツツジ	4.5〜5.0	アルファルファ	6.2〜7.8
サトウキビ	6.0〜8.0	カーネーション	6.0〜7.5	リンゴ	5.0〜6.5
タバコ	5.5〜7.5	テッポウユリ	6.0〜7.0	アンズ	6.0〜7.0
バレイショ	4.5〜6.5	ラン	4.0〜5.0	ブドウ	6.0〜7.5
タマネギ	5.8〜7.0	シャクナゲ類	4.5〜6.0	モモ	6.0〜7.5
ニンジン	5.5〜7.0	ブナ	5.0〜6.7	パイナップル	5.0〜6.0
キャベツ	6.0〜7.5	シラカバ	4.5〜6.0	ブルーベリー	4.0〜5.0
レタス	6.0〜7.0	ツガ	5.0〜6.0		
ホウレンソウ	6.0〜7.5	ミズゴケ	3.5〜5.0		

一方，鉄・マンガン・亜鉛などは酸性では有効性が高いが，pH 6 程度以上から低下し，アルカリ性では水酸化物沈殿を生成するため，極端に非可給化してしまう．また，土壌が強酸性になると，植物の生育に毒性を示すアルミニウムやマンガンの溶解度が増加して，深刻な過剰害をもたらす．ただし，植物の中には茶やツツジなどのように酸性を好んで生育する植物もある．作物の生育と土壌酸性との関係は表 5.2 のとおりである．

〔**後 藤 逸 男**〕

6. 土　壌　生　物

6.1　土壌生物の役割

大気と地殻の表面付近には生物群集と非生物的環境から構成される陸上生態系が繰り広げられている（表 6.1）。生物群集は，①無機物と光エネルギーにより有機物を作る生産者，②その有機物を消費する消費者，③生産者や消費者の死体の有機物を分解して最終的に無機物に戻す還元者（分解者ともいう），の三つに分かれる。

表 6.1　陸上生態系の主要な構成要素（北沢，1973）

陸上生態系	生物群集（生物部分）	生産者	光合成植物………………草，木，土壌藻類	
			化学合成細菌	
		消費者	第 1 次消費者（植　食　生　物）	生きた植物体を食べるもの
				植物枯死体を食べるもの
			第 2 次消費者（小型捕食動物）	
			第 3 次消費者（大型捕食動物）	
		還元者—有機栄養微生物	菌類	
			細菌（好気的，嫌気的）	
	非生物的環境（非生物部分）	媒　質	水・空気・土壌	
		基　層	岩石，礫，砂，壌土，泥	
		物質交代とエネルギー交代の材料	光，二酸化炭素，水，塩類，酸素，有機物（食物）	

この章で述べる土壌生物の大部分は消費者または還元者に属し，生産者（主として植物）が合成した有機物を分解・無機化して再び生産者が利用できる形にするという，陸上生態系の中での重要な役割を担っている。

一方，土壌生物と植物の生育とのかかわりに注目すると，土壌生物の活動は土壌中の有機物を分解して植物が利用できる無機養分を生み出すとともに，植物にとって好適な土壌環境を作り出すことにより，植物の生育を助けている。土壌微生物の中には，植物と共生してその生育を促進するものもいる。また，植物の養分として最も重要な窒素の形態変化には土壌微生物が大きくかかわっている。このように，植物生育や作物生産に果たす土壌生物の役割はきわめて大きい。

この章では，土壌生物の種類とその特徴ならびに機能について概説する。

6.2　土壌微生物の種類

わずか1gの土壌中に数千万〜数億ものさまざまな微生物が生育している。土壌微生物はその形態や生理的性質から，細菌，放線菌，糸状菌，藻類に分けられる(図6.1，表6.2)。

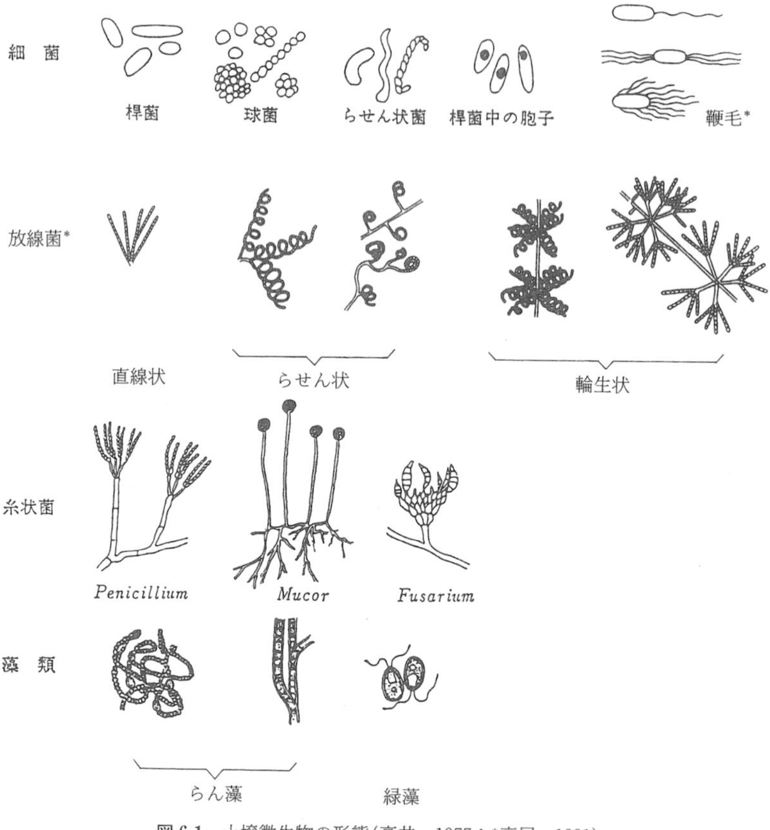

図6.1　土壌微生物の形態(高井，1977；*高尾，1981)

表6.2　土壌の微生物数（日本の畑地26地点の平均）(石沢ら，1964)

微生物の種類	第1層（作土）(10^4g^{-1})	第2層 (10^4g^{-1})
好気性細菌	2185	628
嫌気性細菌	147	57
放線菌	477	172
糸状菌	23.1	4.3

a. 細　　菌

細胞核をもたない単細胞の原核生物で，細胞分裂によって増殖する．基本形態は球状，桿状，らせん状で，それぞれ球菌，桿菌，らせん菌と呼ばれる．細胞の大きさは，一般に球菌では 0.5〜1 μm，桿菌では幅 0.5〜1 μm，長さ 3 μm 程度のものが多い．生育に酸素を必要とするものを好気性細菌，酸素のない環境でも生育できるものを嫌気性細菌と呼ぶ．

細菌には胞子を形成するものがある．胞子は一種の耐久体であり，栄養や水分，温度などの環境条件が悪化すると胞子を形成し，適切な条件下では発芽して栄養細胞に戻る．桿菌やらせん菌には運動性のあるものがあり，それらは運動器官として 1 本〜数本の鞭毛をもつ．鞭毛は，生育の盛んな時期には認められるが，環境条件が悪化したり，生育後期になると脱落する．

細菌はグラム染色と呼ばれる染色法に対する染色性により，グラム陽性菌（*Bacillus*，*Clostridium* など）と，グラム陰性菌（*Pseudomonas*，*Alcaligenes*，*Rhizobium* など）に分けられる．大まかにいうと，グラム陽性菌は栄養要求性が複雑で，胞子形成能を有し，運動性をもたず，耐乾燥性が高い．グラム陰性菌はその逆である．

b. 放　線　菌

細菌と糸状菌の中間的な性状をもつ微生物である．糸状菌に似て長い菌糸と胞子をもつが，菌糸の幅は 0.5〜1 μm と細く，細胞核をもたず，細胞壁の組成がグラム陽性細菌に似ていることから，細菌の一種に分類される．空中に伸びる菌糸には直線状，らせん状，輪生状などの形態がある．キチンやセルロースなどの高分子有機物の分解能力が高く，堆肥の分解過程に関与する．*Thermoactynomyces* は堆肥の分解過程に関与する代表的な高温性の放線菌である．*Streptomyces* には多くの抗生物質生産菌種が含まれる．土壌特有のにおいは放線菌の生成物が原因であるとされている．

c. 糸　状　菌

直径 5〜10 μm の菌糸を伸張させて栄養をとり，繁殖のために胞子を形成する．細胞核やミトコンドリアを有する真核生物である．菌糸に隔壁のないものを藻状菌類と呼び，*Mucor*，*Rhizopus* などが含まれる．菌糸に隔壁を有するものを純正菌類と呼び，子嚢菌類（*Neurospora* など），担子菌類（マツタケ，シイタケ，ナラタケなどキノコの大部分），不完全菌類（*Aspergillus*，*Penicillium*，*Fusarium* など）に分類される．セルロース，リグニン，タンパク質などの高分子物質を利用できるものが多く，土壌中のリグニン分解や森林土壌表層の落葉・落枝の分解は主に糸状菌によって行われる。

d. 藻　　類

直径 3〜50 μm の単細胞から多細胞，あるいは糸状の連結体の形態をとる。らん藻は細菌と同じ原核生物で細胞核や葉緑体をもたないが，クロロフィルは有する。窒素固定能をもち，水田の有機質肥料として用いることが試みられている。土壌中にはこのほか細胞核，ミトコンドリア，葉緑体を有する真核生物の緑藻やケイ

表 6.3 エネルギー源と栄養要求性に基づく微生物の分類（柳田，1980）

エネルギー源	炭素源	窒素源	電子供与体	電子受容体		微生物の例
光合成微生物	CO_2（独立栄養）	N_2同化可能	H_2O	好気性	O_2	らん藻
光合成微生物	CO_2（独立栄養）	化合体 N	H_2O	好気性	O_2	緑藻
光合成微生物	CO_2（独立栄養）	化合体 N	H_2S	嫌気性	有機酸	緑色イオウ細菌
光合成微生物	CO_2（独立栄養）	化合体 N	H_2S	嫌気性	有機酸	紅色イオウ細菌
光合成微生物	有機物（従属栄養）	化合体 N	H_2 有機物	嫌気性	有機物	紅色非イオウ細菌
化学合成微生物	CO_2（独立栄養）	化合体 N	NH_4^+	好気性	O_2	硝化細菌 *Nitrosomonas*
化学合成微生物	CO_2（独立栄養）	化合体 N	NO_2^-	好気性	O_2	硝化細菌 *Nitrobacter*
化学合成微生物	CO_2（独立栄養）	化合体 N	H_2	好気性	O_2	水素細菌
化学合成微生物	CO_2（独立栄養）	化合体 N	Fe^{2+}	好気性	O_2	鉄細菌
化学合成微生物	CO_2（独立栄養）	化合体 N	$S, S_2O_3^{2-}$	好気性	O_2	*Thiobacillus thiooxidans*
化学合成微生物	CO_2（独立栄養）	化合体 N	$S, S_2O_3^{2-}$, H_2S など	嫌気性	NO_3^-	*Thiobacillus denitrificans*
化学合成微生物	有機物（従属栄養）	N_2 同化可能	発酵性基質	好気性	O_2	窒素固定菌 *Azotobacter*
化学合成微生物	有機物（従属栄養）	化合体 N	発酵性基質	好気性	O_2	大腸菌，コウジカビなど
化学合成微生物	有機物（従属栄養）	N_2 同化可能	発酵性基質	嫌気性	有機物（糖）	*Clostridium pasteurianum*
化学合成微生物	有機物（従属栄養）	化合体 N	有機物	嫌気性	NO_3^-	脱窒菌
化学合成微生物	有機物（従属栄養）	化合体 N	有機酸，H_2	嫌気性	SO_4^{2-}, SO_3^{2-}, $S_2O_3^{2-}$ など	硫酸還元菌
化学合成微生物	有機物（従属栄養）	化合体 N	発酵性基質	嫌気性	有機物, NO_3^-	発酵性細菌

藻が生息している.

6.3　土壌微生物の分類

微生物の分類法はいろいろあるが，生育に必要なエネルギーと炭素の獲得様式による分類が土壌微生物の機能を理解する上で便利である（表 6.3）．微生物には生命の維持に必要なエネルギーを，①光合成により光から得るもの（光合成微生物）と，②無機物または有機物の酸化により得るもの（化学合成微生物）とがある．また，生体の合成に必要な炭素を，①光合成により二酸化炭素を固定して得るもの（独立栄養微生物）と，②有機物から得るもの（従属栄養微生物）とがある．これらの組み合わせにより，次の 4 グループに大別できる．

a.　光合成独立栄養微生物

光からエネルギーを獲得し，二酸化炭素を固定して炭素源とする．藻類，緑色イオウ細菌，紅色イオウ細菌が属する．嫌気条件で窒素固定を行うものが多い．

b.　光合成従属栄養微生物

クロロフィルをもち，光からエネルギーを獲得する．炭素は有機物から得る．紅色非イオウ細菌と呼ばれる光合成細菌が属する．水田や湖沼など嫌気条件で窒素固定を行うものが多い．

c.　化学合成独立栄養微生物

NH_4^+, Fe^{2+}, S などの無機化合物を酸化してエネルギーを獲得し，二酸化炭素を固定して炭素源とする．細菌の一部が属し，有機物を必要とせず，無機物のみで生育できる．上記の無機化合物の酸化により，それぞれ NO_2^-，Fe^{3+}，SO_4^{2-}が生成する．このように，無機化合物の形態変換に重要な役割を果たしている．

d.　化学合成従属栄養微生物

ほかの生物に由来する有機物からエネルギーと炭素を獲得して生育する．有機物の分解にかかわっている放線菌，糸状菌，原生動物，多くの細菌が属する．好気性菌は有機物の酸化の際に生じる電子の受容体として O_2を用いるが，嫌気性細菌には電子受容体として NO_3^-，SO_4^{2-}，CO_2などを利用するものがある．これらが電子を受け取るとそれぞれ N_2, S^{2-}, CH_4が生成する．これらの微生物はおのおの脱窒菌，硫酸還元菌，メタン生成菌と呼ばれ，土壌中での物質変換に重要なものである．

6.4 土壌動物の種類

土壌動物は多種多様であり，体長によって便宜的に次の四つに分けられている．

a．小形土壌動物（体長 0.2 mm 以下）

根毛虫（アメーバ），鞭毛虫，繊毛虫などの原生動物（図 6.2），ワムシ類の大部分が入る．すべて土壌水中に生息する．原生動物は植物遺体や微生物の菌体を栄養源としている．

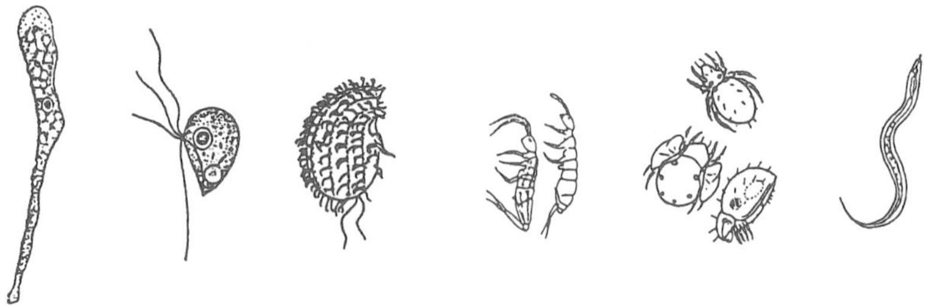

図 6.2 小形・中形土壌動物の形態（*青木，1973）

b．中形土壌動物（体長 0.2〜2 mm）

トビムシ，ダニ，線虫（ネマトーダ）などが入る（図 6.2）．土壌中での個体数が非常に多く，トビムシ，ダニは数千〜数万 m^{-2}，線虫は数十万〜百万 m^{-2}にも達する．

c．大形土壌動物（体長 2 mm〜2 cm）

アリ，クモ，ヤスデ，ムカデ，ハサミムシ，ワラジムシ，ダンゴムシなどが入る．

d．巨形土壌動物（体長 2 cm 以上）

トカゲ，ヘビ，モグラなどの脊椎動物，ミミズなど．

6.5 土壌動物の働き

a．植物遺体の摂食・粉砕

土壌動物は，森林の落葉・落枝，耕作地の作物残渣などの植物遺体を摂食し，そのうち約 20 %は同化・吸収するが，残りは糞として排出する．摂食の際あるいは消化管を通る間に植物遺体は粉砕される．ミミズの消化管を通過した植物は 2 mm 以下，トビムシでは 30〜50 μm，ダニでは 10 μm を越えない粒子になっている．

粉砕され，表面積が増大することにより，その後の細菌や糸状菌による分解が促進される.

b. 土壌の耕うん・攪拌・土壌と有機物の混合

土壌動物は，土の中を水平•垂直方向に移動し，地表から有機物を地中に運び，地中から土壌を地表に運び出す．この作用の最も大きいものはミミズである．ミミズは土壌・植物遺体を摂食し，粉砕・消化し，鉱物粒子と混合し糞塊と呼ばれる粒子として地中や地表に排出する（図 6.3)．糞塊は，土壌肥沃度の向上に大きく寄与する．渡辺の調査によると，日本のある草地において，年間 1 m²あたり 3.8 kg の糞塊がミミズによって地表に排出された．これは土壌 3.1 *l* に相当し，おおむね 3.1 mm の厚さの新しい土の層が形成されたことになる．

図 6.3 ミミズによる土壌の反転作用（青木，1973)

土壌動物のこれらの働きによって土壌の団粒構造の生成，通気性・保水性の向上，養分の蓄積などが起こり，それによって土壌動物や微生物の活性が高められる．これらの相乗作用によって，植物生育に好適な土壌環境が形成されていく．

6.6 土壌微生物の特徴

a. 森林，畑，水田土壌の微生物の特徴

1) 森林土壌 森林土壌では，季節に応じて落葉・落枝の形で有機物が供給される．森林土壌の微生物は，この有機物を分解・無機化して樹木に養分を与える．地上に落葉が到達すると，可溶性の糖類，タンパク質，デンプン，ペクチン，クチクラ層などが細菌・糸状菌によって分解，除去される．落葉の分解の初期には土壌動物が葉をかみ砕き，細片化して分解の進行を助ける．その後セルロース，ヘミセルロースが細菌・放線菌・糸状菌によって分解されるが，糸状菌の寄与が最も大きい．リグニンや落枝などの木質の分解は主に担子菌によって行われる．森林土壌の表層には，落下した有機物が以上のような過程を経て分解され，分解の進行とともに上層から下層へ積み重なった層（リター層）が形成されている．それぞれの層位に，分解の進行段階に関与する微生物が分布している．

2) 畑土壌　畑土壌は森林土壌に比べて頻繁に耕起され，水田のように田面水によって酸素の流入が制限されないため，好気的な環境が発達し，好気的な微生物が優先する．しかし，団粒内部などの嫌気的な部位には嫌気性菌も生存している．土壌の pH が中性付近に矯正されており，施肥に由来するアンモニウムイオンの濃度が上昇しているために，硝化菌の活性が森林土壌よりも高まっている．

3) 水田土壌　水田土壌は水稲栽培のほぼ全期間中湛水され，田面水におおわれる．これによって土壌への酸素の供給が制限され，還元状態が次第に発達し，微生物相が好気性あるいは通性嫌気性菌から絶対嫌気性菌へと推移する．還元の発達の中期には脱窒菌が，後期には硫酸還元菌やメタン生成菌の活動が盛んになる．一方，土壌の表面近くの厚さ数 mm の層は酸素の供給により酸化的な状態が保たれ，硝化菌などの好気性菌の活動が盛んである（第 8 章参照）．

b. 土壌の微小環境の多様性と土壌微生物の多様性

土壌は鉱物粒子，腐植，植物遺体，それらが互いに結合した団粒と呼ばれる複合体，植物根，そして土壌水，土壌空気からなる構成物であり，土壌を微視的に見るとその構造はきわめて不均一である．ひとつかみの土壌中にも多種多様なミクロな物理化学的環境や栄養環境が保持されており，そこに生息している土壌微生物もきわめて多様性に富んでいる．

1) 土壌粒子上の微生物　土壌微生物の大部分は土壌粒子に吸着して生存している．一次鉱物粒子や粘土鉱物粒子上には主として独立栄養細菌が，腐植には従属栄養細菌が，植物遺体には従属栄養細菌，放線菌，糸状菌，原生動物が生息している．

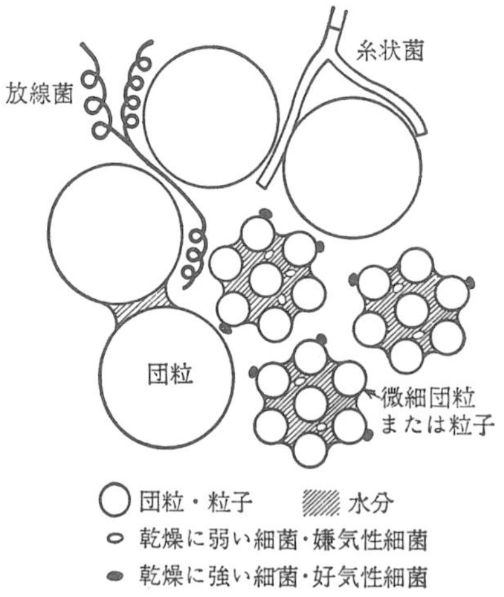

図 6.4　団粒構造と微生物分布（高井，1977）

2) 団粒構造と微生物（図 6.4）団粒構造には，土壌溶液を強い力で保持し乾燥しにくい毛管孔隙と，土壌溶液を弱い力で保持して乾燥しやすい非毛管孔隙（粗孔隙）とが存在する．また，団粒と団粒の間や団粒の表面近くは通気性が良く，好気的な環境になっている．団粒内部の常に土壌溶液で満たされている孔隙は通気性が悪く，酸素の欠乏した嫌気的な環境になる．団粒の表面近くの乾燥しやすい孔隙には乾燥に強いグラム陽性の好気性細菌（胞子形成細菌が多い）が，乾燥しにくい孔隙には乾燥に弱いグラム陰性の好気性細菌（胞子を形成しない細菌が多い）が生息をしている．また，団粒内部の嫌気的な部位には嫌気性細菌が生息している．団粒と団粒の間の粗孔隙には糸状菌や放線菌の菌糸が伸長し，また，原生動物が生息している．

3）植物の根と微生物　植物根は，土壌から無機養分，水分，さらに酸素を吸収する一方，炭酸ガスや各種の有機物を分泌している．また，根の老化に伴って根組織は枯死・脱落する．このため，根の周辺の土壌は，根から遠く離れた土壌に比べて無機養分や酸素に乏しく，他方炭酸ガスや有機物に豊富な環境である．このような，根周辺の土壌部位を根圏，根から離れた部位を非根圏と呼ぶ．根圏には，その環境に適応した土壌微生物群が生息し，その種類，活性，生理的性質は非根圏に生息する土壌微生物群とは異なる．根圏微生物はグラム陰性で胞子を形成しない桿菌が多数を占める．一般に栄養要求性が単純であり，グルコースと無機塩のほか，アミノ酸のみで生育できるものが多い．根からの分泌物などを利用して活発に代謝を営んでいる．一方，非根圏では，グラム陰性細菌や胞子形成菌が多く，一般に休眠状態や活性の低い状態で存在している．

6.7　土壌微生物を介する物質変換

a．有機物の無機化

高等植物は根から吸収した無機養分と，光合成によりCO_2を固定して合成した炭素化合物から植物体を構成する有機物を生産する．植物体を摂食する動物は植物由来の有機物を材料にして，自分の身体を構成する新たな有機物を合成する．それらの有機物は落葉・落枝，動植物遺体などの形でいずれは土壌に入り，土壌生物の基質として分解され，最終的には大部分が無機化される．無機化の過程で，有機物に含まれていた炭素はCO_2として，窒素はNH_4^+として，リンはPO_4^{3-}として，イオウはSO_4^{2-}として放出され，そのほかの元素もK^+，Ca^{2+}，Mg^{2+}などの無機物の形で放出される．放出された無機物は再び植物が養分として吸収して植物体を構成する有機物に変換される．このように，土壌生物は動植物遺体を構成する各種の有機物を分解して無機化し，再び植物が利用できる形態に変換する重要な役割を担っている．

有機物分解は土壌動物と土壌微生物の密接な協力関係のもとに行われる．土壌動物は有機物を摂食して粉砕し，その後の微生物による分解を容易にする．有機物分解のうち，微生物に依存する部分は動物に依存する部分よりはるかに大きい．

土壌生物による有機物分解は，生きている生物体によってのみ行われるのではなく，土壌微生物に由来し，土壌に集積している酵素（土壌酵素）によっても行われる．土壌酵素とは，生きている，あるいは死んだ微生物の細胞から細胞外に放出された酵素など，微生物の増殖とは無関係に存在するものを指し，粘土粒子や腐植と結合して安定化されている．植物細胞由来の土壌酵素も確認されている．セルロースを加水分解して低分子化するセルラーゼ，タンパク質を加水分解するプロテアーゼ，リン脂質などを加水分解してリン酸を遊離するホスファターゼなど，多数の土壌酵素が知られている．

b．窒素の形態変化と循環

窒素は，大気中では窒素ガス，動植物体ではタンパク質などの有機態窒素化合物，土壌中ではアンモニア態や硝酸態の無機態窒素化合物の形態で存在している．これらの窒素化合物は土壌微生物を介して形態変化を受け，大気-土壌-動植物体をダイナミックに循環している（図 6.5）．

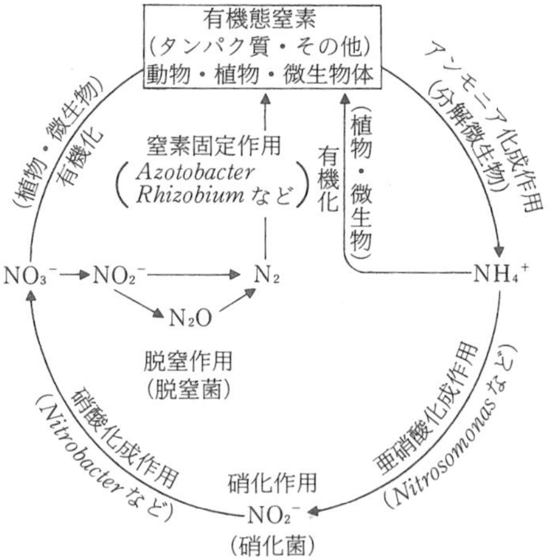

図 6.5　窒素の形態変化と循環（柳田（1980）を一部改変）

1）　窒素固定作用（N_2→ NH_3→有機態窒素化合物）　　大気中の窒素ガス N_2は植物の根に共生している根粒菌，*Frankia*（共生窒素固定微生物）や土壌に単独で生活している *Azotobacter*，*Clostridium*，光合成細菌など（独立窒素固定微生物）によりアンモニア NH_3に変換される．これを植物や微生物は養分として吸収し，生体構成成分としてアミノ酸，タンパク質などの有機態窒素化合物を合成する（窒素固定作用）．

2) アンモニア化成作用（有機態窒素化合物→ NH_4^+）　植物や微生物が生命活動を終えるとその遺体は土壌に入り，土壌生物によって分解され，有機態窒素化合物の中の窒素はアンモニウムイオン NH_4^+ として放出される．これをアンモニア化成作用と呼ぶ．アンモニウムイオンは陽イオン交換反応により土壌に吸着保持され，その一部は植物や微生物に吸収されて有機態窒素化合物になる（有機化）．

3) 硝化作用（$NH_4^+ \rightarrow NO_2^- \rightarrow NO_3^-$）　アンモニア化成作用によって生成したアンモニウムイオンの一部は土壌微生物によって酸化され亜硝酸イオン NO_2^-，さらに硝酸イオン NO_3^- に変換される．この反応をまとめて硝化作用と呼ぶ．$NH_4^+ \rightarrow NO_2^-$ の反応を亜硝酸化成作用と呼び，これを行う微生物（*Nitrosomonas* など）をアンモニア酸化細菌または亜硝酸菌と呼ぶ．$NO_2^- \rightarrow NO_3^-$ の反応を硝酸化成作用と呼び，これを行う微生物（*Nitrobacter* など）を亜硝酸酸化細菌または硝酸菌と呼ぶ．両者を合わせて硝化菌と呼ぶ．これらの微生物は無機物の酸化反応によってエネルギーを得る化学合成独立栄養細菌である．NO_3^- の一部は植物や微生物に吸収され，有機化される．

4) 脱窒作用（$NO_3^- \rightarrow NO_2^- \rightarrow N_2O \rightarrow N_2$）　硝酸イオンや亜硝酸イオンは土壌が嫌気的になると脱窒菌により還元されて亜酸化二窒素ガス N_2O や窒素ガス N_2 となり，大気へと戻る．これを脱窒作用という．脱窒菌は硝酸イオンや亜硝酸イオンを O_2 に代わる電子受容態として利用するため，これらが還元されて N_2O や N_2 が生成する．この脱窒反応は土壌の団粒内部のような嫌気的な部位，水田や低湿地のような湛水され還元の進行した土壌において活発に起こる．

c. 人工有機化合物・難分解性化合物の分解

土壌微生物は幅広い有機化合物の分解能力を有し，さらに自然界での遺伝子の変異や組み換えにより新たな分解能力を比較的短時間のうちに獲得することができる．そのため，土壌中に投入された合成農薬などの人工有機化合物はほとんどの場合，時間の経過とともに土壌微生物により分解される．

一方，石油成分や，トリクロロエチレン，ポリ塩化ビフェニル（PCB）などの有機塩素系化合物のように自然環境中で難分解性を示す化合物も存在し，これらによる環境汚染が問題となっている．広範な土壌微生物の中からは，これらを分解できる微生物が見つかる場合がある．このような微生物を汚染環境中で活性化させたり，汚染環境に導入して汚染物質の浄化を行うバイオレメディエーション

(bio-remediation) の手法が近年注目されている.

6.8 植物の生育と微生物

a. アンモニア化成作用と C/N 比

前述のように，土壌生物による有機物の無機化により，NH_4^+, PO_4^{3-} などの植物の生育に必要な無機養分が放出されるため，作物生産の現場では堆肥などの有機物が肥料として土壌に投入されている．有機物分解によるアンモニア態窒素の生成・放出をアンモニア化成作用と呼ぶ.

投入された有機物が土壌微生物によって分解される時に，有機物に含まれる窒素がアンモニア態窒素としてただちに土壌へ放出されるかどうかは，有機物に含まれる炭素と窒素の含量の比 (C/N 比) によって決まる (表 6.4)．微生物が有機物を分解する際，有機物中の炭素の大部分をエネルギー源として用い，一部を炭素源として用いて菌体を合成し，増殖する. 微生物菌体の C/N 比は 5〜10 であり，菌体を合成するために用いる炭素の1/5〜1/10の窒素（アンモニア態窒素）が必要となる．このために，有機物分解により無機化されたアンモニア態窒素の一部が分解微生物に取り込まれる. 分解される有機物が炭素に対して窒素を多く含み，無機化されたアンモニア態窒素が分解微生物による取り込み量よりも多い場合は，余剰のアンモニア態窒素がただちに土壌へ放出され，これを植物が利用できる．逆に，分解される有機物の窒素の量が炭素に対して少ない場合には，無機化されたアンモニア態窒素はすべて分解微生物にとりこまれる．有機物中の窒素が非常に少ない場合には，分解微生物は土壌中のアンモニア態窒素まで取り込んでしまい，植物との窒素の競合が起こり，植物の生育が妨げられる．これを窒素飢餓と呼ぶ．有機物の C/N 比がおおむね 20 よりも小さい有機物からはすみやかにアンモニア態窒素の土壌への放出がみられる. C/N 比の高い有機物は堆肥化することにより有機物の一部を分解して炭素含量を減らし, C/N 比を高めてから土壌に投入する必要がある.

表 6.4 各種有機物の C/N 比
(Foth (1981) を一部改変)

有機物の種類	C/N 比
微生物菌体	5〜10
若いスイートクローバー	12
腐熟堆肥	20
成熟クローバー	23
青刈ライムギ	36
わら	60〜80
おがくず	400

b. 養分貯蔵の場としての微生物菌体（微生物バイオマス）

上記のように，有機物を分解する微生物は有機物分解により生成するアンモニア態窒素の一部を取り込んで菌体を合成し，増殖する．有機物の分解が終了すると増殖した微生物は死滅しはじめ，その菌体はほかの微生物によって分解される．このとき，微生物菌体は5～10と低いC/N比を有するため，菌体に含まれる窒素はアンモニア態窒素として土壌中へ放出される．すなわち，土壌中の微生物の菌体は，有機物分解が終わった後に徐々にアンモニア態窒素を放出する養分の貯蔵庫ということができ，微生物バイオマスと呼ばれる．微生物バイオマスは，窒素のみならず植物が利用するリンの貯蔵庫としても機能している．

c．団粒構造の形成

土壌に有機物を添加すると，有機物の分解過程で細菌が菌体外に生産する多糖類が「のり」の役割をはたして，砂や粘土などの土壌の粒子と粒子を結合させる．また，増殖した糸状菌の菌糸が土壌粒子にからみつき，粒子と粒子を機械的に結びつける．このような微生物の作用は，土壌の団粒構造の形成を促進する要因の一つである．団粒構造が発達することにより，土壌の通気性・保水性・透水性が向上し，耕耘がしやすくなるなど，作物生産にとって好ましい土壌環境が得られる．

d．植物に共生して植物の生育を助ける微生物

1）窒素固定菌　窒素固定能をもつ土壌微生物の中には，植物と共生関係を結び，大気中の窒素ガスをアンモニアに変換して植物に与える代わりに，植物からは炭素化合物をエネルギー源として受け取って生活しているものがある．

根粒菌（*Rhizobium*，*Bradyrhizobium*）はマメ科植物の根に根粒（図6.6）を形成し，高い窒素固定能力を示す．年間の窒素固定量はha当たりNで100～350 kgにも及ぶ．マメ科植物はダイズ，インゲンなどの食用作物のほか，レンゲ，クローバーなどの肥料作物，アルファルファなどの飼料作物としても重要であり，窒

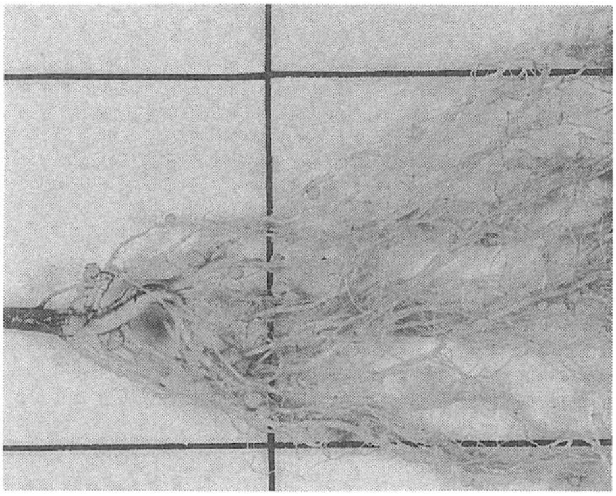

図6.6　ダイズの根に形成された根粒

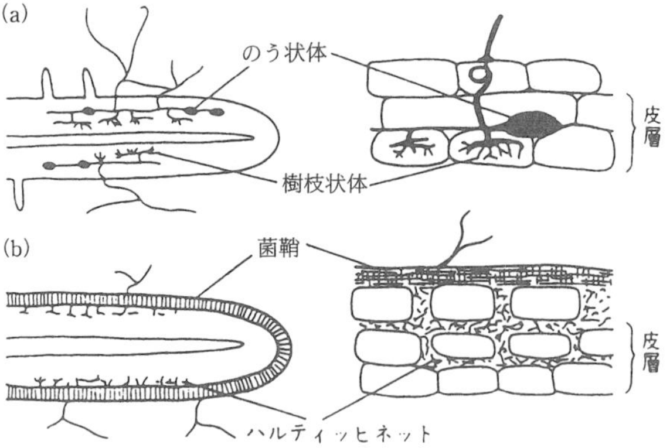

図 6.7 アーバスキュラー菌根(a)と外生菌根(b)(斎藤，1994)

素固定能力の高い根粒菌を選抜し，人工的に接種する技術が普及している．

放線菌のフランキア (*Frankia*) は種々の樹木に根粒を形成する．フランキアの宿主となる樹木はしばしば裸地土壌のパイオニアとなり，肥料木としても利用されている．

らん藻の一種のアナベナ (*Anabena*) はアゾラというシダ植物の一種に共生し，水田の田面水中で窒素固定を行い，水田土壌の肥沃化に寄与している．

2) 菌根菌 土壌中の糸状菌が植物の根の表面または内部に着生したものを菌根と呼ぶ．菌根を形成する糸状菌を菌根菌と呼ぶ．菌根菌は土壌中に張り巡らした菌糸から主にリン酸を吸収して宿主植物に供給し，代わりにエネルギー源として炭素化合物を植物から受け取って共生生活をしている．

主な菌根菌として，アーバスキュラー菌根菌と外生菌根菌 (図 6.7) をあげる．アーバスキュラー菌根菌は，ほとんどすべての草本類と一部の木本類に共生する．根の表皮から菌糸が侵入し，細胞間隙を伸長して皮層細胞の細胞膜を押し込んで樹枝状体と呼ばれる養分交換器官を形成する．養分を貯蔵するのう状態を形成するものもある．外生菌根菌は，樹木の根の表面を菌糸で覆った菌鞘を形成し，ここで養分交換を行う．菌鞘から土壌へ伸びた菌糸の先に子実体 (きのこ) を形成する．マツタケ，ショウロなどは外生菌根菌の一種である．

菌根菌が共生することにより，リン酸の吸収が促進され，植物の生育が良好になる．また，植物の耐病性や耐乾燥性が高まったり，移植の際の根の活着が良好になるなどの効果も報告されており，農業や林業，緑化事業での利用がなされている．

〔妹 尾 啓 史〕

7. 土 壌 有 機 物

土壌中では土壌動物・微生物による分解や土壌中の無機成分との化学的な反応を経て，植物の遺体が土壌に固有な有機物へと変化し蓄積される．土壌有機物の蓄積と分解には，母材に含まれる無機成分の性質や，気温・降水量，土壌の水分状態，地形，植生の種類，土壌動物・微生物の活動や人間による土壌管理など，多数の要因が影響を及ぼしている．すなわち，土壌の生成過程と有機物の蓄積過程は表裏一体のものである．このようにして土壌中に蓄積した有機物は，土壌の物理的・化学的・生物的性質に貢献し，地表の生命活動を支えている．

7.1 土壌有機物の総量

地球上における土壌有機物の総量は炭素換算で 1500×10^{12}kg にも及び，陸上生態系における炭素の最も大きな貯蔵庫となっている（表 7.1）．その量は植物のバイオマス（生物現存量）が含む炭素の約 3 倍，大気中の二酸化炭素が含む炭素の

表 7.1 地球上の炭素の貯蔵庫

貯蔵庫	存在量 (10^{12}kg)
陸地	
植物バイオマス	550
土壌有機炭素	1500
大気 1850 年($CO_2$285 ppm)	602
1900 年($CO_2$297 ppm)	626
1950 年($CO_2$312 ppm)	658
1999 年($CO_2$367 ppm)	772
海洋	
溶存炭酸塩	38000
溶存有機物	600
固形浮遊物および堆積物中の有機物	3000
地殻(化石燃料)	4000

Hunt(1972)，Paul and Clark(1989)，Eswaran ら(1993)のデータから構成．
CO_2濃度は南極 Law Dome のアイスコアのデータによる．
出典：Etherlidge *et al.*, CSIRO, Australia
http://cdiac.esd.ornl.gov/trends/co2/lawdome.html

約2倍に達している。自然への人間の働きかけが小さかった先史時代には，土壌有機物中の炭素の総量は 2100×10^{12}kg にも達していたと推算されているが，人間による森林の伐採と開拓・耕地化により現在のレベルまで減少した。近年の人口増加に伴う農耕地の急激な拡大は，土壌有機物貯蔵量の減少にさらに拍車をかけている。大気中の二酸化炭素の増大（表7.1）に伴う地球温暖化は，化石燃料の燃焼ばかりでなく土壌有機物の分解によるところも大きい。

7.2 気候帯と土壌有機物蓄積量の関係

土壌中の炭素蓄積量と年間供給量は気候帯ごとに大きな変動を示す（表7.2）。熱帯では旺盛な植物生産を反映して多量の植物遺体が土壌中に供給されるが，分解も速いため土壌有機物の蓄積量は少ない。他方，寒冷地の森林や草原では，植物バイオマス生産量は少ないが，分解が遅いため有機物の蓄積量は多くなる。土壌有機物の蓄積量を供給量で割った値は平均滞留年数を表す。土壌有機物の平均滞留年数はツンドラでは200年以上，亜寒帯森林では61年と非常に長いが，熱帯森林土壌では約5年と非常に短い。このことから，熱帯の森林伐採によって造成

表7.2 世界の各種気候帯における土壌炭素の蓄積量および炭素の年間供給量

気候植生帯	炭素貯蔵量(A) (10^{12}kg)	炭素供給量(B) (10^{12}kg 年$^{-1}$)	平均滞留年数(A/B) (年)
ツンドラ	191	0.9	212
砂漠-亜寒帯	20	0.1	200
砂漠-冷温帯	43	0.9	48
砂漠-温帯	20	0.6	33
砂漠-熱帯灌木林	2	0.1	20
草原-冷温帯	120	2.7	44
草原-温帯	30	1.8	17
草原-熱帯(低木林を交える)	129	11.5	11
森林-亜寒帯(適潤)	49	0.8	61
森林-亜寒帯(湿潤)	133	4.7	28
森林-温帯(冷涼)	43	3.1	14
森林-温帯(温暖)	61	7.1	9
森林-熱帯(非常に乾燥)	22	1.7	13
森林-熱帯(乾燥)	24	1.1	22
森林-熱帯(適潤)	60	13.2	5
森林-熱帯(湿潤)	78	15.3	5
農耕地	167	10.2	16
湿原	202	—	
総計	1394	75.8	

Jenkinson ら(1991)の表に平均滞留年数を加筆。
表7.1と炭素貯蔵量の総計の値が異なっているが，これは集計の元となったデータが異なるためである。
表7.2では湿原の炭素貯蔵量がやや低く見積もられている。
Eswaran ら(1993)は Histosol(泥炭土)中の有機炭素総量を 357×10^{12}kg と見積もっている。

された農耕地で有機物の消耗が著しいことが説明される.

7.3　環境および土地利用と土壌有機物の蓄積形態

a.　森林における土壌有機物

森林の土壌有機物は二つの異なった部分に存在している.すなわち地表に落葉・落枝が堆積した堆積腐植層（A_0層）と，無機質成分と有機成分が混合した地表下の層位（A層，B層）である．堆積腐植層は植物遺体の分解の程度に応じてL層，F層，H層に細区分される（第21章参照）．A_0層とA層の厚さや構成割合はそれぞれの地点の水分条件に大きく依存している．これらの土壌断面の特徴はモル型（腐植の分解が進まないため，L層とともにF層，H層もみられる，粗腐植型），ムル型（腐植の分解が活発で，F層，H層はあまり発達せずL層を溶脱した腐植と無機物が混ざったもの），それらの中間のモーダー型に分けられる．寒冷地の針葉樹植生の下ではモル型の土壌断面が発達しやすい．

b.　草原における土壌有機物

草原土壌ではA_0層が薄くA層の厚いムル型の土壌が発達しやすい.一般に草原植生が発達するのはレスや火山灰が堆積した平坦地およびなだらかな丘陵である．

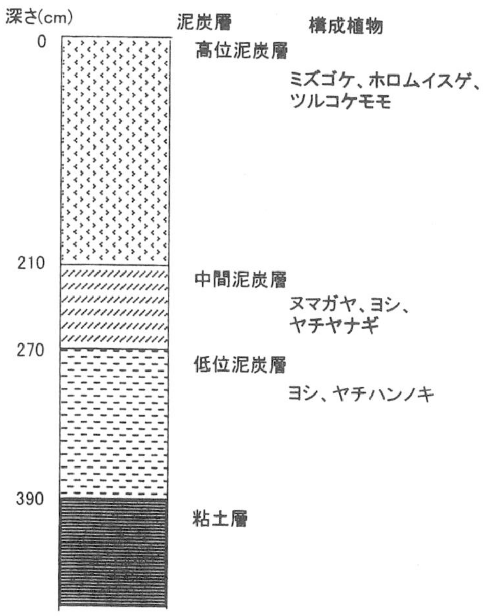

図 7.1　高位泥炭土断面の例（北海道美唄泥炭地）

草本類の植物遺体は分解を受けやすく，またレスや火山灰などの母材は腐植を蓄積しやすい性質をもつため，このような土壌断面の特徴を示すものと考えられている．とくに湿性の火山灰土壌では有機物を蓄積した黒色のA層が厚く形成される．

c. 湿原における土壌有機物

湿原では泥炭という特殊な形で土壌有機物が蓄積する．泥炭層の有機物は嫌気的条件下で分解が遅れるため，給源となった構成植物の組織や成分が残存している．湿原は水文環境や植生によって低位泥炭地（主な植生はヨシ，ヤチハンノキなど），中間泥炭地（ヌマガヤ，スゲ，ヤチヤナギなど），高位泥炭地（ミズゴケ）に分類される．高位泥炭地の土壌断面はその生成過程を反映して，下から低位泥炭層，中間泥炭層，高位泥炭層が順に遷移して堆積している場合がある（図7.1）．人為的な開発により富栄養化と乾燥化が進んだ泥炭地では，泥炭の分解に伴う地盤沈下や湿原本来の植生の衰退が問題となっている．

d. 耕地における土壌有機物

耕地土壌では耕うんによって土壌有機物の分解が著しく促進され，温帯でも数十年の農地利用の後には土壌有機物の含有率はもとの未耕地の場合と比べて著しく減少する．熱帯での土壌有機物の分解はさらに速い．好気的な畑地の土壌条件下では気温が約25℃より高くなると有機物の供給量よりも分解量の方が大きくなるため，土壌有機物はほとんど蓄積しない．土壌水分の増加および湛水は有機物の分解を遅らせる．したがって水田や林地および草地としての土地利用では，土壌有機物の分解は畑地と比べて抑制される．

耕地土壌において土壌有機物含有率を維持するためには，堆肥などの粗大有機物の施用が不可欠である．自然の生態系においては地上部の生産量のほとんどが土壌に還元され，自己循環が行われているが，耕地土壌においては収穫物や収穫残渣の持ち出しにより循環が断ち切られている．有機物施用は自然生態系で行われている物質循環のプロセスを人為的に回復させるものである．しかし農耕地への有機物施用にあたっては，窒素飢餓，有害な微生物の増殖や土壌汚染をもたらすことのないように，施用する有機物の種類・品質・施用量に配慮する必要がある．

7.4 土壌有機物の組成

土壌中には植物遺体が微生物により分解され，土壌に固有の腐植物質へと変化

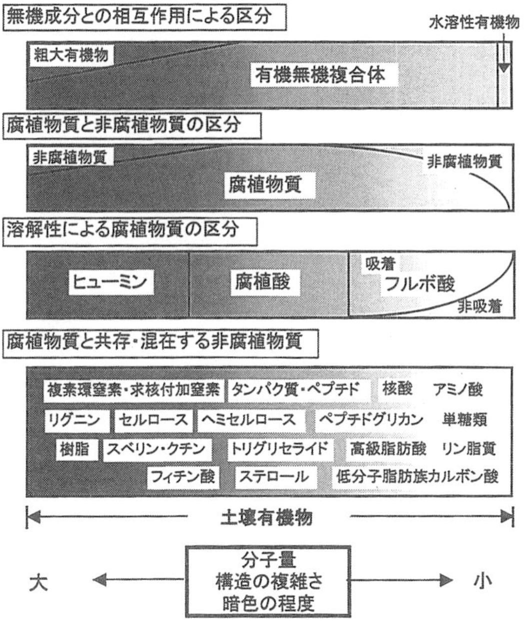

図 7.2　土壌有機物の化学的組成

表 7.3　土壌有機物の抽出分離方法

抽出法・抽出溶媒	抽出成分
アルカリ抽出(NaOH, $Na_4P_2O_7$)	
酸沈殿部	腐植酸(フミン酸)
酸可溶部	フルボ酸
XAD-8, PVP などの樹脂に吸着	腐植物質に富むフルボ酸画分
樹脂非吸着	非腐植物質に富むフルボ酸画分
抽出残渣	ヒューミン
酸抽出	フルボ酸＋多糖類の一部
水抽出	低分子脂肪族有機酸，遊離アミノ酸，糖類，フェノール性化合物
熱水抽出	同上＋多糖類，タンパク質の一部
緩衝液抽出(pH 7)	同上＋多糖類，タンパク質，腐植物質の一部
有機溶媒抽出	
アルコール，クロロホルムなど	脂質成分・ビチューメン
ジメチルスルフォキシド・HCl	腐植物質の一部

するまでのさまざまな段階の有機物が含まれている（図7.2）。土壌有機物の構成成分の抽出分離方法については表7.3にまとめた。

a. 腐植物質と非腐植物質

腐植物質は土壌中で合成された非晶質の暗色高分子有機物であり，土壌中のみならず陸上で最も存在量の多い有機物である。腐植物質の大部分は土壌中の粘土鉱物，鉄・アルミニウムの水和イオンや酸化物，金属イオンなどと結合して存在しており，有機無機複合体と呼ばれている。腐植物質はアルカリと酸への溶解性によって腐植酸（フミン酸），フルボ酸，ヒューミンの3画分に分けられる。

非腐植物質は多糖類，タンパク質，脂質，リグニン，アミノ酸，単糖類など植物遺体や土壌微生物に由来する多種多様な有機成分であり，有機化学的・生化学的にその構造を同定できる成分である。しかし土壌中では腐植物質と非腐植物質は渾然一体として存在しており，両者の完全な分離は困難である。

b. 腐植酸

腐植酸は水酸化ナトリウムやピロリン酸ナトリウム溶液によって土壌から抽出され，酸性にすると沈殿する画分である。腐植酸は土壌有機成分の中で腐植物質としての性格が最も強い。腐植酸の暗色の程度（たとえば単位濃度当たりの600 nm吸光度や600 nmと400 nmの吸光度の比率）は，腐植酸の腐植化度の指標として使われており，腐植酸のさまざまな化学的性質は腐植化度と対応して変化している。腐植酸はカルボキシル基やフェノール性水酸基などの弱酸性の解離基やアミノ基等の弱塩基性の解離基を含み，土壌中でのイオン交換反応に貢献している。また腐植酸に含まれるカルボニル基やキノンはタンパク質などほかの有機成分との反応に関与する。腐植酸の構造には芳香族構造の貢献が大きいと考えられてきたが，脂肪族構造も重要であることが明らかになってきた。芳香族性および脂肪族性の構造部分は疎水結合に関与する。

c. フルボ酸

フルボ酸は土壌抽出液を酸性にしても溶解している土壌有機物画分である。フルボ酸は疎水性の網目状樹脂やフェノール性化合物への親和性の高い樹脂への吸着によって，吸着画分と非吸着画分に分けられる。吸着画分は腐植物質に富んだ画分であり，カルボキシル基などの解離基含量も高い。非着色の非吸着画分には可溶性の多糖類や低分子脂肪族カルボン酸などが含まれている。

d. ヒューミン

ヒューミンはアルカリにも酸にも溶解しない土壌有機物画分である。ヒューミンの化学構造も基本的に腐植酸と類似したものであるが，より分子量が大きく疎水的である．ヒューミンは土壌の無機成分との強い結合のため分離が困難であるが，フッ化水素酸によるケイ酸塩鉱物の溶解やキレート剤・キレート樹脂による無機成分の除去によってその一部を溶解精製することができる．粗大有機物中の難溶性成分（セルロース，脂質，リグニンなど）も共存物質としてヒューミン画分中に含まれる．

e. 多　糖　類

土壌有機物中にはかなりの量の多糖類が含まれ，全土壌有機物の5％から15％に及んでいる．これらの多糖類は植物の細胞壁などを構成するセルロースやヘミセルロースと土壌微生物によって生産された多糖類である．ただし土壌の糖組成は植物の糖組成とは大きく異なることから，土壌微生物の貢献がかなり大きいと考えられている．また糖の中では中性糖が大部分を占めるが，ウロン酸やアミノ糖も重要な構成成分である．

f. リ グ ニ ン

リグニンは植物体構成成分の中でもかなり安定な成分であるため，土壌有機物への貢献も大きい．とくに腐植酸の構造中には変化を受けたリグニン分子が含まれ，腐植化度の低い腐植酸にはその影響が大きい．リグニンから分解生成したポリフェノールは再び重合して腐植物質の出発物質となる．

g. 脂　　質

脂質も安定なため土壌有機物の重要な構成成分となっている．土壌中の脂質には植物の樹脂やワックスなどの成分に由来するもの（スベリン，クチン）と，土壌中で微生物により合成されたもの（リン脂質など）および動物の排泄物に由来するもの（コプロスタノール，胆汁酸など）がある．嫌気的条件下で分解の進んでいない泥炭では脂質の構成割合が大きい．

h. 有機態窒素化合物

有機態窒素化合物のうち土壌中に最も多く含まれるのはタンパク質としての窒素であり，土壌窒素の約30～45％を占めている．土壌のアミノ酸組成は各種の土壌であまり大きく異ならず，土壌微生物の菌体に含まれるタンパク質の貢献が大きいためと考えられている．アミノ糖窒素は土壌窒素の5～10％を占め，グルコサミン，ガラクトサミンがその主要成分である．ムラミン酸，マンノサミンなども微量に含まれる．これらのアミノ糖も微生物由来の窒素化合物である．

腐植酸やヒューミンなどの腐植物質に富んだ画分には，非加水分解性の窒素（全窒素の 20～35 %）や，加水分解されてもその同定が困難な窒素（10～20 %）が含まれている．これらの窒素はピロール環，イミダゾール環，ピリジン環などの複素環中の窒素や，フェノールやキノンにアミノ酸やタンパク質のアミノ基が求核付加したものなどからなっている．

i. 有機態リン化合物

土壌中のリンの大部分はフィチン酸（イノシトールヘキサリン酸），リン脂質，核酸などの有機態リンとして存在している．フィチン酸は有機態リンの主要成分であり，カルシウムやマグネシウムと不溶性の塩（フィチン）を作るため土壌中に蓄積しやすい．

j. 比重や粒径による区分

土壌有機物は比重や粒径によっても性質の異なる物質群に分けることができる．比重 1.6 以下の部分は軽画分と呼ばれ，土壌の無機粒子と結合していない遊離の有機物を多く含む．これらの有機物は粒径も大きく，比較的分解の進んでいない植物残渣や堆肥や燃焼残渣（微粒炭）などを含んでいる．燃焼残渣は腐植物質の給源の一つとして重要であるが，その他の軽画分は易分解性の粗大有機物として植物養分の供給源や良好な物理性の維持に貢献している．

比重が重く微細な画分には粘土鉱物と結合した土壌有機物が含まれる．有機物は粘土鉱物や金属と結合することにより安定性を獲得し，長い年月土壌中に残存することができる．黒ボク土（アンドソル）やチェルノーゼム（モリソル）の厚い暗色の A 層の下部には，数千年の年代をもつ土壌有機物が蓄積しているが，これは粘土や金属との結合によりもたらされたものである．土壌有機物の腐植化が進行するためにも粘土鉱物との結合による安定化が大きく貢献している．このことは微細な土壌粒子に結合した土壌有機物ほど，その腐植化度が高く ^{14}C 年代も古くなることによって示される．

7.5　土壌有機物の役割

土壌有機物は植物や土壌生物の働きにより形成されたものであるが，その存在は植物の生育や土壌生物の活動に直接的および間接的な効果をフィードバックしている．土壌中で長い年月をかけて蓄積された有機物（耐久腐植）は陽イオン交換能や団粒形成能によって土壌の物理的・化学的性質の向上に貢献している．他方，施用有機物・作物残渣・落葉落枝などに由来する分解途上の有機物（栄養腐植）は主として養分供給や土壌微生物活性の促進への貢献が大きいが，物理的・

化学的性質にも貢献している．

a．土壌の物理的性質の向上

糸状菌の菌糸や土壌微生物が分泌する多糖類および腐植物質などの土壌有機物は土壌の団粒形成を促進し，土壌の通気性や排水性を向上させる．とくに腐植物質による団粒形成能は強力で長続きする．これにより水食や風食などの土壌侵食も緩和される．土壌有機物はまた土壌の保水性にも貢献し，土壌の比熱を増大させる．また，腐植物質の暗い色は太陽エネルギーの吸収に役立ち，地温を上昇させ植物の生育に貢献する．

b．土壌の化学的・生物的性質の向上

腐植物質はマイナスやプラスの荷電をもった官能基および疎水性構造部分などさまざまな吸着部位をもつため，土壌中の陽イオンや陰イオンの保持に貢献するばかりでなく，有害金属や有害な人工有機物との結合・不活性化により，環境へのこれらの汚染物質の影響を緩和している．水溶性有機物は土壌溶液中で微生物の基質，プロトン（H^+）の供与体，生理活性物質などとして直接的に機能している有機物として重要である．

土壌有機物は植物の生育に必要な各種栄養素をバランスよく供給する．窒素，イオウ，リン，ケイ酸などの成分は徐々に分解し供給されるため，過剰施用の害や溶脱による損失が少ない．また土壌有機物は土壌中の多様な微生物群の栄養源としても貢献している．土壌中の豊富で多様な微生物群は，植物養分の円滑な供給のみならず，病原菌との拮抗作用により病害の抑制をもたらす．

c．植物生育促進効果

植物の生育に必要な無機養分が不足していない条件下でも，培養液に腐植酸やフルボ酸を適量添加すると発芽や発根の促進，根や茎の生育促進などを示すことが知られている．腐植物質による生育促進効果は地上部よりも根部によく現れる．ただし過剰になるとマイナスの影響が現れる．このような植物生育促進効果は，腐植物質が溶解度の低い養分元素と錯体を形成して植物による吸収を促進することや，腐植物質の一部が植物に直接吸収されて，ホルモンに類似した作用で細胞膜の透過性を促進し，光合成，呼吸活性，各種酵素活性，タンパク質・核酸合成を促進するためと考えられている．有機物施用により地力を蓄えた土壌では，冷害・異常気象下での作物生育への障害が軽減されることが知られているが，これは以上のようなさまざまな要因が総合的に作用したためと考えられる．

〔筒木　潔〕

8. 土壌の酸化・還元

8.1 酸化還元電位

水田や湿地土壌中では物質の酸化・還元反応が起こる．これは大気からの酸素供給が表面水によって妨げられ，土壌が酸化的環境から還元的環境に変化するためである．生物も酸化還元反応によって代謝エネルギーを獲得している．

a. 酸化と還元

酸化還元反応は基本的には電子が還元剤（電子供与体）と酸化剤（電子受容体）の間で授受される反応と定義される．土壌中では微生物の呼吸代謝反応に直接または間接的に媒介されて酸化還元反応が進行する．この反応は可逆的であり，有機物の分解反応と共役する．たとえば酸化鉄 $Fe(OH)_3$ は土壌中で

$$Fe(OH)_3 + 3\,H^+ + e^- = Fe^{2+} + 3\,H_2O$$

の反応によって酸化鉄と還元態の 2 価鉄イオンの間で平衡状態になる．土壌が十分な酸素供給を絶たれると還元的環境になり，右辺へ平衡が片寄り，逆に酸素が十分供給されれば平衡が左辺へ片寄る．

b. 酸化還元電位 Eh，pE

上記のような溶液系へ電気的に不活性な白金電極と比較電極（一般には甘コウ電極や塩化銀電極を用いる）を入れると，電極表面で電子が移動し次式で表される電位差 Eh を生ずる．

$$\mathrm{Eh} = E_0 + \frac{RT}{nF} \cdot \ln \frac{[\mathrm{Fe}^{3+}]}{[\mathrm{Fe}^{2+}]}$$

ここで E_0 は標準酸化還元電位，R は気体常数，T は絶対温度，F はファラデー定数，n は移動電子数（この反応では 1），最後は系に含まれる 2 成分の活動度比の自然対数を示す．また電子の活動度の逆数の対数 pE は

$$\mathrm{pE} = -\log[\mathrm{e}^-] = \frac{F}{2.3\,RT} \cdot \mathrm{Eh}$$

で表され，25℃の場合，Eh(mV) = 59 pE の関係がある．Eh も pE も酸化態が増えれば増加し，還元態が増えれば減少する．

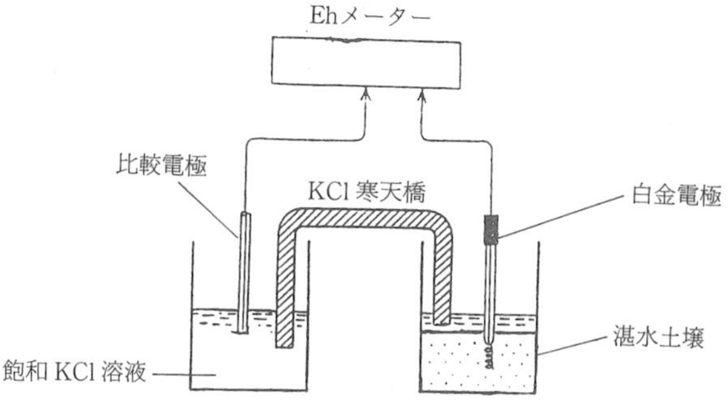

図 8.1　酸化還元電位の測定

実際に土壌 Eh を測定する場合には，図 8.1 のように比較電極を飽和塩化カリウム溶液に浸し，白金電極を挿入した土壌と塩化カリウム寒天橋で連結し，二つの電極の電位差を Eh メータで測る．

c．Eh と pH の関係

土壌の Eh と pH とは直線的な関係を示す．これは上述の反応平衡式にも H^+が含まれていることから理解できる．このため Eh の測定結果にはその系の pH を併記する．

8.2　水田土壌の酸化還元過程

a．還元過程

水田では入水前に約＋600 mV であった土壌Ｅｈが，湛水後は次第に低下する．これは土壌中の有機物を分解する好気性微生物がまず酸素を消費し，大気からの酸素供給速度が遅いため，土壌中が無酸素状態になるためである．次いで硝酸イオン，4 価マンガン，3 価鉄，硫酸イオンを電子受容体とした酸化還元反応が逐次

表 8.1　水田土壌中の還元過程と対応する Eh および細菌群

湛水後の時期	酸化還元電位 Eh（V）	物質変化	反　応	対応する微生物群
初期	＋0.5～＋0.6	酸素の消失	酸素呼吸	好気性細菌
↓	↓	硝酸の消失（脱窒）	硝酸還元	脱窒細菌
		2 価マンガンの生成	4 価マンガンの還元	間接還元に関与する細菌群
		2 価鉄の生成	3 価鉄の還元	直接または間接還元に関与する細菌群
		硫化物の生成	硫酸還元	硫酸還元菌
後期	－0.2～－0.3	CH_4の生成	メタン発酵	メタン生成菌

的に起こり，土壌 Eh が低下するとともに，窒素ガス，2 価マンガン，2 価鉄，硫化物イオンが生ずる（表 8.1）．それぞれ硝酸還元（脱窒）反応，マンガン還元反応，鉄還元反応，硫酸還元反応と呼び，個別の細菌群が各反応に対応している．

一般に土壌中の酸化剤としては量的に鉄が最も重要であり，2 価鉄生成とともに土壌 Eh が低下し青灰色を呈する．硫酸還元反応で生じた硫化物イオンは 2 価鉄と反応して黒色の沈殿を生じ，とくに腐朽根など植物遺体の周辺で顕著である．さらに還元過程が進行すると，炭酸や酢酸などの有機酸はメタン（CH_4）に還元される．CH_4 は有機炭素の最終分解産物であり，微量温室効果ガスとして近年注目されている（第 23 章参照）．硫酸還元と CH_4 生成は，嫌気性細菌である硫酸還元菌やメタン生成菌によって進む．これらの一連の反応過程は，それぞれに対応した Eh の順に進み，電子受容体を酸素，硝酸イオンから硫酸，炭酸イオンへと変化させるとともに，対応する細菌群が遷移しながら代謝エネルギーを獲得していると理解される．

b. 酸化層の分化と脱窒現象

水田の田面水には大気由来の溶存酸素ガスのほか，藻類・ウキクサ類などの水生植物の光合成による酸素が供給される．このため表層土壌の Eh は日変動をしている．一方，土壌中では易分解性有機物を還元剤として微生物による酸素消費が

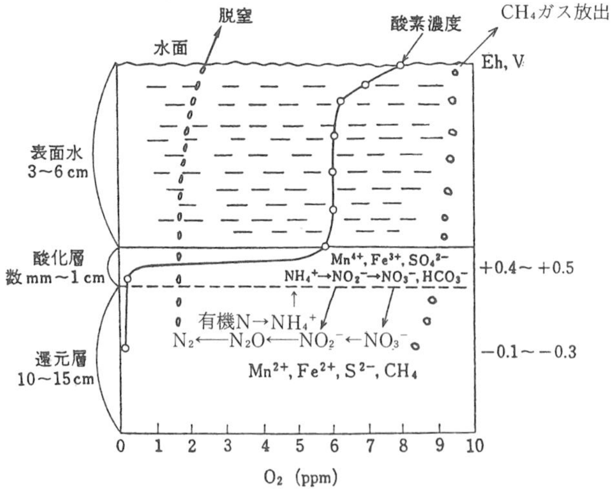

図 8.2 湛水下の水田土壌における酸素の層別分布と酸化還元物質の安定形態（Patrick ら（1971）を改変）
室内実験で得た Eh 値で，pH は 6～7 の範囲にある．

進み還元過程が進行する．ところが湛水後しばらくすると有機物量が減少し，土壌表層では田面水からの酸素供給が酸素消費を上回るため，還元過程とは逆の酸化過程が起こり，2 価鉄が再び 3 価鉄に酸化される．そのため，表層部の数 mm から 1 cm の部位は 3 価鉄で黄褐色を呈する酸化層になり，下層の青灰色の還元層と区別できるようになる（図 8.2）．酸化層では好気的環境が維持されるため，施肥や還元層で生成されたアンモニア態窒素は好気性細菌の硝酸化成菌によって硝酸イオンに変化し，これが還元層へ移行すると嫌気的環境で脱窒反応によって窒素ガス（N_2）にまで還元され大気中へ消失する．この一連の過程を水田における脱窒現象という．

酸化層と還元層の分化は水田以外にも，湖沼や海洋の底質などでみられる．また好気的環境であるはずの畑土壌や草地土壌などでも，土壌団粒の内部やルートマット層では微嫌気的環境が生じ脱窒反応が進む．この場合は水田とは異なり，反応の最終産物である N_2 よりも中間産物である亜酸化窒素（N_2O）が多く発生し，これがオゾン層破壊および地球温暖化に関与するため注目されている（第 23 章参照）．

〔犬 伏 和 之〕

9. 土 壌 の 構 造

9.1 構造と孔隙

a. 粒団と孔隙

ひと固まりの土壌を手にとると，簡単に崩れてしまうものや力を加えた方向に崩れるものやなかなか崩れないものなどがある．これをモデルで示すと，図 9.1(a)，(b)のように砂，シルト，粘土などの一次粒子が単独で並んでいるものと，(c)のようにそれらの個々の粒子が集合してできた粒団が並んでいるものとがあり，簡単に崩れるものは(a)，(b)に，それ以外は(c)に該当する．前者を単粒構造，後者を団粒構造という．

実際には大きさや形の違う一次粒子や粒団がさまざまに配列しており，その空間に孔隙を作っている．図 9.1 を例にとると，孔隙率は(a)47.64 %，(b)25.95 %，(c)61.23 %である．孔隙は保水性，透水性，通気性，根の伸張性などに密接に関係する．(c)のように，団粒構造では孔隙率が高く，しかも大小さまざまの直径の孔隙ができるので，植物にとって好ましい生育環境が作られる．一方，(a)のような粒子の充塡密度が低い単粒構造では保水性が悪く，植物は乾燥害を受けやすい．また，(b)のような粒子の充塡密度が高い単粒構造では透水性，通気性が悪く，硬くもなるので，根の伸張が悪くなる．さらに，単粒構造では粒子が離れているので，風食や水食を受けやすい．

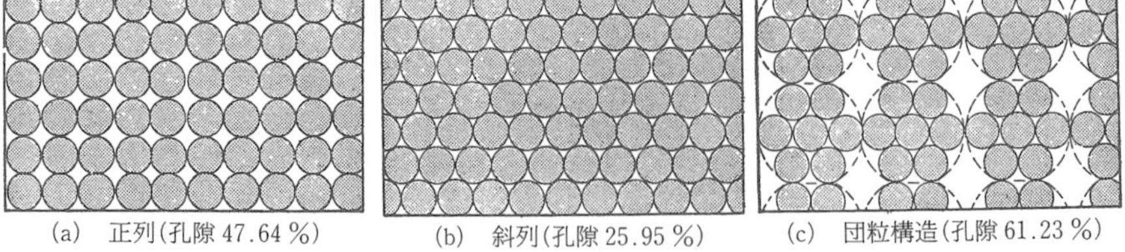

(a) 正列(孔隙 47.64 %)　(b) 斜列(孔隙 25.95 %)　(c) 団粒構造(孔隙 61.23 %)

図 9.1 粒子の配列モデル

b. 粒団の生成と崩壊

粒団の基本単位は一次粒団であり，砂やシルトのように径の大きなものが骨格となり，それを粘土や有機物，鉄やマンガンなどの三二酸化物ゲルが連結する形をとる．多くの場合，一次粒団はいくつか集合して複合粒団（二次粒団）を作り，さらに高次の粒団を作ることもある．高次の粒団になるほど孔隙率が高く，固相に対して水や空気の入るスペースが大きくなるので，植物の生育は良好となる．

また粒団の生成には土壌生物や植物根が大いに関与している．たとえば土壌微生物は菌糸を発達させて粒団を結びつけたり，有機物を分解した際に生成する粘質物が粒団を連結させる．土壌動物の中でも，とくにミミズのふんは有機物と石灰を多く含んでおり，土壌粒団よりもさらに安定性の高い粒団となっている．植物根もまた細根が粒団を連結させ，根からの分解生成物が粒団を結びつけている．

一方，粒団は過度の乾燥・湿潤，有機物の分解・消耗，降雨などによって崩壊し，単粒化する．耕地では過度の耕うん，重機械の走行による土壌圧縮なども崩壊の要因となる．

粒団の崩壊が進むと，粒団の径が小さくなり，孔隙が減って，水や空気の入るスペースが少なくなる．このような状況で，乾燥・圧縮が加わると，土壌は硬化したり，ち密化したりして，植物生育に悪影響が出る．したがって，高次の粒団を作り，安定して維持することは土壌管理の上で重要である．

c．粒団の安定化

高次の粒団の生成を促進し，安定化する人為的方策として，土壌改良資材が施用される．土壌改良資材には合成高分子化合物と有機質・無機質天然物がある．

合成高分子化合物としてはポリビニールアルコール系，ポリアクリル酸塩，メラニン樹脂，エチレン系重合体などがある．これらはカルボキシル基，アマイド基，スルフォン酸基などの活性基をもち，粒団間を結合させ，安定化させる．また，有機質資材としては腐植酸質資材，無機質資材としてはゼオライト，パーライト，ベントナイトなどが用いられる．

d．構造の種類

土壌構造は粒団の発達程度によって，①単粒状，②カベ状，③粒団化，に区分される．このうち，単粒状は粒団の発達がほとんどないもので，海岸砂地でみられるようなサラサラの土壌である．カベ状は排水の悪い粘土質水田の下層によくみられるもので，粘土が均一的に連結してち密な土層を形成している．この二つは無構造とされる．粒団化にはいろいろな形や大きさがあり，それらの違いによって，板状，柱状，塊状，粒状に分けられる．これらの構造の特徴を表 9.1 に，構造の形状を図 9.2 に示す．

表 9.1　土壌構造の特徴

無構造	単粒状	海岸砂地のように粒子がバラバラの状態にあるもの.
	カベ状	土層全体がち密に凝集し，一定の構造がみられないもの.
構　造	板　状	平板状に発達し，水平方向に長く，重なり合っているのが普通である．一般に土壌の溶脱を受けた表層部にみられる.
	柱　状	垂直方向に長く発達したもの．柱頭が丸い円柱状と丸くない角柱状がある．干拓地などナトリウム含量の多い下層，黒ボク土の下層などにみられる.
	塊　状	ブロックまたは多面体の構造をもち，典型的なものは等方体である．稜角が角張った角塊状と丸みのある亜角塊状がある．下層土に多くみられる.
	粒　状	ほぼ球体か多面体のまとまったかたまりになる．力を加えると簡単に崩れる膨軟で多孔質な屑粒状と堅い粒状がある．黒ボク土の表層によくみられる.

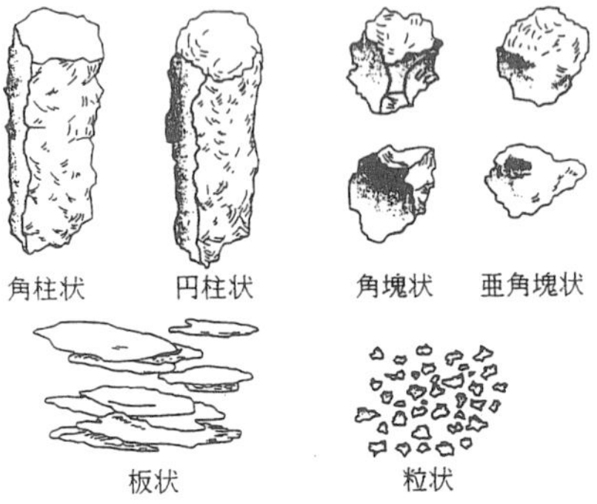

図 9.2　土壌構造の形状

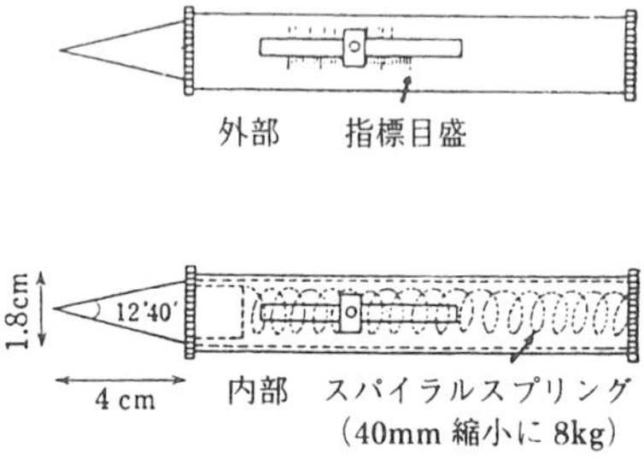

図 9.3　山中式硬度計の構造

9.2　ち密度と粘着性

a. ち 密 度

土層における土壌の固体粒子の充塡の程度をち密度という．ち密度は土壌の粒径組成，容積重，孔隙量，水分量などの状態が総合化されたものとして現れる．作物の支持基盤としてだけでなく，作物根の伸長，土壌中での水や空気の移動，ミミズやケラなどの小動物や微生物の生息などに密接に関係する．ち密度は硬度計による硬度と，固相率や仮比重などの固相量から知ることができる．

1）硬　度　土壌の硬度は現地土壌調査の際に硬度計を用いて測定される．よく使われる硬度計は次の 2 種類である．一つは図 9.3 に示す硬度計で，開発者の名をとり，山中式硬度計と呼ばれる．測定する土壌の断面を平らに削り，硬度計の円すい部を断面に垂直に押し込むと，円すい部の圧入に対する土壌の抵抗に比例してバネが縮み，その分が指標硬度目盛りに表れる．通常はこれを mm 単位

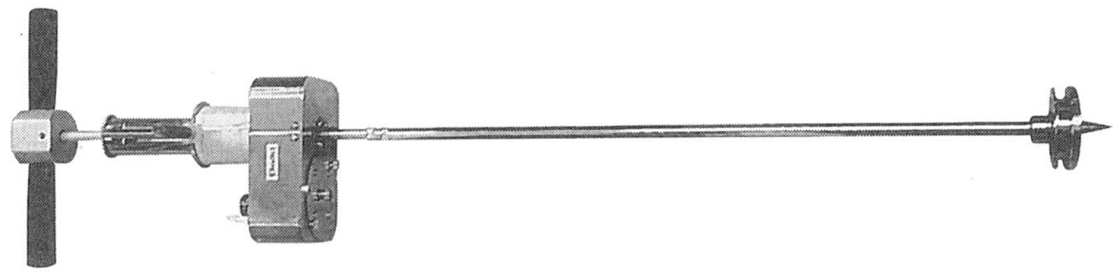

図 9.4　貫入抵抗式土壌硬度計の外観

で読み，ち密度とする．なお，指標硬度 x (mm) は次式によって，硬度 y (kgf cm^{-2}) に置き換えることができる．

$$y\,(\mathrm{kgf\ cm^{-2}}) = \frac{100\,x}{0.795 \times (40 - x)^2}$$

近年は，国際単位として kPa（キロパスカル）が用いられる．その場合は，y (kgf cm^{-2}) ×98.07 で求められる．

また，最近は同様の測定原理で，硬度計の底部から指標硬度目盛りが付いた円筒が出てくるプッシュコーンもよく使われている．

もう一つは図 9.4 に示す自記式貫入硬度計である．この硬度計を使えば土壌の断面を整える手間がいらず，最大深さ 90 cm までのち密度が簡易に測定できる．図 9.5 に水田土壌の測定例を示したが，深さ 15 cm 付近に硬いことを示すピークがあり，すき床層があることが見てとれる．

山中式硬度計は円すいの一部が土壌に入るのに対して，自記式貫入硬度計では円すいの全部が土壌中に貫入していく点が違うことと，円すいの角度が違うので，両者の測定値を同じものとして比較することはできないが，図 9.6 に示すように，黒ボク土畑地に関しては多くの測定事例から両者の関係が明らかにされている．

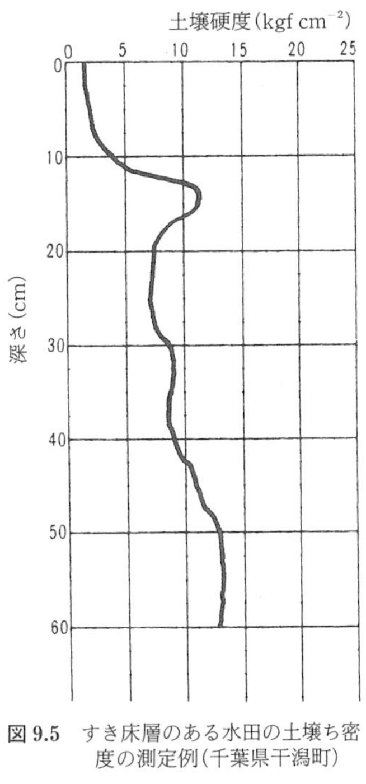

図 9.5　すき床層のある水田の土壌ち密度の測定例（千葉県干潟町）

2)　固相量　固相率は土壌の全容積に占める固相容積の割合であり，仮比重は単位容

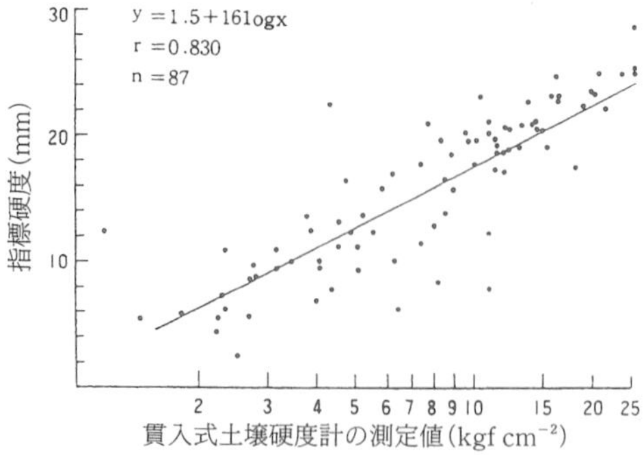

図 9.6　貫入式土壌硬度計の測定値と山中式硬度計の指標硬度との関係(黒ボク土；渡辺，1992)

表 9.2　土壌の仮比重，固相率とち密度の関係（海成砂質土）

仮比重	固相率 (%)	ち密度 (mm)
1.1	40.6	11.0
1.2	44.5	14.5
1.3	49.0	17.5
1.4	52.5	20.0
1.5	55.0	21.5
1.6	60.2	23.1

ち密度は山中式硬度計の指標硬度.

積あたりの固相重である．とくに容積 100 mℓあたりの固相重を容積重という．固相率や仮比重はふつう 100 mℓ容の円筒管を用いて測定される．

固相率や仮比重が大きくなるとち密度は増加する．その関係を海成砂質土の測定例で表 9.2 に示した．

3)　ち密度と根の伸長　ち密度が大きければ土壌は硬くなり，作物の根の伸長は阻害される．図 9.7 にち密度とナシの根の伸長の関係を示した．この図では，ち密度が 21 mm のとき，根の伸長「不良」「なし」が約 60 %であり，25 mm では硬くて根が

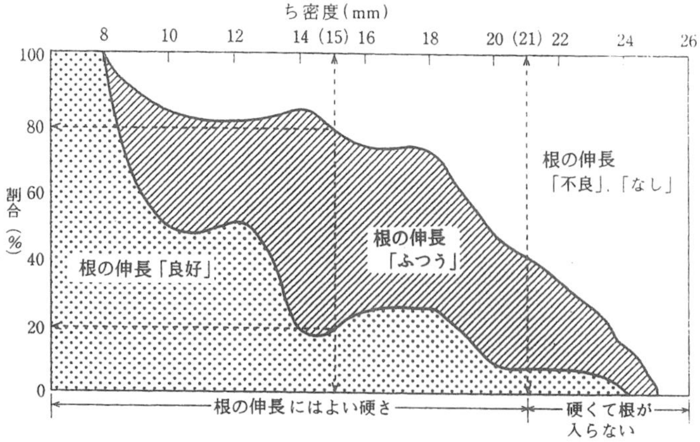

図 9.4　ち密度とナシの根の伸長の関係
ち密度は山中式硬度計の指標硬度.

表 9.3　作物根の伸長が不良となるち密度（土壌別）（三好，1977）

ち密度	項　目	非黒ボク土 壌・粘・強粘質	非黒ボク土 砂質	黒ボク土
固相量	固相率(%)	50〜55	50〜55	28〜30
	仮比重	1.35 以上	1.40 以上	0.80 以上
硬度	指標硬度(mm)	20〜22	20〜22	20〜22

入らないことがわかる．このような関係が整理され，作物根の伸長にとって好適な土壌の硬さはほぼ 20〜22 mm とされている．このときの固相率や仮比重を土壌別に示すと，表 9.3 のとおりで，火山灰が母材の黒ボク土ではそれらの値がかなり小さいことが特徴である．

また，作物の中でも，根の肥大を必要とする根菜類ではち密度が 18 mm 以下，細根が多い施設の花卉(施設)は 17 mm 以下が望ましいとされている．

b．耕盤層形成と地耐力

1）耕盤層形成と土層改良　トラクターなどの大型機械で耕うんを続けると，機械そのものの加圧と土壌粘土の凝集によって作土直下に硬い耕盤層が形成される．以前は牛馬などの家畜を使ってのすき耕のくり返しのなかで硬い層ができたので，すき床層ともいう．図 9.8 に示したように，水田における耕盤層は深さ 20〜30 cm にできる．耕盤層が適度な硬さであれば，水田では漏水防止や機械の走行に役立つ．しかし，土木機械などを用いて新たに造成した圃場や畑地でも 60 PS 以上の大型トラクターを使用している圃場では深さ 30 cm 前後に平板状構造の耕盤層がみられる．この場合，ち密度は 24 mm 前後あることが多く，作物根が伸長でき

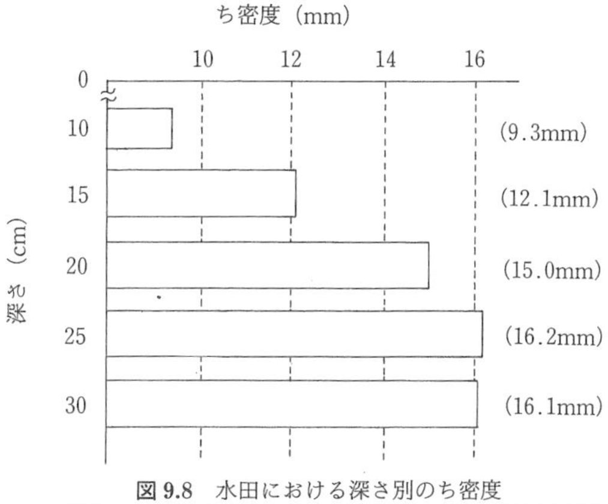

図 9.8　水田における深さ別のち密度
カッコ内数字は千葉県水田 202 地点のち密度の深さ別平均値(1991)．

表 9.4 地耐力とち密度

地耐力の区分	ち密度(mm)
大	15 以上
中	9～15
小	9 以下

ち密度は山中式硬度計の指標硬度.

ないので，深耕，心土破砕などの土層改良を行う．また，最近はキマメなど，硬い土層を貫通できる作物の導入も行われている．

2) 地耐力 トラクターなど重量機械が圃場を走行するためには，土壌の支持力が必要である．これを地耐力という．地耐力とち密度の関係は表 9.4 のとおりである．

c. 粘 着 性

農業機械で作業する時は土壌の粘着性を考慮する必要がある．とくに粘土含量の多い土壌では水分が多い時は土壌が練り返され,機械への付着力が増すうえに，車輪がスリップするなどして作業性が悪くなる．土壌調査においては粘着性が最も大きくなるように水を加えた土壌を指で強く挟んで引き離した時の付着状態によって表 9.5 のように判定する．

表 9.5 土壌の粘着性の判定基準

区分	判定の基準
なし	土壌がほとんど指に付着しない．
弱	土壌が一方の指に付着するが，他方の指には付着しない．指を離したときに土壌はのびない．
中	両指頭に付着する．指を離したときに土壌が多少糸状にのびる傾向を示す．
強	両指頭に強く付着する．指を離したときに土壌が糸状にのびる．

9.3 土壌のコンシステンシー

a. コンシステンシー

土壌は水分含量の違いによって固体から液体まで変化し，その力学性も変化する．飽和水分以上の水を加えて練り返すとどろどろとした液状となり，流動性を示す．さらに練り返して，水分が減少してくると粘性のある可塑状となる．さらに水分が減少すると次第に硬く，もろくなる．このように水分含量の変化に応じて土壌の力学性が変化する現象をコンシステンシーという．

b. アッターベルグ限界

土壌のコンシステンシーは図 9.9 のとおりである.水分含量が増えるにつれて，①硬い固態，②軟らかくもろい半固態，③塑性態，④液性態へと変化し，それに伴い，②の半固態からは土の容積が増加していく．こうした土壌の各形態の水分含量の変換点（通常は含水比であらわす）を区分する方法は1912年にアッターベルグ(Atterberg)によって提唱されたので，アッターベルグ限界といわれる（コンシステンシー限界ともいう）．

アッターベルグ限界は土壌の物理性の指標として，土性，粘土鉱物の種類，腐植の影響，耕うんや機械の走行性を知るうえで重要な因子であり，表9.6に示すように液性限界，塑性限界，収縮限界がある．また，液性限界と塑性限界の差は塑性指数という．塑性指数が大きい土壌ほど可塑性が大きくなり，耕うん時に土壌が練り返されて孔隙が破壊され，物理性が悪化しやすい．このような土壌では塑性限界よりやや低い水分状態で耕うんすることが望ましい．

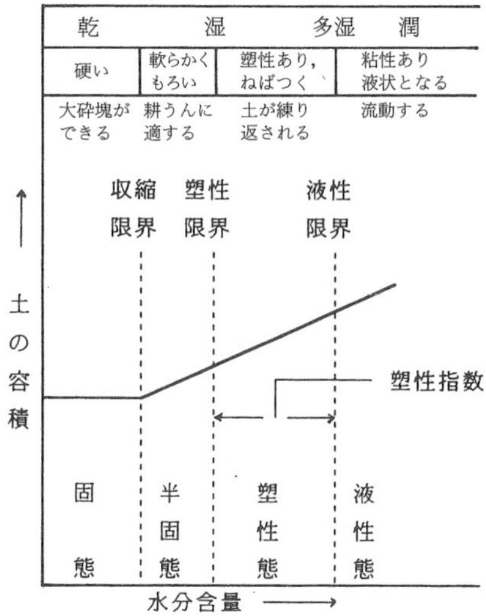

図9.9　土壌のコンシステンシー

塑性指数は土壌に含まれる粘土鉱物の種類ではモンモリロナイト＞イライト＞カオリナイトであり，種類が同じであれば含量が多い土壌ほど大きい．有機物が多い土壌では液性限界，塑性限界，塑性指数とも大きくなる．

表9.6　アッターベルグ限界

区　分	状　態
液性限界（LL）	土壌に水を加えて練り返していき，流動性のあるペーストになった状態から塑性状態に移る点の水分．
塑性限界（PL）	水を加えて練り返し，土壌をひも状にのばすうちに，きれぎれの状態になってひも状にならなくなったときの水分．
収縮限界（SL）	土壌を乾燥させると収縮して容積が低下していくが，これ以上は低下しなくなったときの水分．

9.4　土壌の色と温度

a.　土 壌 の 色

土壌の色は土壌が生成・変化する過程や物質の溶脱集積，酸化還元の程度を知る指標として重要であり，土壌分類の基準として用いられている．さらに生産性

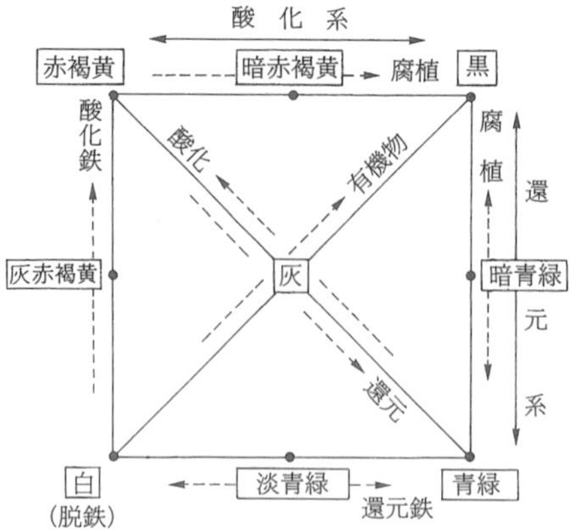

図 9.10　土壌の色(加藤(1976)を一部改変)

に深く関連する腐植含量を知るめやすともなる．また，保温性や地温の上昇の程度とも深く関わっている．

1)　土壌に色を与える物質

土壌に色を与える主な物質は腐植と鉄化合物であり，その量や形態によって色が違う．その関係は図9.10のとおりである．土壌の黒色は腐植の量が最も深く関与している．土壌別では図9.11に示すように，黒ボク土でとくにその関係が顕著であり，明度を表すL*値が低くなる，すなわち暗くなるほど腐植含量が増えることがわかる．黒色は硫化物やマンガン酸化物の存在によっても生じる．土壌の赤～褐～黄色は鉄化合物に由来し，土壌が酸化状態にあることを示し，和水度が高いほど黄色くなり，脱水が進むと赤くなる．土壌が還元状態になると，鉄は青～緑色を呈する二価鉄に変化して色を与える．水田など地下水の影響を受けた土壌にみられるグライ層はこの色が基色となっている．また，ポドソル土壌では有機物や塩基，鉄，アルミニウムなどの無機成分が溶脱して，残ったケイ酸の白い色がみられる．

土壌の色はまず基質の色をみて，それから斑紋，結核，グライ斑など部分的に

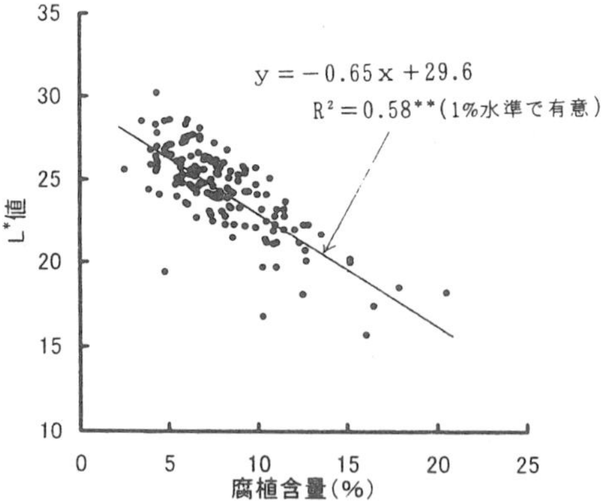

図 9.11　土壌の色と腐植含量の関係(黒ボク土)
L*値：L*a*b*表色系で，明度を表す単位．

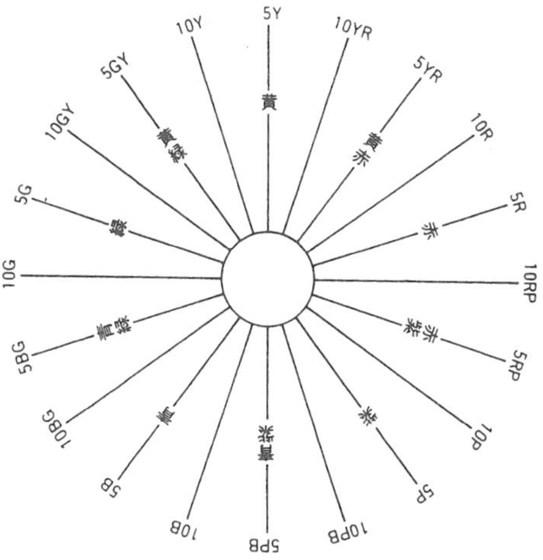

図 9.12　マンセル色相環
表示された色相のほかに 2.5 と 7.5 の区分がある.

生じている色をみる.

2）　色の表示　　土壌に限らず，色は「色あい」「明るさ」「あざやかさ」の三つの要素からなり，それぞれ色相，明度，彩度と呼ばれる。色相は赤，黄，緑，青，紫のような色の質を示し，図 9.12 の色相環で区別される。明度は物体の明るさの度合いを表し，完全な黒を 0，完全白を 10 として，その間を 10 分割したものである。彩度は無彩色（白，灰，黒）を 0 とし，純度が高まるにつれて 10 段階で区分される。

色は L*a*b*表色値，XYZ 表色値などで表すことができるが，土壌ではマンセル色票系が用いられる。たとえば黒褐色の黒ボク土で，色相が 7.5 YR（Y は黄，

表 9.7　土壌分類における土壌の色（農耕地土壌分類委員会，1995）

土　層	色　相	明度	彩　度	備　考
赤	10 R～5 YR	≧4	≧3	4/3，4/4 を除く
暗赤	10 R～5 YR	≦3	≧3，＜6	4/3，4/4 を含む
黄	7.5 YR～7.5 Y	≧3	≧6	3/6，4/6 を除く
黄褐	7.5 YR～7.5 Y	≧3	≧3，＜6	3/6，4/6 を含む
灰	10 R～7.5 Y，N	≧3	＜3	
青灰	10 Y～青緑			
黒～黒褐		＜3		

R は赤を表す．YR は両方の色が関係するが，7.5 はより黄に近い色を示す)，明度が 3，彩度が 2 の場合は 7.5 YR 3/2 と表示する．

3) 土壌の色と土壌分類　土壌の色は土壌分類のうえでも重要な要素である．たとえば農耕地土壌分類では土壌の色をマンセル色票系を用いて表 9.7 のように整理している．

b. 土壌の温度

土壌の温度は日射量，風速，被覆状態，緯度，傾斜，土色などによって変化し，植物の生育に大きく関与する．土壌の温度は一般的に地温と呼ばれる．

1) 自然条件下の土壌の温度　日中は太陽からの日射などの受熱と水の蒸発，熱放射などの放熱のなかで，余剰となった熱量によって土壌の温度が高められる．畑土壌の温度の日変化の例を図 9.13 に示した．日変化は地表に近いほど温度の振幅が大きく，早い時間から変化している．こうした変化の及ぶ深さは土壌によって異なるが，おおむね日変化で 40〜50 cm，年変化で 10 m 程度である．また，年間を通じての土壌の温度は気温の年平均よりも 1〜2°C高い．

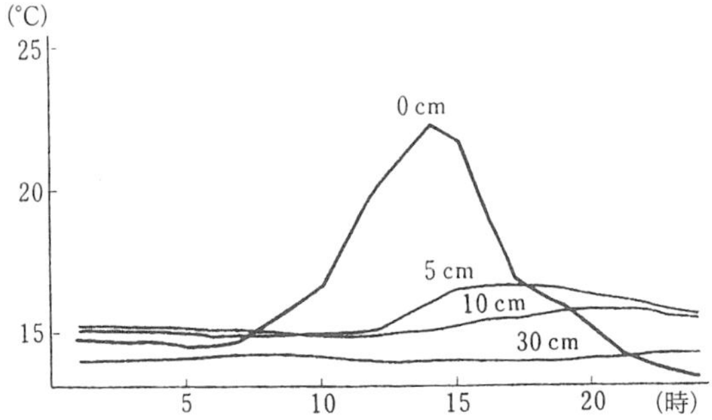

図 9.13　畑土壌の温度の日変化(1988.7.13，札幌・羊ケ丘，粕淵)

表 9.8　作物の根と土壌の温度

作物名	土壌の最適温度（°C）
水　稲	32 付近
コムギ	12〜16
オオムギ	20
トウモロコシ	24 付近
ダイズ	22〜27
トマト	20〜30
サツマイモ	30 付近
バレイショ	18 付近

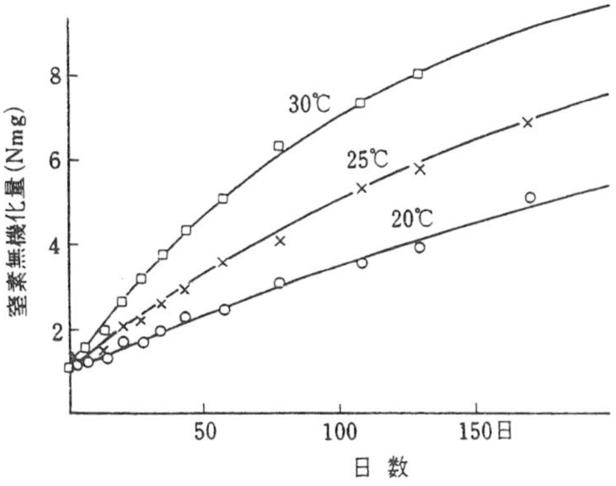

図 9.14　水田土壌の窒素無機化量と温度の関係(金野，1988)

2)　植物の生育と土壌の温度　植物の生育は土壌の温度の影響を強く受ける．とくに，発芽に対する影響は大きいが，25～30°Cが適温のものが多い．また，土壌の温度は表 9.8 に示すように作物の根の生育と関係する．温度が低いと根の伸長が抑制され，養水分の吸収が不十分となる．春季に水口付近の水稲が冷水灌漑によって生育遅延となるのがよい例である．植物の生育にとって適温を与える方法には灌漑，排水，マルチなどがある．

3)　土壌養分と土壌の温度　土壌養分の可給化には土壌の温度が密接に関係する．たとえば，水田土壌中の窒素は図 9.14 のように温度が高まるにつれて多く生成する．これは土壌の温度が上昇すると微生物活性が高まるからである．

〔安 西 徹 郎〕

10. 土壌水・土壌空気

10.1 土壌水の働き

土壌中には水蒸気や氷の状態の水も存在するが，最も重要なのは液体としての水，すなわち液相中にある水である．土壌水には，土壌中の無機成分，有機成分，酸素，二酸化炭素などが溶けており，実際には土壌溶液となっている．

土壌水には以下のような重要な働きがある．

①植物に吸収利用されて，生育を促進する．

②土壌成分を溶かし出して，植物に必要な養分を供給する．

③比熱が大きく，高温時には蒸発に伴って多量の熱を奪い，低温時には結氷して熱を放出して，地温の急激な変化を抑える．

④土壌動物や微生物の生活を支え，活性化する．

⑤水は表面張力と凝集力が比較的大きいため，土壌孔隙中に保持されやすく，また土壌中を移動しやすいので，植物根に供給されやすい．

10.2 土壌水の表し方

a. 土壌中の水分状態

土壌中の水分状態を量的に表す方法として，含水比（単位重量の土が保持する水分量）や水分率あるいは体積含水率（単位容積の土が保持する水分量）が一般的に用いられる．しかし，これらはいずれも土壌水を全体として捉えた量である．たとえば，砂質土と粘質土でみた場合，同じ水分量であっても，植物生育にとって砂質土では適量であっても，粘質土では不足することがある．これは土壌水がある力で土壌に保持されているからである．

実際には，土壌水は，①土壌粒子の表面に強く吸着されているもの，②微細な孔隙に毛管力で保持されているもの，③粗大な孔隙に弱い力で保持されているものなどがあって，そのエネルギー状態には大きな違いがある．そのエネルギー状態を表す概念が水ポテンシャルである．

b. 水ポテンシャル

ふつう，物体の物理的状態の違いはエネルギーの違いとして表すことができる．エネルギーには運動のエネルギーとポテンシャル（位置）のエネルギーがある．土壌水の動きはきわめて遅いので，土壌水のもつ運動のエネルギーは無視できる．土壌水のポテンシャルエネルギーは位置，内部の界面張力，浸透圧，温度，圧力などにより変化する．

土壌中のある点AとBの間にポテンシャルエネルギーが生じると，その高いところから低いところへ水は動く．水ポテンシャルはこのような水のエネルギー状態を表す．実際には，水ポテンシャルは重力ポテンシャル，マトリックポテンシャル，浸透ポテンシャルの和として表される．

1) 重力ポテンシャル　地表面近くの水は深い所にある水よりも位置エネルギーが高い．このような高さの差によって生じる水のポテンシャルを重力ポテンシャルという．降雨後の水は土壌中の孔径が大きい粗孔隙を通って下方へ浸透していく．これは重力ポテンシャルの作用による．

2) マトリックポテンシャル　土壌粒子の表面近くでは毛管力・分子間力・クーロン力などが働き，水分子と土壌粒子との間に相互作用が生じて，水が保持される．この作用は土壌粒子の配列（マトリックス）が作った孔隙によって生じるので，このような水のポテンシャルをマトリックポテンシャルという．マトリックポテンシャルには図10.1のように二つの保水様式がある．一つは点線で示すように，土壌粒子表面で分子間力やクーロン力によって強く吸着された水（吸湿水）ポテンシャルである．もう一つは実線で示すように，土壌粒子間の粗孔隙よりも孔径の小さい孔隙内（毛管孔隙）で，毛管力によって保持された水（毛管水）ポテンシャルである．このとき，孔隙内に凹面のメニスカス（毛管内などで，曲面を形成している水の表面）ができる．

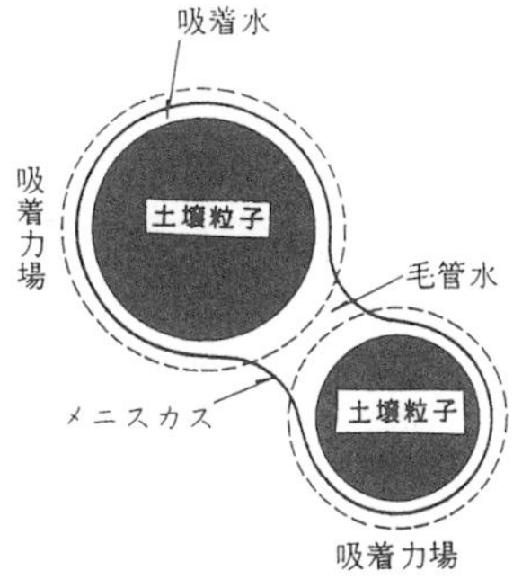

図 10.1 土壌水の保持モデル（三野(1979)，岩田(1969)を基に作図）

3) 浸透ポテンシャル　土壌水にはさまざまな物質（溶質）が溶けており，浸透圧が生じて，水ポテンシャルは低下する．これを浸透ポテンシャルという．浸透ポテンシャルは多施肥によって塩類が集積している土壌では強く働く．

c. 水ポテンシャルの表し方

上記のように，水ポテンシャルには多くの要因が関係するが，通常の土壌状態（等温・等圧下で塩類濃度が低い）の場合には主にマトリックポテンシャルが主成分となる．マトリックポテンシャルは毛管上昇を考えた水柱の高さ（h：cm）やその常用対数である pF あるいは Pa (パスカル) のような圧力の単位で表す．pF はスコフィールド (Schofield) が 1935 年に提案して以来，とくに農業現場では広く使われている．pF の F は自由エネルギーを，p はマトリックポテンシャル ($-h$) の負の常用対数を示している．また，現在国際的には SI 単位の Pa が用いられる．$\mathrm{pF}=\log(-10.2\,\phi)$ で ϕ (Pa) が pF に換算できる．たとえば地下水面から 100 cm 上の位置にあるマトリックポテンシャルは，水柱の高さ (水頭) 換算では −100 cm，pF では 2.0，圧換算では −9.8 kPa の水ポテンシャルに相当する．

d. 水ポテンシャルの測定

水ポテンシャルの測定は砂柱法（pF 1.8 以下，およそ −6 kPa 以下），吸引法（～pF 2.0，～−9.8 kPa），加圧板法（pF 2.0～4.2，およそ −9.8 kPa～−1.5 MPa），サイクロメーター法（pF 3.0 以上，およそ −200～−300 kPa 以上）で行う．また，野外ではテンシオメータ，土壌水分計が使われている．

10.3 土壌水の分類

土壌水の分類は図 10.2 のようにまとめられる．その内容は以下のとおりである．

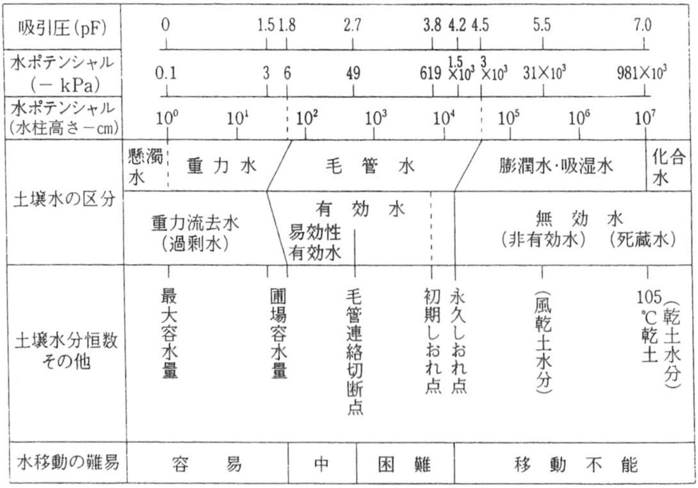

図 10.2 土壌水の分類と水ポテンシャルおよび水分恒数

a. 土壌水の区分

土壌水は，土壌中で水が吸着・保持されている力の強弱から分類する方法と水が植物によって吸収される難易度から分類する方法とがある．前者では，重力水，毛管水，吸湿水，膨潤水が，後者では有効水，無効水などが該当する．

1) 重力水　降雨や灌水によって一時的に粗孔隙内にとどまるが，重力の作用で下方に排除される水をいう．pF 1.5～1.8 以下，およそ－3～－6 kPa 以下に相当する．土壌の保水力に対して過剰な水分であるので，過剰水ともいう．

2) 毛管水　毛管力によって，土壌中の細孔隙に保持されている水をいう．植物が吸収可能な有効水のほとんどはこの毛管水で，pF 1.5～4.2，およそ－3 kPa～－1.5 MPa に相当する．

3) 吸湿水・膨潤水　土壌粒子の表面に吸着している水を吸湿水，粘土の結晶の間に入りこんで，強く結合している水を膨潤水という．pF 4.2～4.5 以上，およそ－1.5～－3 MPa 以上に相当する．

4) 有効水　毛管水のように，植物が吸収可能な土壌水をいう．毛管水のうち，pF 1.5～2.7 に相当する毛管水は毛管孔隙を移動することができ，植物に容易に吸収利用されるので，易効性有効水とも呼ばれる．

5) 無効水　吸湿水や膨潤水のように，水が土壌粒子表面や内部に強く結合していて，植物が吸収できない水をいう．

b. 水分恒数

土壌水分量を保持力の強さや植物の生育などと関連させてみるとき，比較的安定な状態にある点が認められる．これらの水分量の点が水分恒数といわれており，次のようなものがある．

1) 最大容水量　土壌が水で完全に飽和したときの水分保持量で，ほぼ全孔隙量に相当する．pF はほぼ 0 で，0 kPa に相当する．

2) 圃場容水量　降雨や灌漑の後，24 時間経過したときの水分保持量で，pF 1.5～1.8，およそ－3～－6 kPa 程度に相当する．最大容水量と圃場容水量の間の土壌水が重力水である．重力水は粗孔隙と呼ばれる大きな孔隙（ほぼ当量直径 0.05 mm 以上）を流去していく．

3) 毛管連絡切断点　土壌が乾いていき，毛管水のつながりが切れて，毛管孔隙（ほぼ当量直径 0.05～0.003 mm）による水の移動が困難になったときの水分状態で，植物が容易に吸収できる水分（易効性有効水）の限界を示す．pF は 2.7～3.0，およそ－50～－100 kPa に相当する．

4) 初期しおれ点　植物の水分要求量に不足するほど土壌水分が減って，植物がしおれはじめたときの水分量で，初期萎凋点ともいう．pF はほぼ 3.8，およそ −600 kPa に相当する．

5) 永久しおれ点　植物が吸水できる水がなくなって，しおれて枯死するときの水分量で，永久萎凋点ともいう．pF は 4.2，およそ −1.5 MPa に相当する．

6) 吸湿係数　薄く広げた乾燥土壌が湿った空気中 (温度 20°C，湿度 98 %) から吸湿するときの水分量で，pF 4.5，およそ −3 MPa に相当する．圃場容水量から吸湿係数までの水分量は毛管水として存在し，それ以上の水は吸湿水となっている．

7) 風乾土水分　土壌を日陰の風通しの良い場所に放置し，大気の蒸気圧と平衡させたときの水分量である．大気の湿度は変化するので，厳密には水分恒数とはいえないが，わが国の平均湿度 75〜80 %からして，およそ pF 5.5，−30 MPa に相当する．

8) 乾土水分　105°Cで乾燥させたときの土を乾土といい，水分量はほどんど 0 である．ただし，計算上は pF 7.0，およそ −700 MPa に相当する力で吸着している水がごくわずか存在する．

10.4 土壌の水分保持力と pF−水分曲線

前節 (10.3 節) に示したように，土壌水は毛管力や吸湿力によって保持されているが，保持する力の程度 (水ポテンシャル) と水分量は土壌の種類によって異なる．これらの関係は水分保持曲線で示されるが，従来から一般的に pF−水分曲線が用いられてきた．pF−水分曲線は水分恒数の pF 値とそれに対応する水分率を求めれば描くことができる．

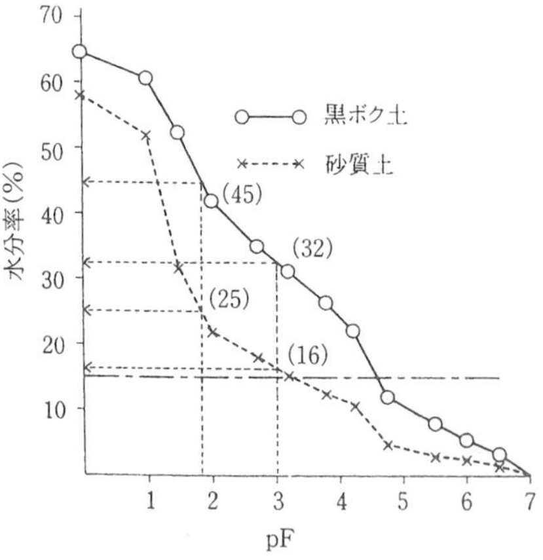

図 10.3　pF−水分曲線

図 10.3 に黒ボク土と砂質土の例を示した．この図で，水分率が 15 %のとき，pF は黒ボク土で 4.6，砂質土で 3.2 であり，黒ボク土の水は主に吸湿力で，砂質土の水は毛管力で保持されていることがわかる．また，

両土壌の易効性有効水量（およそ pF 1.8〜3.0）は黒ボク土で 13 mℓ/100 mℓ，砂質土で 9 mℓ/100 mℓであり，黒ボク土の方が明らかに水分保持力が大きい．

10.5 土壌水の移動

a. 土壌中での移動

畑土壌では降雨後の過剰な水はすみやかに排除されることが必要であり，土壌中においては孔隙中の水が湿ったところから乾いたところへ毛管移動し，植物根の養水分吸収を助けることが必要である．水田土壌では水の移動が悪いと土壌の還元化が進み，還元物質が生成してくる．一方，過度の排水は養分の溶脱と水不足，地温の低下などをもたらす．このように，土壌水の移動の良し悪しは植物の生育にとってきわめて影響が大きい．

1) 重力による移動　重力水の下方への移動は粗孔隙の量が多いほど大きい．重力水は移動の過程で植物に吸収されることがある．重力水の移動は透水性の良否と密接に関係する．水飽和状態での水の移動はダルシー(Darcy)の法則を利用して，次式から透水係数として求められる．

$$K=\frac{Q\cdot \ell}{Ath}$$

K：透水係数(cm/sec)，Q：流水量(mℓ)，ℓ：土柱の長さ(cm)，

A：断面積(cm^2)，t：時間(sec)，h：水柱の高さ(cm)

すなわち，土柱を通過する水量は断面積，時間，水柱の高さに比例し，土柱の長さに反比例する．実際に水は土柱中の孔隙を通過するので，透水係数は土壌孔隙と密接に関係し，粗孔隙のような大孔隙の量に左右される．一般に，土壌の K_{20} 値（20℃における水の粘性係数を考慮したときの透水係数）は，砂質土で 10^{-2}〜10^{-3} cm sec^{-1}，粘質土壌で 10^{-5}〜10^{-6}cm sec^{-1}程度であり，10^{-7}cm sec^{-1}以上では不透水層とされる．透水性は田畑とも飽和透水係数として，図 10.4 に示す定水位法や変水位法によって測定されることが多いが，本来畑土壌の水は不飽和であるので，不飽和透水係数として求めることがある．

2) 毛管力による移動　重力水の浸透が終わり，土壌中の水分量が圃場容水量に達した後は，土壌水は毛管力によって全方向に移動する（毛管水）．その移動量は毛管孔隙の量と比例する．植物は主にこの毛管水を吸収する．毛管水はマトリックポテンシャルの高い部位から低い部位へと移動するので，植物の水吸収によって移動が起こる．このとき，毛管水の移動が不十分だとポテンシャルが高ま

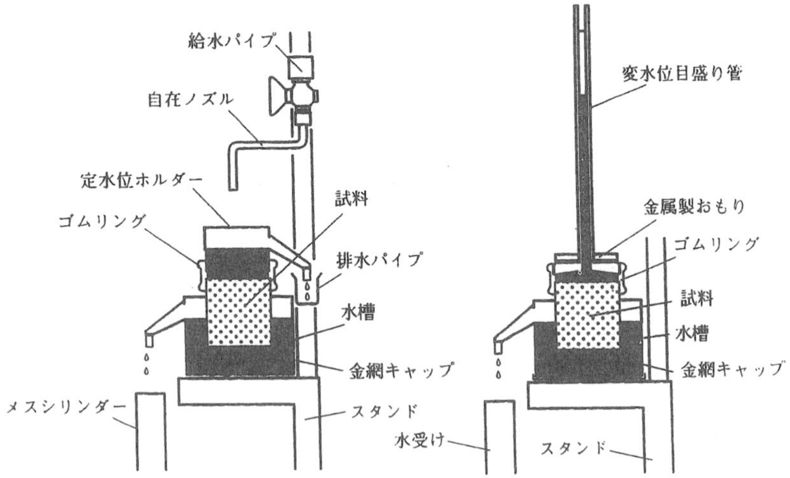

（a）定水位法　　（b）変水位法

図 10.4　飽和透水係数の測定装置（模式図）

り，毛管の連絡が切断されて植物が水を吸収できなくなる（毛管連絡切断点水分）．

3）　水蒸気による移動　　土壌水は水蒸気としても土壌中を移動し，それは主に蒸気拡散による．このことは乾燥地農業で重要な意味をもつ．すなわち，土壌水は日中表層で水蒸気となって下層へ移動し，ここで凝縮して毛管水として再び表層に戻り，また夜間の冷却によって水蒸気は上昇し，表層で凝縮する．このような水の移動は植物への水供給の観点からは望ましいが，下層の塩類を上昇させ，表層に多量の塩類集積をもたらす点で問題がある．

b.　土壌面蒸発と植物による蒸散

1）　土壌面蒸発　　水が地表面から水蒸気となって放出される現象を土壌面蒸発という．土壌面からの蒸発には気象条件（温度，湿度，風速など）や土壌条件（土性，土壌構造，地温，水分率など）が関係する．また，土壌面蒸発による土壌水の損失は裸地でとくに大きい．

土壌面からの蒸発を防ぐ対策として，敷きわらやポリエチレンフィルムによるマルチ，ごく浅い耕うんによって土壌の毛管孔隙を壊す，などが行われる．また，蒸発を抑え，灌水効率を高める方法として，地中・地下灌水やドリップ灌水などがある．

2）　植物による蒸散　　植物が水を根から吸収し，葉から大気中へ放出する現象を蒸散という．土壌水はこの蒸散と土壌面蒸発によって失われる．これらを合わせたものが蒸発散である．蒸発散量は農業現場での畑地灌漑における水の効率的利用を図るうえで重要である．

3) 植物による蒸散のメカニズム

土壌水は土→根→茎→葉→大気の順に，水ポテンシャルの勾配にそって移動する．図 10.5 のように，土壌水の水ポテンシャルは pF 1.5〜4.2 程度，植物組織は pF 3.0〜4.3 程度，大気は pF 5.5〜6.0 程度である．大気と葉面との間の水ポテンシャルの差がとくに大きいため，水は葉面から次々と蒸散され，導管に上方から負圧がかかって，水は植物根から吸収される．

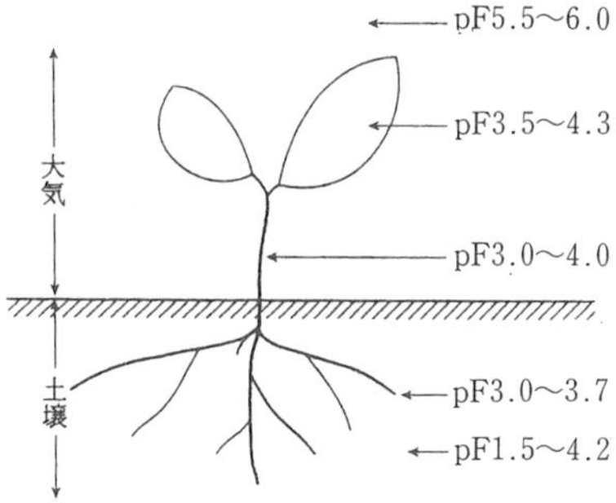

図 10.5 土壌－水－大気系における水ポテンシャル

10.6 土 壌 空 気

a. 土壌空気の組成

土壌空気が大気と最も異なる点は表 10.1 に示すように次の 3 点である．

①相対湿度が高く，ほとんど 100 %に近い．

②大気よりも O_2（酸素）濃度は低く，CO_2（二酸化炭素）濃度は高い．

③ NO_x，H_2S，その他の還元性物質が多い．

このほかに，土壌空気は場所によって不均一な組成となっており，これらは高温，高水分条件下で著しい．

このような土壌空気の特徴は，土壌中では植物根や土壌微生物の呼吸によって酸素が消費され，二酸化炭素が生成されるためである．また，有機物があれば微生物による酸化分解が起こり，種々の還元性物質が生成することも大きな要因である．

b. 土壌中のガス移動

土壌－大気間のガス交換や土壌中のガス移動は土壌通気と呼ばれている．土壌空気は表層では移流（マスフロー）と拡散によって，下層では主として拡散によって移動する．実際に移動するのは表 10.1 に示したように，酸素，二酸化炭素，窒素，メタンなど空気を構成するガスである．

表 10.1　大気と土壌空気の組成

	大　気		土壌空気
	(vol %)		(vol %)
N_2	78.09	≦	75～90
O_2	20.94	≧	2～21
Ar	0.93	≦	0.93～1.1
CO_2	0.0345	≪	0.1～10
CH_4	0.00017	≪	tr～5
N_2O	0.00003	≪	tr～0.1
	(ppm)		
Ne	18		各種炭化水素
He	5.2		NH_3，NO，NO_2
Kr	1.0		H_2，H_2S，CS_2
H_2	0.5		COS，CH_3SH
CO	0.1		DMS，DMDS
Xe	0.08		揮発性アミン
その他，O_3，NH_3，NO_2，SO_2			揮発性有機酸など多数
相対湿度	30～90%	<	約 100 %

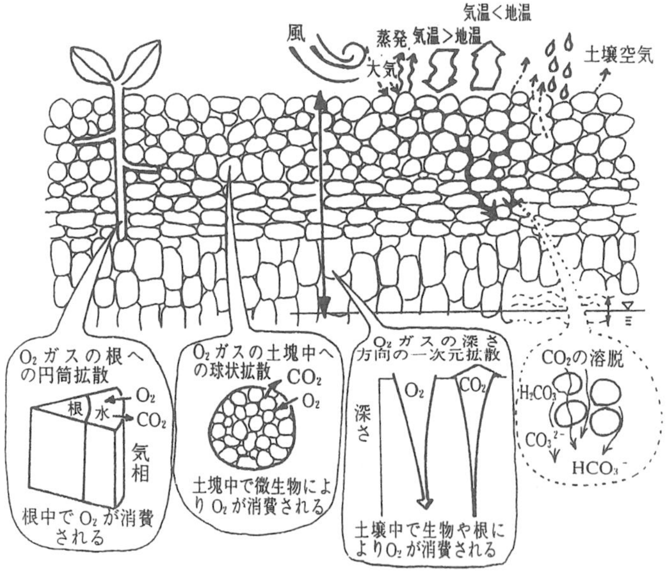

図 10.6　土壌─大気間および土壌中のガス移動（吉川，1998）

移流は気圧や温度の変化，風，水の浸透，蒸発，根の吸水，地下水位の変化や耕うんなどに起因し，高圧から低圧へとガスがひとかたまりで動くものである．

拡散は植物根や土壌微生物の呼吸，土壌中の物理・化学反応によって生じるガスの濃度に起因して，濃度が均一になるように，高濃度から低濃度の方向へ流れるものである．

土壌中ではO_2が消費されて，CO_2が生成されるので，一般に深くなるにつれて濃度は高く，O_2濃度は低くなる．このときCO_2は土壌中から大気へと上向きに拡散し，O_2は大気から土壌中へ下向きに拡散吸収される．また，土壌中では植物根や土壌微生物の呼吸によって根や土塊で外向きのCO_2拡散と内向きのO_2拡散が起こる．このようなガス移動の模式図を図 10.6 に示す．

ガスの拡散係数 D は土壌の空気率（気相率）に比例し，大気中の自由拡散係数 D_0との比である相対拡散係数 D/D_0が土壌の特性値として用いられている．D/D_0が 0.02 以上であれば大気から土壌中へ十分な酸素が供給されており，植物は健全に生育する．このときの空気率はおおむね 10〜15 %である．

表 10.2 作物の種類と根の活動を活発にする必要空気率（小川，1969）

項　目	必要空気率	作　物
最も多く要求する作物	24 %以上	キャベツ，インゲン
比較的多く要求する作物	20 %以上	カブ，キュウリ，コモンベッチ，オオムギ，コムギ
比較的要求が小さい作物	15 %以上	エンバク，ソルゴー
最も要求が小さい作物	10 %	イタリアンライグラス，水稲，タマネギの生育初期

c. 土壌空気と作物の生育

土壌の空気率に対する各種作物の要求度は表 10.2 のとおりで，多くの作物では 20 %以上，最低でも 10 %程度が必要である．また，種子の発芽や根の伸長には 10 %以上のO_2濃度が必要とされている．〔安 西 徹 郎〕

11. 土 壌 生 成

11.1 岩石の風化作用と土壌生成作用

土壌は岩石が変質してできたものであるが，その過程には図 11.1 のように風化作用と土壌生成作用がある．土壌のもとになる岩石を母岩といい，風化作用によって土壌の無機的材料となるものが母材である．

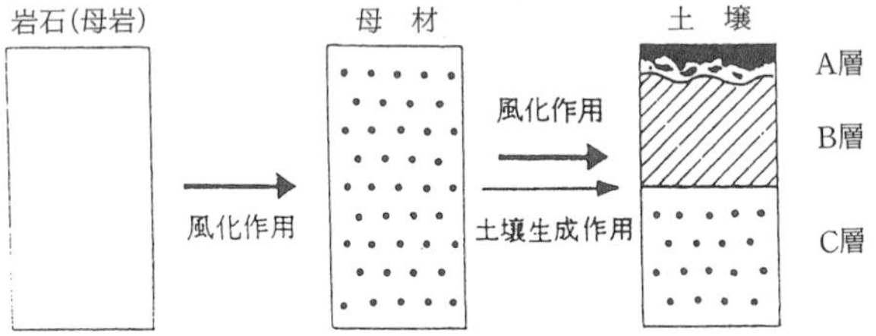

図 11.1 風化作用と土壌生成作用（大羽・永塚，1988）

a. 岩石の風化作用

地表あるいは地表近くにある岩石が大気，水，熱，生物などの影響を受けて，崩壊・分解する過程を風化といい，物理的風化作用，化学的風化作用に区分される．これらは生物がいなくても起こる作用である．

1) 物理的風化作用　岩石や鉱物が機械的に細粒化される過程をいう．これには以下のものがある．

①岩石が地表に露出すると，それまでかかっていた圧力が除かれるため，弾性膨張して崩壊する（除荷作用）．

②岩石は膨張率の異なる鉱物を含むので，温度変化によって鉱物間にひずみが生じて崩壊する（温熱変化）．

③岩石の裂け目に入った水は凍結すると体積が膨張して，岩石が崩壊する（凍結破砕作用）．

④乾湿のくり返しによって岩石内に封入されたガスが放逐されて崩れる（スレーキング作用）．

⑤岩石の裂け目に集積した塩類の結晶成長による圧力で岩石が崩壊する（塩類風化）.

2）　化学的風化作用　　大気中や水およびその中に溶けている物質の働きによって岩石の化学組成が変化する過程をいう.

①水は塩化ナトリウム（NaCl）や硫酸カルシウム（$CaSO_4 \cdot 2H_2O$）のような塩類を溶解する．とくに炭酸や有機酸を含む水では溶解力が大きい（溶解作用）.

②ケイ酸塩類などは水の解離で生じた水素イオンや水酸イオンと反応して分解される（加水分解作用）.

③水が岩石中の鉱物と化学的に結合して，鉱物の容積を増加させ，風化を進める（水和作用）.

④雨水に含まれる炭酸の作用によって風化を受ける（酸の作用）.

⑤還元状態にある鉄，硫黄，マンガンなどのイオンが大気中の酸素によって酸

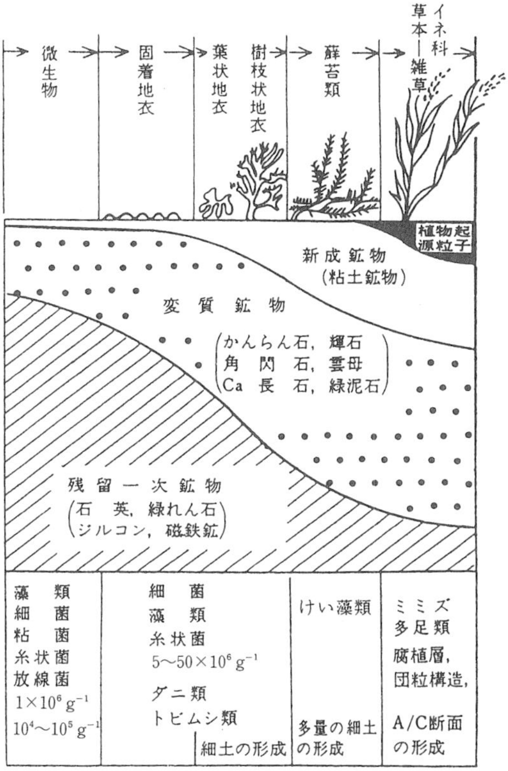

図 11.2　初生土壌生成作用下での生物相と鉱物相の推移（大羽・永塚，1988）

化される（酸化作用）.

b. 土壌生成作用

生物がいてはじめて起こる作用で，母材から土壌が生成されるときにみられる．土壌生成の初期には岩石の裂け目に微生物が住みつき，次いで地衣類が住みついて有機酸を分泌して岩石の無機成分を溶解する．地衣類の遺体は微生物によって分解され，有機物となって蓄積し，微細な鉱物とともに，土壌（細土）を生成させる．また，地衣類の遺体を養分とする蘚苔類がみられるようになる．この頃はダニやトビムシなどの小動物が入り込んで岩石を崩壊させる．やがて，岩石の表面には有機物と細土が集積し，鉱物の変質と粘土の生成がみられ，けい藻類が生育する．さらに養水分条件が良くなると，イネ科草本が生育し，ミミズやムカデなどの多足類が住みつく．こうして，ミミズや微生物などの活動によって植物遺体の分解が進み，腐植が集積して第1章で述べたA/C型の土壌ができてくる．これをまとめたのが図11.2であり，初生土壌生成作用と呼ばれる．

11.2 母材の堆積と土壌の生成

a. 母材の堆積

岩石（母岩）が風化されて母材となり，そのままの位置で土壌化する場合もあるが，多くは風，水などの営力によって運ばれて堆積する．これが母材の堆積であり，生成される土壌の性質を強く規制する．母岩，母材と堆積様式は表11.1のとおりである．近年，農地では圃場整備や深耕，客土などの土壌改変に伴う人為堆積が多くみられる．

表11.1 母岩，母材と堆積様式

堆積様式	母岩，母材と堆積のしかた
残積	固結火成岩，堆積岩，変成岩などの古い母材が地表に露出し，その場で堆積したもの．
洪積世堆積	洪積世に堆積したと考えられる固結堆積岩や火山性降下堆積物によるもの．
崩積	沖積世に崩れて堆積した非固結堆積岩によるもの．
水積	沖積世に水で運ばれて堆積したもの．非固結堆積岩のほかに水により再堆積した非固結火成岩も含まれる．河成，湖成，海成の3堆積がある．
風積	風で運ばれて堆積したもの．火山性の非固結火成岩が主であるが，砂などの非固結堆積岩も含まれる．
集積	植物遺体が堆積したもの．ミズゴケ，ツルゴケモモ群では高位泥炭が，ヌマガヤ，ワタスゲ，ホロムイスゲ，エゾマツ群では中間泥炭が，ヨシ，ハンノキ，ヤチダモ，イワノガリヤス群では低位泥炭が生成する．黒泥は植物遺体の分解が進んで，植物組織が肉眼で識別できないものをいう．

b.　土層の分化

初生土壌生成作用によって腐植が集積した暗色の層をA層といい，下層にあって風化を受けた無機物の母材の層をC層という．A層とC層の間には母材が変質したB層がある．さらに，土壌は空気，水，生物などの影響を受けていくつもの層に分かれる（第1章参照）．これを土層の分化という．

c.　土壌生成因子

土壌は岩石（母材），気候，生物（人為を別に区分することがある），地形，時間，などの土壌生成因子の相互作用によって生じる．このことを最初に提唱したのが，現代土壌学の創始者といわれるドクチャエフ（Dokuchaev, 1899）である．土壌とこれらの土壌生成因子との関係は次式および図11.3のように表せる．

$$s = \int (c, o, r, p, m)\,\mathrm{d}t$$

s：土壌，c：気候，o：生物，r：地形，p：母材，m：人間，t：時間

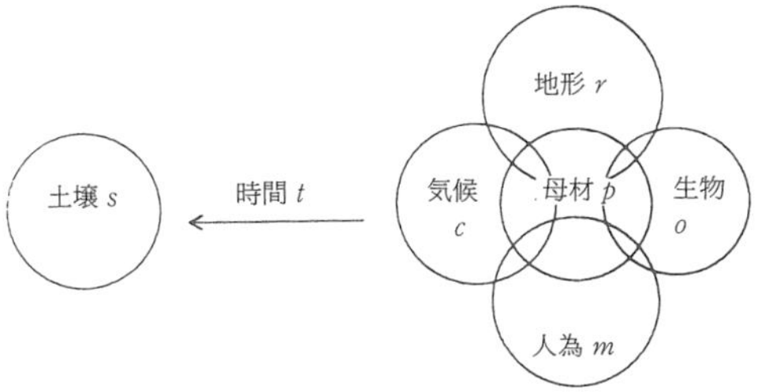

図 11.3　土壌と土壌生成因子

1）気　候　気候は気温，降水量，日射量，蒸発散量などを通じて，土壌の温度および水分状態に関与し，土壌生成に影響を与えている．地球規模でみれば同じような気候帯があり，そこには同じような植生帯が発達している．これに相応して同じ性質をもつ土壌が帯状に生成する．これが成帯性土壌である．たとえば寒冷湿潤地帯のポドゾルや熱帯湿潤地帯のラトソルなどがある．

2）生　物　土壌の生成にとって生物の関与は重要である．植物の遺体は腐植の供給源であり，土壌表層に暗色を与える．根は土層に侵入して孔隙を作り，通気性，透水性を高めるとともに，土壌を保持して侵食を防ぐ．

地中に住む小動物は植物遺体を食べて排泄することで分解を進め，腐植の生成を助ける．また，小動物の遺体も腐植の素となる．

土壌には多数の微生物が生息し，植物遺体や小動物の排泄物などを分解する．

こうして腐植ができ，植物の生育に必要な養分が作られていく．

3) 地　形　傾斜地では斜面が北向きか南向きかで日射量が異なるので，違った土壌が生成する．斜面が急であるほど流去水の水量と速度が増加して，侵食が起こり，斜面上部の土壌が流されて，斜面下部へ集積する．斜面下部には腐植が多く，養分が高い土壌が生成する．また，水の影響を受けて水分含量が多く，地下水位が高い土壌となる．このような土壌変化は地形の変化（傾斜）にしたがって連続的にみられる．これはカテナ(catena)と呼ばれる．

4) 母　材　母材が特殊な場合は他の生成因子に優先して独特の土壌が生成する．たとえば石灰岩由来のレンジナやテラロッサ，火山灰起源のアンドソル(黒ボク土)などの成帯内性土壌がこれにあたる．

5) 時　間　土壌生成に要する時間は非常に長く，土壌の種類によって異なる．たとえば寒帯のポドゾルでは数百年から数千年，熱帯のラトソルでは数十万年，日本の代表的土壌である黒ボク土は1500年以上とされている．

土壌は生成した年代によって区分されている．古土壌は更新世(164万年～2万年前)かそれよりも前に生成した土壌であり，完新世(2万年前～現在)に生成した土壌は現世土壌という．また，古土壌の上に現世土壌が重なって，二つ以上の

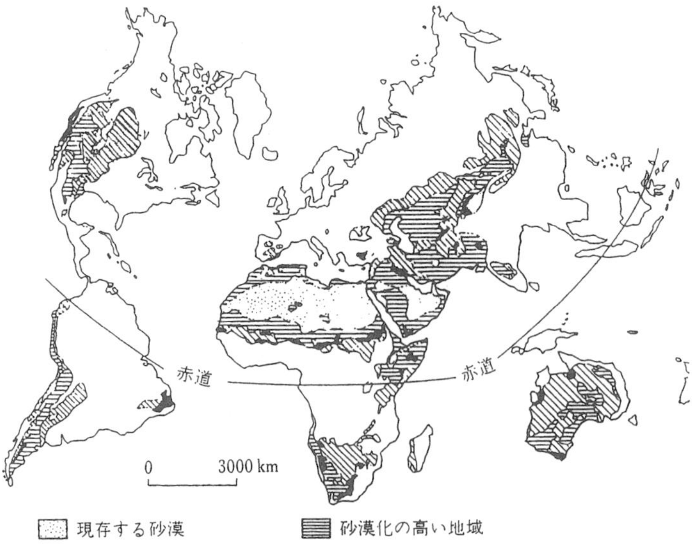

図 11.4　世界の砂漠化地図（国連砂漠化防止会議，1977）

土壌生成過程をもつ土壌を多元土壌という．

6）人　為　人為の影響は土壌にとって大きな変化要因となる．とくに近年の土木機械による大規模な圃場整備や農地造成，客土工事などは短期間で土壌の形態を変えてしまう．自然には起こりえない，異質な土壌物質が 35 cm 以上盛り土された土壌をわが国では造成土という．

人口増加による食料生産の必要性から，過放牧や過畑作が行われた結果，土壌が不毛と化したり，過度の潅漑によって土壌中の塩類を上昇させ，地表の塩類集積を招いている．こうした土壌の砂漠化は図 11.4 のように世界の乾燥地帯から半

表 11.2　主な基礎的土壌生成作用とその特徴（永塚，1993）

基礎的土壌生成作用		特　徴
I 無機成分の変化を主とするもの	初成土壌生成作用	土壌生成の初期段階で，堅い岩石の表面に最初に住みついた微生物，地衣類，コケ類の働きによって進行する
	土壌熟成作用	水面下の堆積物が干陸化する過程で生じる物理的，化学的，生物的変化
	粘土化作用（シアリット化作用）	土壌中で一次鉱物が分解されて，新たにシリカやアルミナを含む結晶性粘土鉱物や非晶質粘土が生成される
	褐色化作用	一次鉱物から遊離した鉄が酸化鉄の粒子となって土壌中に一様に分布する
	鉄アルミナ富化作用（フェラリット化作用）	高温・多湿な熱帯気候条件下で，塩基類やケイ酸の溶脱が進行し，鉄やアルミニウムの酸化物が残留富化する
II 有機成分の変化を主とするもの	腐植集積作用	断面上部に落ち葉などが堆積・分解し，腐植化して土壌に暗～黒色味を与える
	泥炭集積作用	水面下において湿生植物の遺体が集積する
III 無機および有機質土壌生成物の変化と移動を主とするもの	塩類化作用	塩類に富む地下水が毛管上昇して蒸発，断面内や地表に塩類が沈殿析出する
	石灰集積作用	遊離した石灰と水中の炭酸とが結合して炭酸石灰となって沈殿する
	脱塩化作用	塩類土壌の塩分がぬけはじめると炭酸ナトリウムが優勢となって強アルカリ化し，さらにアルカリがぬけると粘土が分解して，粘土・腐植・三二酸化物の移動が起こる
	塩基溶脱作用	可溶性塩類や交換性陽イオンが土壌水に溶けてぬけていく過程
	粘土の機械的移動（レシベ化作用）	表層の粘土が分解されずに，そのまま浸透水とともに下層に移動・集積する
	ポドゾル化作用	表層に堆積した有機物の分解によって生じたフルボ酸によって，酸化鉄，アルミナが溶解して下方に移動・集積する
	水成漂白作用	表層から鉄やマンガンが還元溶脱されて，表層が灰白色に漂白される
	グライ化作用	酸素不足のため還元状態となり，第一鉄化合物によって青緑灰色の土層が形成される
	疑似グライ化作用	湿潤還元と乾燥酸化の反復によって，淡灰色の基質と黄褐色の斑鉄や黒褐色のマンガン斑からなる大理石紋様が形成される
	均質化作用	土壌動物による撹拌混合作用

湿潤地帯にまで及んでいる．また，地表の植被を剝がして裸地状態にすると土壌の崩壊や侵食が起こって土壌は劣化する．これらは土壌が人為によって荒廃した例である．一方で，人為によって作られた水田は数千年も生産力が持続している．

7) 水 ドクチャエフ以後，水を土壌生成因子の一つとする意見が多い．土壌中の水の運動方向によって，土壌中に含まれる物質が下方に流れるか，表層に集積するかが決まるからである．水の運動方向は降水量と蒸発散量の優劣による．水は降水量の多い森林地帯では下降型であり，蒸発散量が多い乾燥した草原や砂漠では上昇型である．水とともに土壌中の物質は溶解，移動，集積する．溶解，移動しやすい土壌中の物質の順序は次のとおりである．

$$Cl^- > SO_4{}^{2-}, \quad Na^+ > K^+, \quad NH_4{}^+ > Ca^{2+} > Mg^{2+}$$

d. 基礎的土壌生成作用

土壌中では，①無機成分の変化，②有機成分の変化，③物質の移動，④物質の物理的変化，が進行している．しかし，土壌生成因子の組み合わせや土壌の生成段階の相違によって，前記の反応群の一つが相対的に強くなると，ほかの反応群がその影響を受けて，強くなったり弱くなったりする．その結果，これらの反応群の一定の組み合わせができ，特徴のある土壌が生成される．このような土壌中で進行する物理的－化学的－生物的諸反応の組み合わせを基礎的土壌生成作用という．表 11.2 に主要な基礎的土壌生成作用とその特徴を示した．〔**安 西 徹 郎**〕

12. 土壌分類と土壌調査

12.1　土壌生成因子と土壌タイプ

前章で述べたように，種々の土壌生成因子が複雑に関与してさまざまな土壌が生成するが，時間の因子を軸に整理すると次の三つのタイプに区分される．

a．成帯性土壌

時間の因子の関与がきわめて大きい場合は気候の影響が強く働き，それに対応した生物相（とくに植生）で支配され，地形や母材の違いは反映しない土壌ができる．こうした土壌の分布は世界の気候帯にほぼ一致している．すなわち，赤道

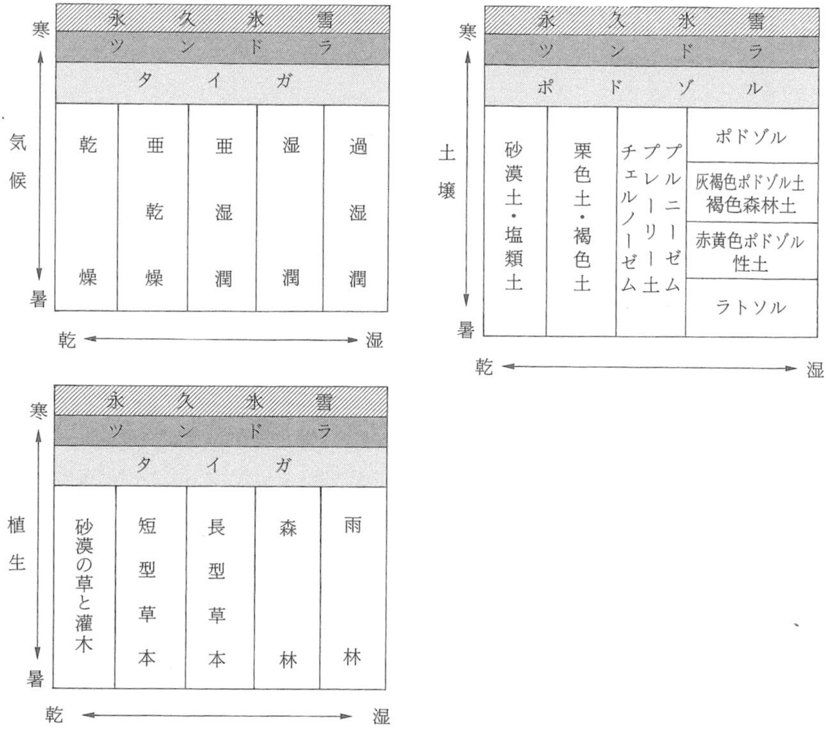

図 12.1　気候，植生と土壌の関係（Thornthwaite，1953）

に平行して帯状に配列しており，南北アメリカ大陸では山脈に沿って同じ土壌が分布する．気候，植生と土壌の関係は図 12.1 のとおりである．このようなタイプの土壌を成帯性土壌といい，ポドゾル，ラトソル，砂漠土，チェルノーゼムなどが含まれる．

b．成帯内性土壌

成帯性土壌に比べて時間の因子の関与が小さい場合は気候や生物以外の因子が強く影響する．たとえば石灰岩や火山灰のような母材や，尾根筋や谷といった地形や，水田のような人為の影響が強いところではそれぞれに特徴的な土壌がみられる．これらの土壌は成帯性土壌の中に島状に現れるので成帯内性土壌と呼ばれる．成帯内性土壌も長い時間の中でやがて成帯性土壌に変わっていくと考えられている．

c．非成帯性土壌

時間の因子の関与がきわめて小さい場合は母材の影響が強く現れる．たとえば河川流域の沖積土や侵食を受けている傾斜地にみられる岩屑土がこれにあたる．

d．土壌分類への適用

上記の三つの土壌区分は世界の土壌分類体系に大きな影響を及ぼしてきた．し

表 12.1 USDA の土壌分類体系と旧分類との比較

土壌目	特　徴	旧分類との対比
ヒストソル	有機質土壌	泥炭土
スポドソル	鉄およびアルミニウムの酸化物，非晶質物および腐植の集積層をもつ土壌	ポドゾル，褐色ポドゾル性土壌，地下水ポドゾル
アンディソル	ガラス質火山性砕屑物または容積重が小さくかつ多量の活性アルミニウムと鉄を含む土壌	アンドソル，黒ボク土
オキシソル	酸化鉄，アルミニウムに富む風化の進んだ土壌	ラトソル，ラテライト性土壌
ヴァーティソル	乾季に大きな亀裂を生じる土壌	グルムソル
アリディソル	砂漠などの乾燥地域の土壌	砂漠土，ソロンチャックなど
アルティソル	多量の結晶性粘土と低い陽イオン飽和度をもつ土壌	赤黄色ポドゾル性土壌など
モリソル	有機物によって暗色化した表層をもつ草原土壌	栗色土，チェルノーゼム，プレリー土，レンジナなど
アルフィソル	多量の結晶性粘土と高い陽イオン飽和度をもつ土壌	灰褐色ポドゾル性土壌，灰色森林土，非石灰質褐色土など
インセプティソル	中度に発達した土壌	酸性褐色土，褐色森林土など
エンティソル	非常に発達の弱い土壌．性質は母材の影響を受けている	岩屑土，レゴソル，沖積土など

この表に示したものは大まかな対比であり，すべてが完全に対応するわけではない．

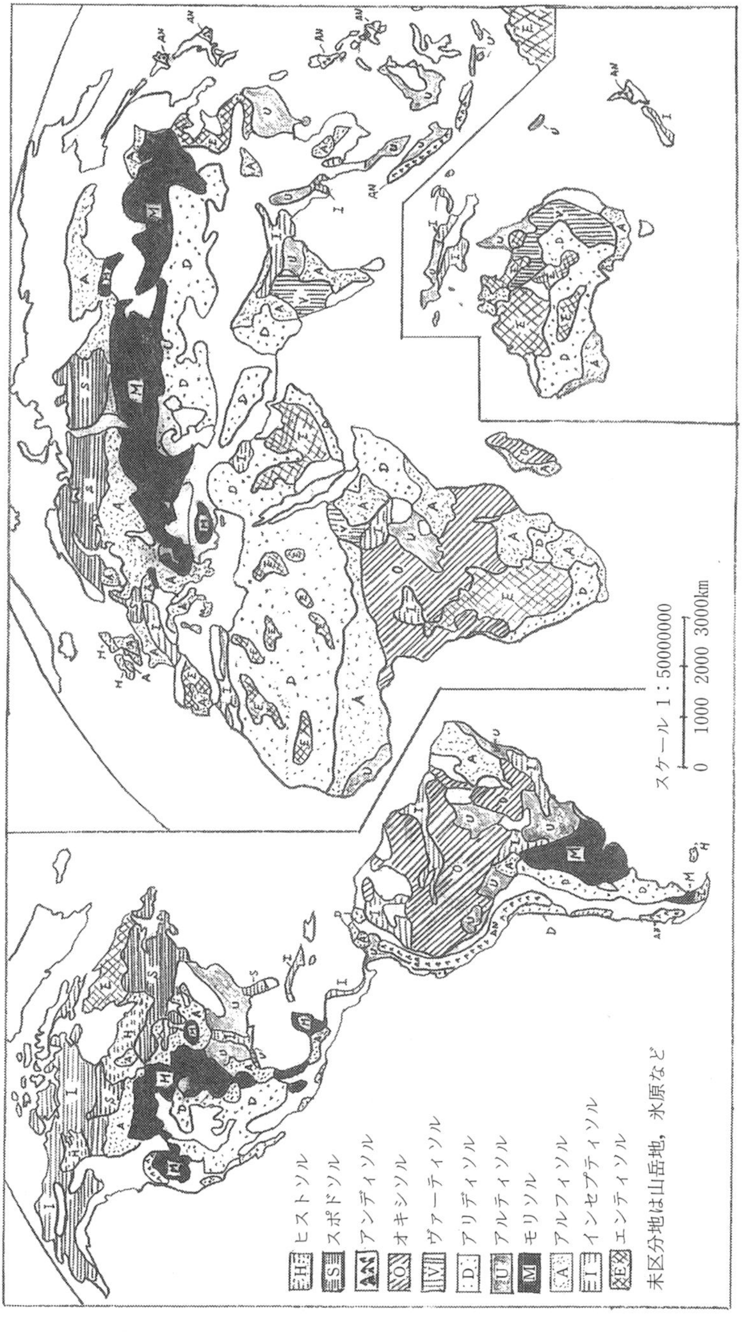
H　ヒストソル
S　スポドソル
AN　アンディソル
O　オキシソル
V　ヴァーティソル
D　アリディソル
U　アルティソル
M　モリソル
A　アルフィソル
I　インセプティソル
E　エンティソル
未区分地は山岳地，氷原など
スケール 1：50000000
0　1000　2000　3000km

図 12.2　地界の土壌分布

かし，土壌調査が精緻になるにつれてさまざまな土壌の複雑性に対応できない面も出ている．アメリカ農務省(USDA)では1975年に土壌の定量的性質に重点をおいた新しい分類法であるソイルタクソノミー(soil taxonomy)を提案した．

12.2 世界の土壌と日本の土壌

a．USDAによる国際土壌分類

国際的な土壌分類は1935年のUSDAによる分類法(旧分類)に始まり，その後上述したようにsoil taxonomyが提案された．この分類法は国際的な検討のもとに何度も改訂されて現在に至っており，広く各国で利用されている．ほかに，国連食糧農業機構(FAO/unesco)による世界土壌図の作成に用いた分類法(1990)もあるが，ここではUSDAの分類(Soil Taxonomy, 1992)を旧分類と対比させたものを表12.1として示す．さらにUSDAの分類に基づく世界の土壌の分布を図12.2に示す．

1) ヒストソル(Histosols)　histos（組織）が語源．土壌に植物の組織が残っていることに由来する．主として湿性植物の遺体が完全に分解しないで集積した土壌で，有機物含量は20％以上を有する．有機質土壌，主に泥炭土が該当する．

2) スポドソル(Spodosols)　spodos（木の灰）が語源．灰のような土に由来する．ヨーロッパ，アジア，北アメリカの北部針葉樹林帯に分布する．落ち葉の分解が悪く，酸性腐植が集積して，カルシウム，鉄，アルミニウムなどが溶解されて下層に移動し，有機物とともに非晶質の活性物質集積層（スポディック層）を作る．鉄が溶脱した層は灰白色あるいは漂白色を呈し，ポドゾルと呼ばれる．

3) アンディソル(Andisols)　ando（日本語の暗土）が語源．環太平洋火山帯，アフリカ東部から地中海に至る火山地域などに分布する．火山灰を母材とし，活性アルミニウムおよび腐植に富み，リン酸保持容量が大きく，容積重が小さい土壌である．

4) オキシソル(Oxisols)　oxide（酸化物）が語源．湿潤熱帯気候下で激しい風化を受け，塩基類やケイ酸が溶脱して，鉄，アルミニウムなどの三二酸化物やカオリン鉱物が残っている土壌をいう．旧分類ではラトソルと呼ばれた．また，ラテライトは鉄に富む赤褐色の土壌で，建築材料（レンガ）に利用された．オキシソルにはこの赤褐色の土壌も含まれるが，アルミニウムに富む白色の土壌も包含される．

5) ヴァーティソル(Vertisols)　verto（回す）が語源．主として膨張性粘土鉱物のスメクタイトに富み，有機物の影響で暗色を呈する土壌である．乾季は土壌が収縮して深い割れ目ができ，雨季は膨張して地表が盛り上がるのが特徴である．このため，建築物が壊れることがある．

6)　アリディソル(Aridisols)　　aridus（乾いた）が語源．乾燥地域にみられる土壌で，塩分に富むか，炭酸塩，硫酸塩，ケイ酸塩の集積層をもち，腐植はほとんどない．砂漠土の多くが該当する．

7)　アルティソル(Ultisols)　　ultimus（最後の）が語源．湿潤温暖な地域に広く分布する．多くは更新世以前から長期の土壌生成作用を受けて，B層には層状ケイ酸塩粘土鉱物を多く集積しているが(アルジリック層)，陽イオン飽和度が低いのが特徴である．

8)　モリソル（Mollisols)　　mollis（軟らかい）が語源．有機物によって暗色で軟らかく，塩基に富む土壌である．以前は栗色土，チェルノーゼム，プレリー土などと呼ばれ，世界的にも生産力が高い．

9)　アルフィソル(Alfisols)　　pedalfer が語源．アルティソルと同様な生成過程を経るが，陽イオン飽和度が高い点が異なる．モリソルとともに生産力が高い土壌である．熱帯ではアルティソルとオキシソルの間に，温帯ではスポドソルとモリソルの間に，帯状に分布する．

10)　インセプティソル(Inceptisols)　　inceptum (始まり，未熟) が語源．完新世に生成した土壌で，鉄，アルミニウムなどの移動や腐植の集積，層の分化がある程度みられる．褐色森林土の多くや古い沖積土が含まれる．褐色森林土は日本にも広く分布している．

11)　エンティソル(Entisols)　　recent（最近の）が語源．まだ土壌生成過程の初期段階にある土壌で，母材の影響を強く受けているのが特徴である．たとえば火山から放出されて堆積まもない火山灰，砂丘上の砂や河川・海など水の営力で運ばれ堆積をくり返している沖積土，以前はレゴソルと呼ばれた傾斜地の岩屑土などが該当する．日本では褐色低地土，灰色低地土，グライ土，砂丘未熟土，火山放出物未熟土などがエンティソルに属する．

b.　日本の土壌

日本は年間を通じて多雨・高湿の気候をもち，植生に富んでいる．また，地質的にも多様であり，多くの火山があり，地形も複雑である．高山から海岸までの距離が短く，急峻な山地の斜面が降雨によって削られて低地に堆積するため，年代が若い土壌が多い．このような気候・地質・地形などの組み合わせにおいて，

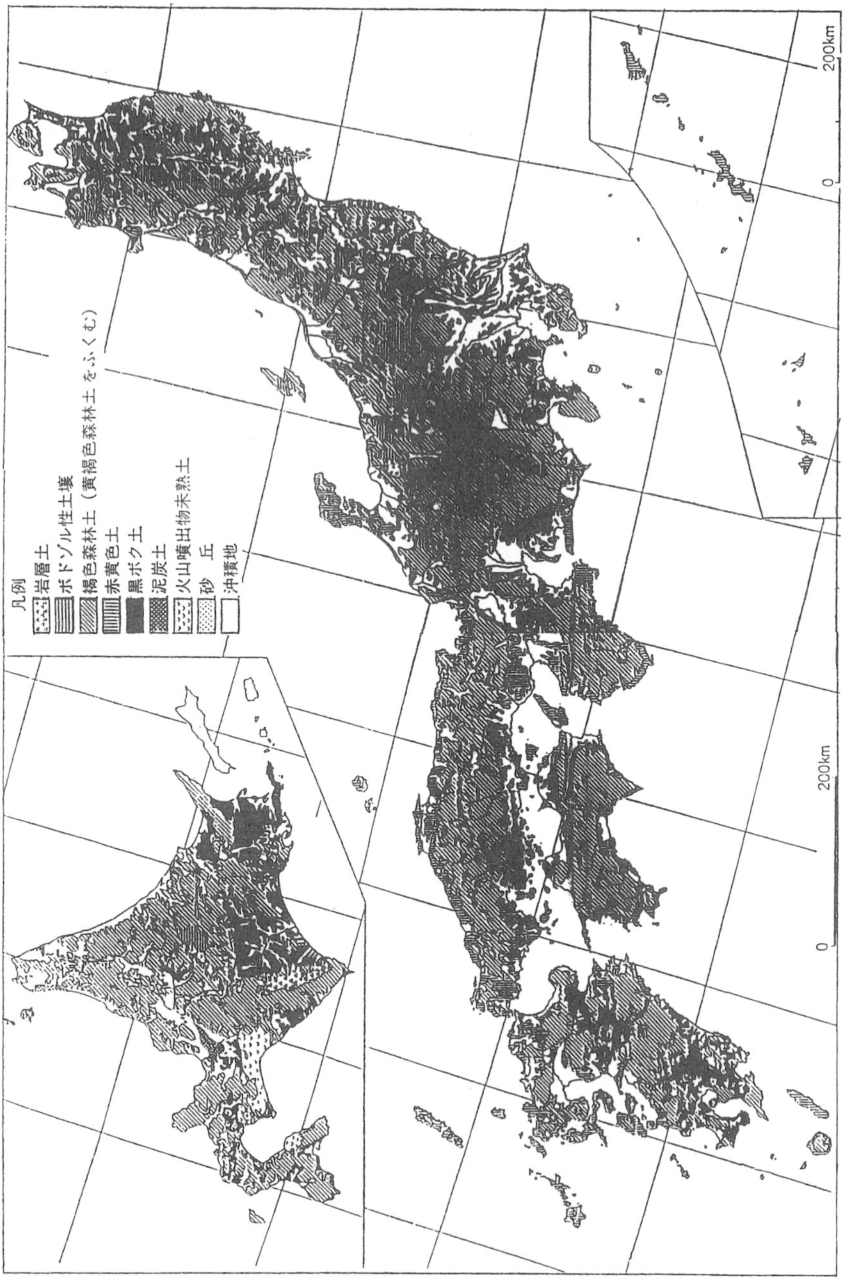

図 12.3　日本の土壌（森林立地懇話会（1972）を簡略化）

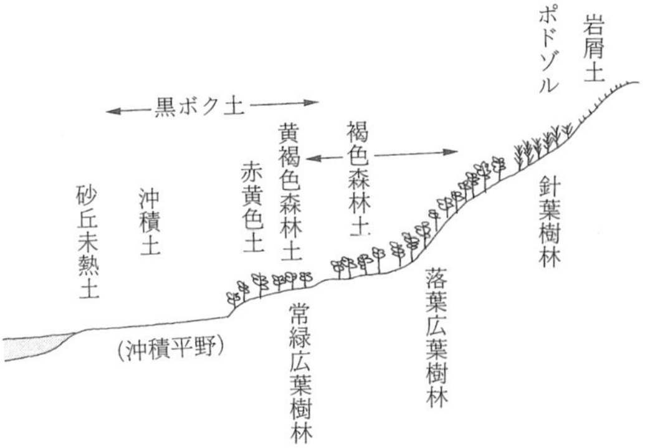

図 12.4　日本の土壌の垂直分布模式図(本名(1998)を一部改変)

世界的にも特徴のある土壌が存在している．これら土壌の分布を図 12.3，図 12.4 に示した．

1)　ポドゾル　主に北海道や本州の高山帯～亜高山帯の針葉樹林帯（ドドマツ，エゾマツ，トウヒ，コメツガ，ハイマツ林）のような冷涼，湿潤な気候条件下でポドゾル化作用を受けて生成した土壌である．ただし，国際的なポドゾル地帯に比べて気候が温暖であるため，典型とはならず，ポドゾル性土壌としている．花崗岩や砂のような粗粒質で排水性が良く，酸性の母材で発達しやすい．

2)　褐色森林土　褐色森林土は冷温帯から温暖帯にわたる非火山性山地の落葉広葉樹林帯（ブナ，ミズナラ林）に広く分布し，国土の 51 %を占める．分解の進んだ腐植に富んだ暗褐色の A 層と褐色の B 層から成り，全体に酸性を呈する．日本の林野土壌分類では，褐色森林土は土壌水分状態の違い（乾性～適潤性～湿性）によって 6 種類に区分されている．

3)　黄褐色森林土　東海～西南地方の山麓や尾根上の常緑広葉樹林帯（シイ，カシ林）に分布している．しかし，古くからの人為の影響で多くはアカマツの二次林となっている．土壌の特徴としてはB層が明るい黄色がかっているところが褐色森林土と異なる．褐色森林土と赤黄色土の移行型と考えられている．

4)　赤黄色土　赤黄色土は西南地方の丘陵地や洪積台地温暖帯の常緑広葉樹林帯（シイ，カシ林）に広く分布するほか，北海道，東北，北陸，山陰などにもみられる．これらの土壌は更新世間氷期の温暖な気候下で生成した古土壌とされている．したがって，現在生成している赤黄色土の分布は奄美群島以南のみである．国土の 10 %を占めている．A 層の腐植層の発達は悪く，B 層は塩基類の溶脱とケイ酸の一部溶脱がみられ，鉄，アルミニウムが残るため，土壌は強酸性を呈している．土色は主に含鉄鉱物の質•量と排水条件の影響を受け，鉄含量が高く，排水の良いところでは赤色土が，そうでない場合は黄色土ができやすいとされている．

5) 黒ボク土 黒ボク土は火山周辺に広く分布する成帯性内土壌で，一般的に火山灰土壌といわれており，国土の16.4％を占めている．黒色の厚い腐植層をもち，密度が小さく，非晶質粘土鉱物（アロフェン，イモゴライトなど）あるいは結晶性粘土鉱物（アルミニウムバーミキュライトなど）を主体とする．また，東海，近畿地方の更新世段丘上には黒ボク土ときわめてよく似た断面形態をもつ火山放出物以外の母材から生成した土壌が局所的にみられる．「くろぼく」の語源は「黒くて」歩くと「ぼくぼく」するからであり，世界的にみても特徴のある土壌である．

黒色の腐植層はススキ，チガヤ，ササなどのイネ科草本植生下における多量の有機物供給と母材に含まれる活性アルミニウムによってできる．すなわち活性アルミニウムが腐植と結合して微生物に分解されにくい安定した有機-無機複合体が形成されるためと考えられている．森林が植生極相の日本において長期間にわたって草本植生が維持されたのはススキなどを利用するために樹木の侵入を防ぐべく，人々が火入れを行ったことによる．

6) 沖積土 沖積世以降に，河川や海，湖などの水の営力で運ばれ，堆積してできた土壌で，層の分化が進んでいない，いわば若い土壌である．自然堤防，扇状地，三角州などの低地に分布する．排水の良い微高地は宅地や畑地として利用され，地下水位が高く排水が悪い所は水田として利用されている．

7) 泥炭土，黒泥土 低温で湿潤な条件のもとで，長い年月を通じて蓄積した沼沢性植物や湿地を好む木本類が母材になってできた土壌である．北海道や東北地方に多く，その生成環境から，沼沢地周辺，自然堤防や砂丘などの後背湿地，山麓や山間の低地の排水不良なくぼ地に分布する．ほとんどが水田利用であるが，畑利用もされている．

泥炭土は植物繊維が肉眼で識別できるが，黒泥土は水位が下がるなどして植物の分解が進み，黒色化したものである．

8) 火山放出物未熟土 火山によって放出された堆積物からなる粗粒の土壌で，層の分化がみられず，腐植層やアロフェン質A層をもたない．北海道，東北，関東，九州などの活火山地帯に分布する．

9) 砂丘未熟土 海岸付近の砂丘，砂嘴，砂州などに分布する粗粒の土壌で，ほとんどが砂からなる。層の分化はきわめて弱く，防風林のある所で落葉層がみられる程度である。未利用地が多いが，最近はかんがい施設を導入しての畑地利用が増えている。

10） 岩屑土　山地や丘陵地の傾斜地にみられる。侵食を受けるので，表層はきわめて薄く，母岩や礫層が浅くから出現する。植物生育も貧弱である。

11） 造成土　自然には起こりえない大規模な改変によってできた土壌をいう。湖沼や海面の埋め立て，低地への盛り土など，もともとそこになかった土壌が運ばれてきて出現した土壌で，最近は日本各地にみられる。農耕地土壌分類では，異質な土壌物質が 35 cm 以上盛り土された場合を造成土としている。

c. 日本の土壌分類体系

1） 近年における土壌分類体系　日本では林野土壌分類(1975)，農耕地土壌分類第一次案(1973)，農耕地土壌分類第三次案(1996)，土地利用基本調査に基づく分類(1969)，ペドロジスト統一的土壌分類体系（第一次案）(1986)などがある。このうち，都道府県を中心に，最も一般的に用いられている農耕地土壌分類は表 12.2 のとおりである。この分類は 24 土壌群，77 亜群，204 土壌統群，303 土壌統

表 12.2 農耕地土壌分類第三次案の分類単位一覧表

土壌群	土壌亜群	土壌統群	土壌統
01 造成土	2	—	—
02 泥炭土	3	7	7
03 黒泥土	1	3	3
04 ポドゾル	1	1	1
05 砂丘未熟土	3	3	3
06 火山放出物未熟土	3	7	7
07 黒ボクグライ土	3	7	7
08 多湿黒ボク土	4	10	10
09 森林黒ボク土	1	1	1
10 非アロフェン質黒ボク土	3	12	17
11 黒ボク土	6	25	38
12 低地水田土	5	16	29
13 グライ低地土	6	20	39
14 灰色低地土	6	17	29
15 未熟低地土	2	4	4
16 褐色低地土	4	15	33
17 グライ台地土	2	4	6
18 灰色台地土	2	4	6
19 岩屑土	1	2	4
20 陸成未熟土	1	3	5
21 暗赤色土	3	4	4
22 赤色土	2	5	6
23 黄色土	7	16	20
24 褐色森林土	6	14	16
合計	77	204	303

の四つのカテゴリーからなる．土壌群，亜群の定義は切り取り法が採用されている．これはある基準で一群の土壌を切り取り，残りに対して第二の基準によってそれに当てはまる一群の土壌を切り取る，というように順次切り取っていく方法で，前述のUSDAの分類，FAO/unescoの世界土壌図凡例などでも用いられている．

2)　土壌統と土壌区　戦後の代表的な農耕地土壌調査である地力保全基本調査(1959～1978)では土壌分類の最小単位として土壌統という概念を採用している．これは「ほぼ同じ材料から同じような過程を通って生成された結果，ほぼ等しい断面形態をもっている一群の土壌の集まり」と定義されている．土壌統は断面形態，堆積様式，母材などの違いで細分され，その数は313にもなった．さらに都道府県段階では土壌生産力と関係ある項目，たとえば作土の厚さ，作土の土性，異母材の混ざり程度，湿りの程度，立地条件などで土壌統をさらに細分し，土壌区という区分を設けている．各都道府県ではこの土壌区ごとに表12.3に示す生産力可能性分級基準にしたがい，土壌の生産力を次のように評価している．

I等級：　正当な収量をあげ，また正当な土壌管理を行う上に，土壌的にみてほとんどあるいは全く制限因子あるいは阻害因子がなく，また土壌悪化の危険性もない良好な耕地とみなされる土地．

II等級：　若干の制限因子あるいは阻害因子があり，あるいはまた土壌悪化の危険性が多少存在する土地．

III等級：　かなり大きな制限因子あるいは阻害因子があり，あるいはまた土壌悪化の危険性のかなり大きい土地．

IV等級：　きわめて大きな制限因子あるいは阻害因子があり，あるいはまた土壌悪化の危険性がきわめて大きく，耕地として利用するにはきわめて困難と認められる土地．

3)　土壌統に関する問題点　地力保全基本調査で採用された土壌統は，都道府県段階で最初にその土壌の存在が認められた地名が付けられている．たとえば「旭」統，「善通寺」統などである．そのため，同じ性質をもつ土壌でもA県とB県では違う土壌統名が付けられた．この不便性を補うために同じ性質をもつ土壌を全国的に統一した名前で表すこととして地力保全基本調査のとりまとめ時に全国土壌統による土壌統の統一が図られた(1974～75)．農耕地土壌ではこの地名方式が30年以上にわたって使われており，分類の手法として現在定着している．しかし，一般的には土壌統名からその土壌がどんな土壌であるか判断できない．そ

表 12.3　農耕地土壌生産力可能性分級基準（農林省農産課，1961）

基準項目	表示記号	等級																								備考
		I						II						III						IV						
		水田	畑					水田	畑					水田	畑					水田	畑					
		水稲	畑作物	普通作物	桑	茶	果樹	水稲	畑作物	普通作物	桑	茶	果樹	水稲	畑作物	普通作物	桑	茶	果樹	水稲	畑作物	普通作物	桑	茶	果樹	
表（作）土の厚さ	t	25cm～15cm	25cm以上					15cm以下	25～15cm						15cm以下						15cm以下					有効土層の深さがIVの場合にはIVとする
有効土層の深さ	d	100cm～50cm	100cm以上					50～25cm	100～50cm					25～15cm	50～15cm		50～25cm			15cm以下			25cm以下			
表（作）土の礫含量	g	20%以下	5%以下		10%以下		20%以下	10～50%	5～20%		10～20%		10～50%	20～50%	10～50%		20%以上			50%以上	20%以上		50%以上			1）含量は礫の土層断面中の面積割合を示す 2）水田の10～50%、普通作物の5～50%、桑・茶の50%以上果樹の10%以上については、礫の大きさ、風化の程度、含量の多少を考慮して等級を決定する
耕耘の難易	p	耕起、砕土が容易である						耕起、砕土がやや困難である						耕起、砕土が困難である												表（作）土の土性、粘着性および風乾土の硬さから判定する
湛水透水性	l	小～中						大						極大												作土下50cmの土性、ち密度から判定する
酸化還元性	r	還元化が弱く水稲の根系障害が殆んどない						還元化が進み水稲の根系障害のおそれがかなりある						還元化が極めて強く水稲の根系障害が甚しいかそのおそれが極めて大きい												作土の易分解性有機物含量、遊離酸化鉄含量およびグライ化度から判定する
土地の乾湿	w (w)		過湿または過干のおそれがないか、または少ない						過湿のおそれがある 過干のおそれがある						過湿のおそれが多い 過干のおそれが多い						過湿のおそれが甚だしい 過干のおそれが甚だしい					透水性、保水性、湿潤度（土壌の年間にわたる支配的水分状態）から判定する
自然肥沃度	f	高						中						低												保肥力、固定力および土層の塩基状態から判定する
養分の豊否	n	多						中						少												置換性石灰・苦土・加里含量、有効態燐酸・窒素・珪酸含量、微量要素含量および酸度から、当該地区において特に問題となると考えられる要因に重点をおいて判定する
障害性	i	有害物質および物理的障害なし						障害程度の小さい有害物質あり または 除去や、困難な物理的障害あり						障害程度中位の有害物質あり または 除去きわめて困難な物理的障害あり						障害程度の大きい有害物質あり						1）有害物質とは硫黄化合物、重金属塩類、またはかんがい水による害をいう 2）物理的障害とは地表下50cm以内に存在する基岩 盤層、硬いち密層あるいは未風化巨礫などによる甚だしい物理的障害をいう
災害性	a	増冠水地すべり等の災害を受ける危険性が殆んどない						増冠水地すべり等の災害を受ける危険性が多少ある						増冠水地すべり等の災害を受ける危険性がかなり大きい												増冠水および地すべりの危険度から判定する
傾斜	s			3°以下		8°以下	15°以下			3～8°		8～15°	8～25°			8～15°	15～25°					15°以上	25°以上			1）分級は自然傾斜を主とし、傾斜の方向、人為傾斜を考慮に入れて総合的に行う 2）果樹の8～25°については樹種、傾斜の方向、微気象的条件を考慮して等級を決定する
侵蝕	e			侵蝕のおそれがないかまたはきわめて少ない						侵蝕のおそれがある						侵蝕のおそれが多い						侵蝕のおそれが甚だしい				分級は侵蝕度を主とし、耐水蝕性・耐風蝕性を考慮して行う

基準項目	要因項目	要因強度 1		2		3		4		備考
湛水透水性	作土下50cmの土性	SC. LiC. SiC. HC	微	SCL. CL. SiCL	細	SL. FSL. L. SiL S. LS	中粗			
湛水透水性	作土下50cmの最高ち密度	硬度計の読み 25以上	密	硬度計の読み 24～11	中	硬度計の読み 10以下	疎			
酸化還元性	作土の易分解性有機物含量	風乾生成量及び高温生成量が10以下	少	風乾生成量が10～20及び高温生成量が10～15	中	風乾生成量が20以上及び高温生成量が15以上	多			乾土100g当りのNH_4－N生成量（mg）
酸化還元性	作土の遊離酸化鉄含量	1.5以上	多	1.5～0.8	中	0.8以下	少			乾土 %
酸化還元性	グライ化度	50cm以内にグライ層のないもの	弱	50cm以内より下部にグライ層のあるもの	中	全層グライ、作土直下からグライ層のあるもの	強			1）作土グライ、または作土直下のみグライは要因強度を1とする 2）泥炭、黒泥層はグライ層に準じて取扱う 3）要因強度が1でも作付中の地下水位が高く排水不良の場合は強度を2に下げる
自然肥沃度	保肥力	CEC 20以上	大	CEC 20～6	中	CEC 6以下	小			作（表）土の塩基置換容量（me）から判定する
自然肥沃度	固定力	燐酸吸収係数700以下	ごく小	燐酸吸収係数700～1,500	小	燐酸吸収係数1,500～2,000	中	燐酸吸収係数2,000以上	大	
自然肥沃度	土層の塩基状態	pH（H_2O）5.5以上で置換性石灰飽和度50%以上	良	pH（H_2O）5.0～5.5で置換性石灰飽和度50～30%	中	pH（H_2O）5.0以下で置換性石灰飽和度30%以下	不良			
養分の豊否	置換性石灰含量	200mg以上（乾土100g当り）または置換性石灰飽和度50%以上	多	200～100mg（乾土100g当り）または置換性石灰飽和度50～30%	中	100mg以下（乾土100g当り）または置換性石灰飽和度30%以下	少			
養分の豊否	置換性苦土含量	25mg以上	多	25～10mg	中	10mg以下	少			乾土100g当り
養分の豊否	置換性加里含量	15mg以上	多	15～8mg	中	8mg以下	少			乾土100g当り
養分の豊否	有効態燐酸含量	10mg以上	多	10～2mg	中	2mg以下	少			乾土100g当り
養分の豊否	有効態窒素含量	風乾生成量20mg以上	多	風乾生成量20～10mg	中	風乾生成量10mg以下	小			乾土100g当り
養分の豊否	有効態珪酸含量	15mg以上	多	15～5mg	中	5mg以下	小			乾土100g当り
養分の豊否	微量要素含量	欠乏症状が全く、あるいは殆んどない		欠乏症状がかなり発生する		欠乏症状が甚だしく発生する				
養分の豊否	酸度	pH（H_2O）6以上 またはy_1 3以下	弱	pH（H_2O）6～5 またはy_1 3～6	中	pH（H_2O）5～4.5 またはy_1 6～15	強	pH（H_2O）4.5以下 またはy_1 15以上	ごく強	pH（H_2O）とy_1の測定結果が一致しないときは、要因強度が強くでる方をとる

こで農耕地土壌分類第三次案では土壌統を土性，腐植含量，土壌の色，土壌構成物質などの直接的な表現をすることが提案された．今後の土壌分類では新方式での土壌統が使用されるであろうが，地名方式による土壌統との整合性を十分につけることが重要である．

12.3 土 壌 調 査

a. 土壌調査の目的と種類

土壌図の作成にあたってはどこにどのような土壌が存在しているかを知る必要がある．こうした土壌の基本的な性質や分布状況を知る目的の調査を基本調査という．一方，酸性土壌の改良，土壌の生産力を知るための調査などは対策調査あるいは目的調査と呼ばれる．

わが国では 1882 年に地質調査所が作られ，フェスカ(Max Fesca)の指導によって全国的な土壌調査が行われた．この調査は農業地質的な色彩が強かったため，1921 年から主要作物の栽培試験を取り入れた施肥標準調査が各府県農業試験場で

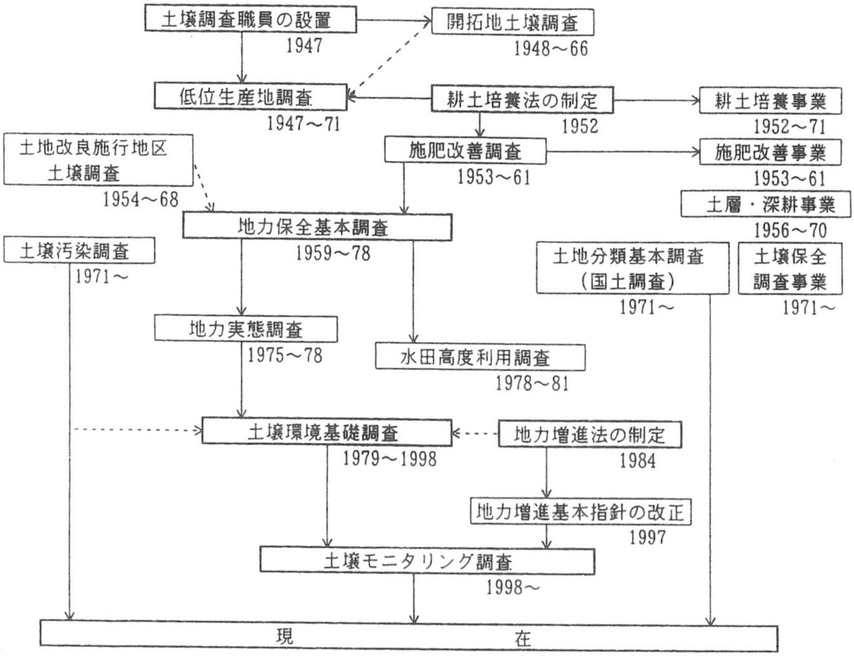

図 12.5 戦後のわが国における農耕地土壌調査

行われた．しかし，土壌調査法がまだ不完全で十分な成果が上がらなかった．その後，ロシアなどで土壌調査法が進展し，日本においても鴨下(1940)，大政(1951)が新しい土壌調査法を提唱した．さらに，戦後，食料の増産が緊急の課題となったことから，農耕地を対象にした土壌調査が展開され，その後も図 12.5 のような各種の土壌調査が行われ，現在に至っている．また，林地では国有林土壌調査事業(1947～1977)，民有林適地適木調査事業(1954～1979)，酸性雨等森林衰退モニタリング事業(1990～2004)などがある．

b. 土壌調査の方法

土壌調査は既存資料の収集，現地での断面・植生・聞き取り調査，土壌分析，分類，作図などからなる．農耕地土壌調査の場合はさらに診断による処方箋の作成，肥培管理の指導などが加わる．

1) 断面調査　既存資料を参考にして調査地点を決定する．調査地点では地形や植生の観察・調査を行った後，図 12.6 に示す深さ 1～1.5 m ほどの穴（ピット；pit）を掘り，土壌の内部を削って作った断面（プロファイル；profile）を形態的に調査する．これを土壌断面調査あるいは試坑調査という．土壌断面は表 12.4

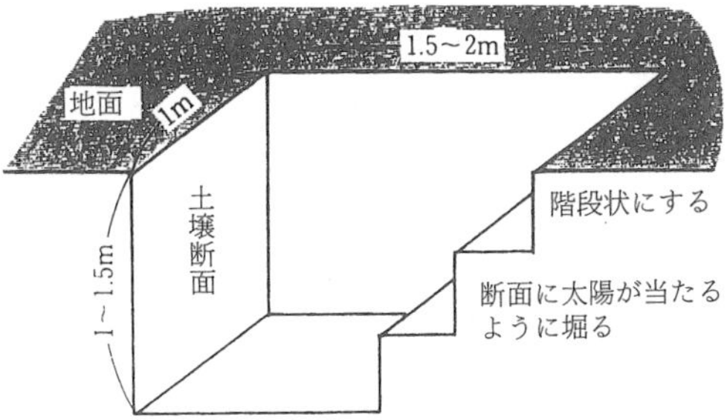

図 12.6 土壌断面（模式図）

表 12.4 土壌断面による観察・調査

項　目	内　容
植生の生育状況	腐植層の有無，有効土層の深さ，作土層の深さと硬さ（耕地）すき床層の硬さ（耕地），圧密層の有無（耕地），植生の根はりの深さ，植生の根量
土壌団粒の発達度	土の粒子がサラサラしているか(単粒構造)，くっついてコロコロしているか（団粒構造）
土層の積み重なり	各層の土性と層厚，土層の色，礫・母岩の有無
酸化還元の程度	土層の色，グライ層の有無
透水性の良否	孔隙の量，亀裂の程度，斑紋結核の生成位置と量

に示す情報を提供してくれるので，経験を積むとさまざまな土壌の性質をみつけることができる．

2） 層位の分け方　断面調査では土壌の色，土性，腐植含量，斑紋・結核，グライ層（主に水田），礫，土壌構造，孔隙，硬さ（ち密度），湿り・湧水面，植物根の分布などを調べる．これら土壌の特徴から土層を区分し，図 12.7 のような土壌断面調査表に記載する．農耕地では必ず作土層(耕うんされている部位)を分ける．作土は作物にとって主要な養水分供給の場として重要だからである．

土 壌 断 面 調 査 表 （土壌モニタリング調査）　　千葉県農業試験場　地力保全研究室　　年　月　日 調査

地点番号　　地目　　北緯　: :　東経　: :　調査地点地番　市郡　町村　番地　耕作者
天気　　調査前の天候　　周辺地域の状況　　傾斜　方向に　度　ほ場の形状　東西　m×南北　m
県土壌区　　全国土壌統（2 次案）　（3 次案）　用排水施設　暗渠 パイプライン　侵食種類　　侵食程度

層位 深さ	試料 番号	採土管 番号	境界	形状	土色	腐植	黒泥 泥炭	斑紋 結核	グライ	土性	れき 形状	れき 風化	れき 大きさ	構造	粘着	孔隙	ち密度 (mm)	湿り	根
1 __cm			画然□ 明瞭□ 判然□ 漸変□	平坦□ 波状□ 不規則□	____ __/__	H__	M□ P□	糸__根__ 膜__雲__ 斑__点__ 脈__管__	g__ G__	S□LS□SL□L□ SiL□SCL□CL□ SiCL□SC□ LiC□SiC□HC□	円□ 半角□ 角□	K__ K__ K__	a__b__c__ a__b__c__ a__b__c__	Pl□Pr□ Bl□bl□ Gn□gn□ Sn□Ms□	無□ 弱□ 中□ 強□	a__ b__ c__ d__	__ __ __	W__	無□ 粗□ 中□ 密□
2 __cm			画然□ 明瞭□ 判然□ 漸変□	平坦□ 波状□ 不規則□	____ __/__	H__	M□ P□	糸__根__ 膜__雲__ 斑__点__ 脈__管__	g__ G__	S□LS□SL□L□ SiL□SCL□CL□ SiCL□SC□ LiC□SiC□HC□	円□ 半角□ 角□	K__ K__ K__	a__b__c__ a__b__c__ a__b__c__	Pl□Pr□ Bl□bl□ Gn□gn□ Sn□Ms□	無□ 弱□ 中□ 強□	a__ b__ c__ d__	__ __ __	W__	無□ 粗□ 中□ 密□
3 __cm			画然□ 明瞭□ 判然□ 漸変□	平坦□ 波状□ 不規則□	____ __/__	H__	M□ P□	糸__根__ 膜__雲__ 斑__点__ 脈__管__	g__ G__	S□LS□SL□L□ SiL□SCL□CL□ SiCL□SC□ LiC□SiC□HC□	円□ 半角□ 角□	K__ K__ K__	a__b__c__ a__b__c__ a__b__c__	Pl□Pr□ Bl□bl□ Gn□gn□ Sn□Ms□	無□ 弱□ 中□ 強□	a__ b__ c__ d__	__ __ __	W__	無□ 粗□ 中□ 密□
4 __cm			画然□ 明瞭□ 判然□ 漸変□	平坦□ 波状□ 不規則□	____ __/__	H__	M□ P□	糸__根__ 膜__雲__ 斑__点__ 脈__管__	g__ G__	S□LS□SL□L□ SiL□SCL□CL□ SiCL□SC□ LiC□SiC□HC□	円□ 半角□ 角□	K__ K__ K__	a__b__c__ a__b__c__ a__b__c__	Pl□Pr□ Bl□bl□ Gn□gn□ Sn□Ms□	無□ 弱□ 中□ 強□	a__ b__ c__ d__	__ __ __	W__	無□ 粗□ 中□ 密□
5 __cm			画然□ 明瞭□ 判然□ 漸変□	平坦□ 波状□ 不規則□	____ __/__	H__	M□ P□	糸__根__ 膜__雲__ 斑__点__ 脈__管__	g__ G__	S□LS□SL□L□ SiL□SCL□CL□ SiCL□SC□ LiC□SiC□HC□	円□ 半角□ 角□	K__ K__ K__	a__b__c__ a__b__c__ a__b__c__	Pl□Pr□ Bl□bl□ Gn□gn□ Sn□Ms□	無□ 弱□ 中□ 強□	a__ b__ c__ d__	__ __ __	W__	無□ 粗□ 中□ 密□
6 __cm			画然□ 明瞭□ 判然□ 漸変□	平坦□ 波状□ 不規則□	____ __/__	H__	M□ P□	糸__根__ 膜__雲__ 斑__点__ 脈__管__	g__ G__	S□LS□SL□L□ SiL□SCL□CL□ SiCL□SC□ LiC□SiC□HC□	円□ 半角□ 角□	K__ K__ K__	a__b__c__ a__b__c__ a__b__c__	Pl□Pr□ Bl□bl□ Gn□gn□ Sn□Ms□	無□ 弱□ 中□ 強□	a__ b__ c__ d__	__ __ __	W__	無□ 粗□ 中□ 密□
7 __cm			画然□ 明瞭□ 判然□ 漸変□	平坦□ 波状□ 不規則□	____ __/__	H__	M□ P□	糸__根__ 膜__雲__ 斑__点__ 脈__管__	g__ G__	S□LS□SL□L□ SiL□SCL□CL□ SiCL□SC□ LiC□SiC□HC□	円□ 半角□ 角□	K__ K__ K__	a__b__c__ a__b__c__ a__b__c__	Pl□Pr□ Bl□bl□ Gn□gn□ Sn□Ms□	無□ 弱□ 中□ 強□	a__ b__ c__ d__	__ __ __	W__	無□ 粗□ 中□ 密□

量=0：0%、+：0-2%、1：2-5%、2：5-15%、3：15-40%、4：40%以上　腐植=1：2%以下、2：2-5%、3：5-10%、4：10-20%、5：20%以上　湧水面：　cm　根の下端：　cm
れきの風化度=1：未風化、2：風化、3：腐朽　孔隙=a：0.5mm以下、b：0.5-0.2mm、c：2-10mm、d：20mm 以上　湿り=1：感じない、2：感じる、3：ぬれる、4：水がしみ出る
作物の生育など ほ場の状況　　調査者：

図 12.7　土壌(断面)調査表の一例

i） 主層位：　層位は上から A，B，C の三つの主層位に分けられる．A 層は母材に生物の影響が加わって生成した腐植が蓄積した暗色～黒色の表土層である．B 層は岩石の組織を失い，A 層や C 層とは異なった性質を示す部分で，C 層は土壌の無機質材料（母材）からなる（第 1 章参照）．ほかに主層位には，O 層（水で飽和されていない有機質層），H 層（水で飽和されている有機質層），E 層（鉄・アルミニウム酸化物，粘土，腐植などが溶脱した淡色の層），R 層（母岩），G 層（グライ層）がある．

ii） 漸移層位： 二つの異なる主層位の性質をもつ土壌の場合は，優勢な主層位を前において，AB，AE，BA，BC のように表す．また，二つの異なる主層位の性質をもつ部分が混在している場合は，優勢な主層位を前におき，E/B，B/C，C/R のように表す．

iii） 土壌の色： 土壌の色は主に腐植と鉄の種類と量によって決まる．断面調査では湿土の色をマンセル土色帳によって調べる（第9章参照）．

（黒色～褐色）黒ボク土，黒泥土など腐植含量が高い土壌ほど黒味が増す．腐植が少なくなるにつれて，黒褐色→暗褐色→褐色になる．褐色は黒ボク土，褐色森林土，ポドゾル性土のB層にみられる．

（黄褐色，黄色）含水酸化鉄（主にゲータイト）による色．黒ボク土のB層やC層，黄色土や黄褐色森林土のB層にみられる．

（赤色）主に酸化鉄（ヘマタイト）による色．赤色土のB層が典型的である．

（灰色）腐植と酸化鉄に乏しい場合にみられる．弱還元状態の水田土壌下層土，ポドソル性土の漂白層，放出したばかりの火山灰など．

（青灰～緑灰色）水の影響で強還元下で生成した含水亜酸化鉄による色．地下水位が高い砂質水田で典型的にみられる．この色をもつ土層はグライ層と呼ばれる．

iv） 土性： 野外では土性は触感によって調べる．土壌を指と指の間に挟み，こすって感じられる砂と粘土の比率から推定する．土性は第2章に示したとおりである．

v） 腐植含量： 土壌の色によって次のように判定する．すこぶる富む（10％以上，黒色），富む（5～10％，黒褐色），含む（2～5％，暗色），あり（2％以下，褐色）

vi） 斑紋･結核： 土壌中である成分が濃縮し，または除去されて，土色が周りの基質から区別されるものを斑紋という．また，ある成分が濃縮・硬化したものを結核という．断面調査では斑紋・結核の形態と量を調べる．斑紋・結核は排水の良い水田で斑鉄，マンガン結核として典型的にみられる．

vii） グライ： 主に水田で，α-α'ジピリジル溶液を用いて判定する．溶液を断面に滴下後ただちに赤色に発色すればグライ層とする．

viii） 礫： 礫の有無，形状，大きさ，含量を調べる．

ix） 土壌構造，孔隙： 構造の発達程度，大きさ，形状，孔隙の大きさ，量，亀裂の大きさ，深さを調べる．

x） その他：　硬度計を用いての硬さ（ち密度），湿り・湧水面，植物根の分布などを調査する．

3） 植生・地形調査　植生は優占する樹木や草本の種類ならびに植被の状態を調査する．農耕地では作物の生育状況を調べる．地形は山地，丘陵地，台地，段丘，低地の微高地，低地，泥炭地，人工地形などや微地形，周囲の景観を調査する．

4） 聞き取り調査　とくに農耕地の調査では耕作者に対する聞き取り調査が重要である．作物の生育・収量，病虫害や雑草の発生状況，肥料・有機物・土壌改良資材の施用，使用した機械や水管理などをしたか，といった栽培や土壌管理の概要や，日当たり，風あたり，水はけ，水もち，水温といった圃場の特徴，客土，除礫，深耕，心土破砕，暗渠の設置といった土地改良の施工などは耕作者がいちばん良く知っている．したがって，調査者は圃場のもち主に対して十分な聞き取りを行い，土壌調査に際して多くの情報を得ることが大切である．

5） 土壌などの分析　層位ごとの土壌試料について，土壌を分類するために必要な理化学性の分析を行う．たとえば農耕地土壌分類の場合は，腐植（ポドゾル／森林黒ボク土／黒ボク土），遊離酸化鉄（ポドゾル／低地水田土）リン酸吸収係数（火山放出物未熟土／黒ボクグライ土／多湿黒ボク土／森林黒ボク土／黒ボク土），Y_1（非アロフェン質黒ボク土），pH（暗赤色土）などの分析が必要である．また，必要に応じて作物（植物）の分析を行う．

6） 分類，作図，対策　以上の調査結果を目的に応じて分類・整理し，地図上に作図する．こうしてできたものには土壌図，土地利用図，地形分類図，地質図，植生図，適地適作図などがある．また，土壌の利活用にあたって，土壌の性質に応じた対策を提示する．

〔**安西徹郎**〕

13. 土壌の有効成分

13.1 窒　　素

a. 窒素の重要性

窒素はリン酸・カリウムとともに肥料の三要素といわれ，植物生育には欠かせない重要な成分である．植物に吸収された窒素は主に細胞原形質内のタンパク質や核酸あるいは光合成にたずさわる葉緑体中の成分となる．植物は窒素をアンモニウムイオンあるいは硝酸イオンとして根から吸収利用する．しかし，植物に対する肥料としての窒素要求性は植物の種類により異なり，水田ではかんがい水や土壌からの窒素供給力が大きいので多量の窒素肥料を必要としない．一方，畑では栽培する品目により窒素の施用量や施用方法が異なる．たとえば，根に共生する根粒菌が空中窒素を固定して植物に供給するマメ科植物や，窒素を施用しすぎると生殖生長が遅れて「つるぼけ」を起こすスイカやメロンなどのような野菜では，窒素施用量が少ない．一方，栄養生長と生殖生長が同時に進行するトマトやキュウリなどの果菜類やハクサイ・キャベツなどの葉菜類，あるいは茶園では多量の窒素が施用される．

窒素を必要以上に施用すると茎葉が過繁茂となり，結実性が下がり倒伏性が高まる．また，病虫害を受けやすい．一方，窒素が欠乏すると，茎葉の生育が悪くなるとともに，光合成により作られた炭水化物が窒素化合物に変化しないために，植物全体の生理現象に影響を及ぼす．

b. 土壌中での窒素の形態と変化

土壌中に含まれる窒素（全窒素）は無機態窒素と有機態窒素に大別される．無機態窒素はアンモニア態窒素(NH_4^+)，亜硝酸態窒素(NO_2^-)，硝酸態窒素(NO_3^-)に分けられるが，未耕地土壌中にはわずかには含まれず，全窒素量の1～5％程度である．農耕地土壌では肥料や有機物として窒素が施用されるので，無機態窒素を含んでいるが，畑や牧草地ではアンモニア態窒素は施肥直後を除けば少なく，大部分が硝酸態窒素である．アンモニア態窒素は水田や強酸性を示す圃場で検出される．また，亜硝酸態窒素はpHが低下した施設土壌などで検出されることがある.

有機態窒素には腐植構成成分となっている窒素，枯れた植物の根や落葉あるいは，堆肥や有機質肥料として施用された粗大有機物中の窒素，それに土壌中に生息している土壌動物や微生物体内中の窒素などが含まれる．これらのうち，高分子化合物である腐植は土壌微生物による分解を受けにくいので，その中に含まれる窒素は植物に利用されにくい．一方，粗大有機物中の窒素は主にタンパク質として存在している．それらが土壌に施用されるとまず土壌動物や微生物による分解を受け，ペプチドやアミノ酸を経てアンモニア態窒素となる．この過程をアンモニア化成作用あるいは有機態窒素の無機化という．アンモニア態窒素は畑ではすみやかにアンモニア酸化細菌の作用により亜硝酸態窒素，さらに続けて亜硝酸酸化細菌の作用で硝酸態窒素に変化する．こうして生成した硝酸態窒素が植物の根から吸収利用される．アンモニア態窒素が亜硝酸態窒素を経て硝酸態窒素に変化することを硝酸化成作用という．これに関与する細菌はいずれも好気性菌であるので，水田のような湛水条件では硝酸化成作用は起こりにくい．土壌微生物中の窒素は微生物バイオマス窒素と呼ばれる．生きている微生物中の窒素は植物に利用できないが，世代交代が早いので死滅した微生物中の窒素は上記の変化を経て植物に対する重要な窒素供給源となる．

有機態窒素の無機化は次のような条件で促進される．

1) 乾土効果　畑状態あるいは水田の湛水状態の土壌をいったん乾燥して再び湿らせると乾燥により死滅した土壌微生物からバイオマス窒素が放出されて無機化率が高まる．この現象を乾土効果と呼び，古くから水田農家が行ってきた荒起こしとして知られる．水田では，いわゆる地力窒素として水稲栽培には重要な役割を果たす(第16章参照)．一方，施設園芸圃場などで多量の有機物を長年にわたって施用するとバイオマス窒素が増加して，多量の地力窒素が放出され，それが土壌の電気伝導率を上昇させるようなこともある．

2) 温度上昇効果　土壌の温度を上げると，土壌微生物の活動が活発となり有機態窒素の無機化が促進される．

3) アルカリ効果　土壌に多量の石灰資材を施用してpHを上げると，有機物の一部が溶出して土壌微生物の分解作用を受けやすくなるので，窒素の無機化が促進される．

2)および3)により窒素の無機化が促進されると，その潜在的な有機態窒素が減少することになるので地力の低下につながる．また，水田では茎葉の生育過剰によって，倒伏したり青米の発生が多くなることがある．

c．土壌中の窒素の収支

1）土壌からの窒素の減少

①溶脱：　有機態窒素は土壌が持ち去られない限り減少することはないが，無機態窒素，とくに硝酸態窒素は土壌に吸着されにくいので，雨水や灌漑水により容易に下層へ移動する．アンモニア態窒素は黒ボク土のようなpH依存性陰電荷を主体とする土壌ではほかの陽イオンより溶脱されやすい．

②脱窒：　水田の還元層では硝酸態窒素が脱窒細菌により還元されて窒素ガス(N_2)となり空中に揮散する．このような脱窒現象は酸素の乏しい畑などの下層でも起こることがある．

③植物による吸収：　植物は根からアンモニア態窒素あるいは硝酸態窒素として窒素を吸収する．その量は水稲では1作で100〜150 kg ha^{-1}，野菜では150〜250 kg ha^{-1}である．

④侵食：　裸地にした傾斜地では土壌侵食により表層中の窒素が失われる．

2）土壌への窒素の供給

①有機物：　土壌中の腐植や粗大有機物に含まれている窒素は主に動植物と微生物の遺体に由来している．農耕地では堆肥や緑肥などの窒素を含んだ有機物が多量に供給される．

②施肥：　化学肥料，有機質肥料や土壌改良資材の形態で，無機態あるいは有機態窒素が土壌に供給される．一般的な窒素施肥量は100〜300 kg ha^{-1}程度であるが，園芸圃場や茶園ではより多量の窒素が施用される．

③空中窒素の固定：　根粒細菌などの土壌微生物により空中の窒素ガスが固定され，有機態窒素として土壌に供給される．

3）窒素の収支バランス　上記のように雨水による溶脱や水田での脱窒など自然条件である程度の窒素が失われる．また，肥料として施用される窒素の一部が粘土鉱物に固定されたり，有機質肥料では一部しか無機化しないので，農耕地では植物による窒素吸収量より多い量の窒素を施用しなければ収支バランスが保たれず，地力の消耗をきたす．しかし，最近では園芸圃場や樹園地で供給量が減少量を大きく上回ることが多く，その差分が硝酸態窒素として河川水や地下水に流れ込み，環境に対して負荷を及ぼしていることが指摘される．土壌中での窒素の動向は図13.1のとおりである．

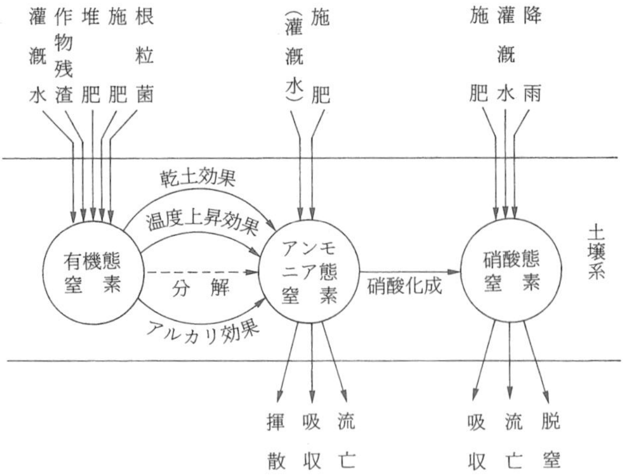

図 13.1 土壌系における窒素の動向

13.2 リン酸

a. リン酸の重要性

植物体内中においてリンは核酸，リン脂質，フィチンの成分として遺伝情報や細胞壁での膜透過性，種子中での貯蔵物質，あるいは ATP のような高エネルギーリン酸としてエネルギー転換などに重要な成分である．地殻には約 0.1％のリンが含まれているが，わが国の土壌のリン酸肥沃度は非常に低い．とくに，黒ボク土ではリン酸の固定力が著しく強いので(第 4 章参照)，耕地化するには多量のリン酸資材の施用が必要であった．このようなリン酸欠乏土壌は，戦後の開拓地事業におけるリン酸と石灰資材の多量施用によって改善され，現在ではわが国を代表する野菜の集約的大産地となっている地域も多い．

b. 土壌中のリン酸の形態

1） 可給態リン酸　土壌中のリン酸は窒素と同様，有機態リン酸と無機態リン酸に分けられる．前者は未耕地では主に腐植中のリン酸と微生物中のバイオマスリンからなるが，耕地土壌の作土では有機質肥料や家畜ふん堆肥などに由来する有機態リン酸が多く含まれる．無機態リン酸は土壌中でカルシウム，鉄，アルミニウムなどの金属とリン酸塩を作っている．これらのうち，カルシウム型リン酸は植物に吸収利用されやすいが，鉄型とアルミニウム型リン酸は利用されにくい．酸性土壌や黒ボク土では後者が圧倒的に多く，窒素やカリウムと比べてリン酸の肥効率が低い原因となっている。

土壌中で植物に吸収されるリン酸を可給態リン酸(または有効態リン酸)と呼び，その量はカルシウム型リン酸にほぼ匹敵する。可給態リン酸の測定法にはトルオーグ法(pH 3, 0.001 M 硫酸溶液で抽出)，ブレイ法(フッ化アンモニウムを含んだ 0.025 M 塩酸溶液で抽出)，0.5％酢酸法（0.5％酢酸溶液で抽出）などの方法があるが，わが国ではトルオーグ法が広く採用されている。未耕地土壌をこの方法で分析すると，せいぜい数 mg kg^{-1}しか検出できず，そのような土壌では生産性が非常に低い。農林水産省では農耕地土壌の可給態リン酸改善目標値をトルオーグリン酸で 100 mg kg^{-1}以上としているので，それ以下の圃場ではリン酸資材や肥料の多量施用が必要となる。水田や牧草地では数十ないしせいぜい数百 mg kg^{-1}の圃場が多いが，園芸圃場や樹園地ではリン酸の過剰施用が進み，数百～数千 mg kg^{-1}に及ぶ圃場が増えている。これまでに各地で実施された栽培試験で，可給態リン酸を増やしていくと，1000 mg kg^{-1}程度までは可給態リン酸の上昇に伴って収量も増加するが，それ以上ではリン酸の施用効果が認められないことが明らかにされている。それにもかかわらず，各地の生産現場ではリン酸過剰圃場へのリン酸の多量施用が行われていることが多い。

2) 無機態リン酸　可給態リン酸は大部分が無機態リン酸であるが，無機態リン酸中に占める割合は低い。農耕地に施用されるリン酸の形態には，化学肥料としては水溶性リン酸とク溶性リン酸がある。前者が土壌に施用されると，土壌 pH が低い場合にはアロフェンのようなアルミニウムに富む粘土鉱物やアルミニウムあるいは鉄の化合物に吸着固定されてほとんどが無効化してしまう。しかし，土壌 pH が高く，炭酸カルシウムのようなカルシウム塩を含む場合にはカルシウムに固定され，その一部は可給態リン酸となる。また，水溶性リン酸の一部は微生物に取り込まれてバイオマスリンとなる。熔成リン肥などのク溶性リン酸として土壌に施用された場合には，固定されず植物根の接触により直接吸収される。

非農耕地やリン酸施用量の少ない農耕地では，土壌中のリン酸がほとんどアルミニウムや鉄，カルシウムなどに固定されているが，リン酸施用量の多い施設園芸地域では水溶性リン酸として存在している。その形態はリン酸二水素イオン($H_2PO_4^-$)あるいはリン酸水素イオン(HPO_4^{2-})で，その量は数百 mg kg^{-1}に及ぶ場合も少なくない。

3) 有機態リン酸　腐植のなかの有機態リン酸は分解しにくい形態となっているが，有機質肥料として土壌に施用されたリン酸は土壌微生物の作用で無機化して，その一部が可給態リン酸となる．有機態リン酸の無機化も窒素と同様に，乾土効果，温度上昇効果，アルカリ効果などにより促進される．

c. 土壌中のリン酸の収支と形態変化

リン酸は土壌に固定されやすいので，溶脱や溶出による損失は非常に少ない．ただし，砂丘未熟土壌のような砂地の畑では雨水や灌漑水により溶脱されることもある．また，水田では還元化により溶出性が高まり溶脱することもある．土壌中におけるリン酸の動向は図13.2のとおりである．

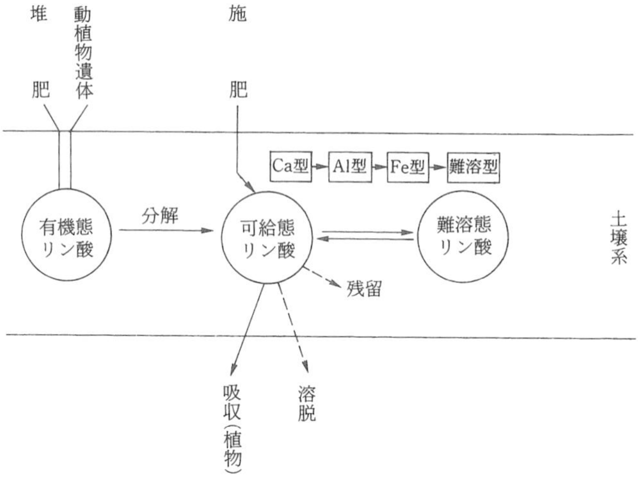

図 13.2 土壌系におけるリン酸の動向

13.3 カ リ ウ ム

a. カリウムの重要性

カリウムは植物体中で水溶性塩類として存在し，葉の表皮からの蒸散作用，細胞の浸透圧やpHの調節，原形質の構造維持，あるいは光合成やデンプン合成，タンパク合成などに関与する酵素系の活性化，光合成産物の貯蔵器官への流転に関与する重要な土壌成分である．窒素，リン酸はわが国の土壌中に非常に乏しいのに対して，カリウムは天然供給量が多い．そのため，カリウムを施用しなくてもある程度の植物生育が期待できる．

b. 土壌中のカリウムの形態

土壌中でカリウムは窒素，リン酸と異なり有機態ではほとんど存在せず無機態として存在する．その形態には次の 4 種類がある．

1) 水溶性カリウム　土壌溶液中に K^+ として存在するカリウムで，植物には最も利用されやすい．交換性カリウムと平衡関係にあるが，その比率は粘土鉱物の種類や腐植含量などにより異なる．

2) 交換性カリウム　1 M 塩化カリウム溶液で交換浸出されるカリウムであるが，その中には水溶性カリウムが含まれる．農耕地土壌では K_2O として 500 mg kg^{-1} 程度で，全カリウムに対する割合は数%にすぎない．しかし，最近ではとくに野菜や花卉圃場へ家畜ふん堆肥や肥料の多量施用に伴う交換性カリウムの過剰が問題となっている．

3) 固定態カリウム　土壌中のスメクタイトやバーミキュライトに固定されたカリウムで，植物には利用されにくい．

4) 非交換性カリウム　土壌中に占める割合が最も多いカリウムで，植物には利用できない．主に，正長石や白雲母などの風化されにくい一次鉱物中の構成成分となっている．それらより風化されやすい斜長石や黒雲母などに含まれるカリウムは風化されて土壌中に交換性あるいは水溶性カリウムとして溶出する．

c. 土壌中のカリウムの収支

土壌中のカリウムは溶脱，植物による吸収，侵食などにより減少する．硝酸態窒素より溶脱されにくいが，その一方では植物による収奪量が多いので，土壌診断に基づいた施肥管理を行い，適切にカリウムを補給しないと，植物に深刻なカリウム欠乏をきたすことがある．

13.4 カ ル シ ウ ム

カルシウムは植物中では主に有機酸と結合して，タンパク合成や細胞壁や原形質の構造維持，pH 調節に関与する．植物中での移動性が乏しいためカルシウムが欠乏すると，新生組織が軟化崩壊する．

未耕地土壌中には一次鉱物や粘土鉱物中の成分として含まれるが，それらの多くが非可給態カルシウムである．農耕地土壌では石灰資材として施用された炭酸カルシウムのような炭酸塩の形態でも存在し，土壌の pH を維持する役割を果たしている．植物に有効なカルシウムは水溶性，交換性カルシウムである．わが国の農耕地では交換性カルシウムが陽イオン交換容量の 50～80 %を占め，その飽和度が土壌の pH を支配する．水溶性カルシウムは露地圃場では容易に溶脱されるので，それほど多くはないが，ハウス土壌中には硝酸態窒素の対イオンとして集積することもある．

13.5 マグネシウム

マグネシウムはカルシウムと異なり，植物体内を移動しやすい成分で，葉緑素やリン酸代謝にかかわる酵素の成分としてリン酸・エネルギー代謝に関与している．マグネシウムは風化されやすい造岩鉱物であるカンラン石，輝石，角閃石などの成分であるので，それらから溶出したマグネシウムが交換性マグネシウムとして土壌中に存在している．その量はカルシウムより少なく陽イオン交換容量の10～30％である．交換性マグネシウムはカルシウムより溶脱しやすいので，土壌酸性改良資材には苦土カルのようなマグネシウムを含む石灰資材が多用される．

13.6 その他の成分

a. ケイ素

ケイ素は植物の必須元素とはなっていないが，水稲をはじめとするイネ科植物には多量のケイ素が吸収される．ケイ素は植物の組織強化や耐病性，水分の蒸散作用の調節などにたずさわっている．土壌中には造岩鉱物や粘土鉱物の主成分として多量に含まれているが，その大部分は植物には利用できない．可給態ケイ素はオルトケイ酸またはその重合体として存在しているケイ素と考えられ，それらを分析するには従来から pH 4.0 酢酸ナトリウム緩衝溶液が用いられてきた．しかし，その方法は水田に施用したケイ酸質肥料の一部が溶解して測定値を高めてしまうため，最近では湛水条件とした土壌から溶出するケイ素を測定して可給態ケイ酸としている．

b. 微量要素

植物の生育には 17 元素が必須とされている．これらのうち，吸収量の少ない 7 元素である鉄，マンガン，ホウ素，亜鉛，銅，モリブデン，塩素を必須微量要素と呼ぶ．

1) 鉄　呼吸や光合成に関する酸化還元反応に関与する．鉄は土壌では一次鉱物，粘土鉱物，遊離酸化物中に存在する主成分の一つなので，欠乏することはほとんどない．ただし，pH が高かったりリン酸が過剰に存在すると不溶化して欠乏症を引き起こすことがある．

2) マンガン 植物体中での酸化還元反応や転移反応，脱炭酸反応，加水分解反応などに必要な成分とされている．マンガンは鉄と同様に岩石の構成成分の一つなので，ほかの微量要素より多量に含有されるが，その溶解度は土壌 pH と酸化還元条件により大きく変化する．pH(H_2O)6.5 以上では欠乏症を引き起こしやすく，逆に pH(H_2O)が下がったり，蒸気消毒による加熱により土壌中の Mn^{2+}が増大して過剰症をもたらすことがある．

3) 銅 銅は植物体中における重要な酵素の構成成分で酸化還元反応やタンパク代謝に関係すると考えられている．土壌中では pH が高まると不溶化する．また，腐植を多く含む土壌や泥炭土壌で欠乏症の発生が認められる．

4) 亜 鉛 亜鉛は葉緑素の形成や β-インドール酢酸の生成に関与する．土壌 pH の上昇やリン酸過剰が亜鉛の植物に対する有効性を低下させる．ただし，最近では家畜ふん堆肥に由来する銅や亜鉛が農耕地土壌中に入ることが多くなっている．

5) モリブデン 植物にとって必要量の最も少ない微量要素で硝酸還元酵素の成分元素となっている．酸性土壌では鉄やアルミニウムと結合して非可給化する．

6) ホウ素 ホウ素は植物中のリグニンやペクチンの形成，糖の移行に関与するが，その要求量は植物により著しく異なる．土壌から熱水により溶出するホウ素を可給態ホウ素としているが，その値が 0.2 mg kg^{-1}程度以下では多くの植物に欠乏症，1.0 mg kg^{-1}程度以上では過剰症をもたらし，適正域が非常に狭い．

7) 塩 素 塩素は葉緑素中での光合成に関係があるとされている．窒素やカリウム肥料の対イオンとして土壌に施用されるので塩素が欠乏することはほとんどない．

〔後 藤 逸 男〕

14. 土壌診断と土づくり

14.1 土壌診断の目的と歩み

a. 土壌診断の目的

土壌診断とは，作物の収量・品質の向上，農作業のしやすさ，適正な施肥量や土壌改良資材施用量の決定などを目的として，水田や畑，樹園地，施設などの土壌の性質を調査して，栽培作物にとってより良い土壌環境を作るために行われる基本的かつ重要な手段である．

b. 土壌診断の歩み

土壌診断は戦後の食料増産を目的とした土壌生産力向上対策の中で生まれ発展し，当時不良土壌とされた秋落ち水田や，酸性土壌，黒ボク(火山灰)土壌などの改良に大いに寄与した．これら不良土壌は多くの場合，化学性の改善（秋落ち水田は鉄，ケイ酸質資材，酸性土壌は石灰質資材，黒ボク土壌はリン酸質資材，をそれぞれ施用）によって生産力の向上が図られた．すなわち，1945～60 年頃の土壌診断初期の時代は農耕地土壌そのものが作物を栽培するうえで養分が不足しており，それを知るために土壌診断が行われた．

その後，経済の高度成長が続き，集約的農業が進展した中で，1978 年頃の農耕地土壌では，①作土の浅層化とち密化，②有機物含量の減少，③ pH の上昇による

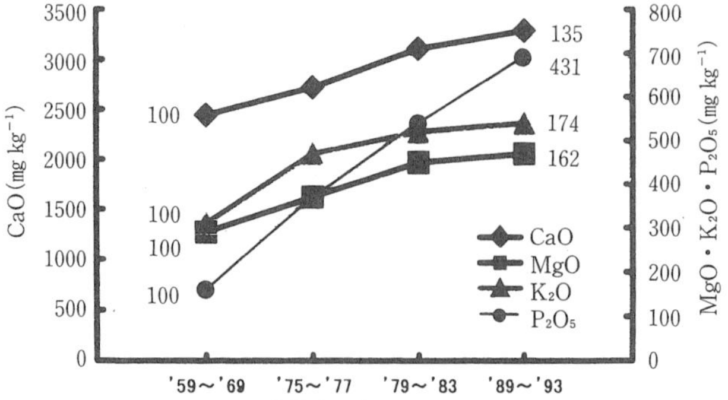

図 14.1 農耕地土壌の養分含量の推移

土壌の中性(アルカリ)化，④リン酸，石灰，苦土，カリ(加里)含量の増加，⑤養分過剰による成分間のアンバランス，などが問題とされた．例として1959～93年までの養分含量の推移を図14.1に示す．こうして土壌診断は土壌の物理性の悪化改善や過剰な養分を減肥するなどの適正な施肥設計のために行われるようになった．また，客土や深耕などの土層改良や大規模な土地改良など，土壌の性質が大きく変わるケースが増えて，土壌診断は作物生産性を損なわないための有効な技術として活用された．

1990年代，農業は環境保全の時代に入り，肥料や農薬，各種資材などの多量施用から土づくりを基本とした減肥技術，家畜ふん尿や食品残渣などの有機物の資源化とリサイクル利用，硝酸性窒素などの環境に対する負荷低減技術，などが求められている．土壌診断はそれらに対処する有効な技術として，より重要性が増している．

14.2　土壌診断の考え方

土壌診断は図14.2のような手順で行われる．

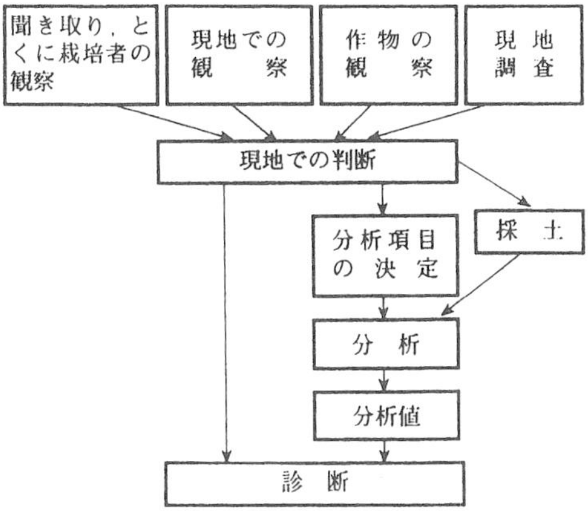

図14.2　土壌診断の手順

①診断する地域の概況把握（過去の調査結果などを調べておく）
②聞き取り調査（調査する圃場の特徴，耕種概要，肥培管理など）
③現地での観察と調査
④採土（目的に合わせた採土）

⑤理化学性の測定（必要な項目の分析）

⑥診断結果の検討と処方箋の作成

⑦土壌改善対策の実施と効果の確認

土壌診断というと⑤の理化学性の測定と思いがちだが，②の聞き取り調査や③の現地での作物生育状況の観察や根群分布や土壌構造を調べる土壌断面調査から問題点や解決策の見当がつくことが多い．たとえば，作土の厚さや土壌の硬さと作物の生育の良否，グライ層や酸化沈積物の生成状況と通気性・排水性の良否，土壌構造と土壌の乾湿の程度や耕うんの難易などは分析しなくてもある程度の判別ができる．また，土壌の養分含量などの化学性に関しては測定診断が有効であるが，この際も聞き取り調査によって農業者の営農状況を把握しておけば万全の対策が提示できる．

測定診断に必要な土壌を採取する場合は作土だけでよいとは限らない．根菜類のように根が深くまで入る作物やナシのように深さ 20〜40 cm に最も活性のある根が分布する場合は下層の土も調べる必要がある．また，同一圃場で生育差があるときは両方の土を調べるなど，診断目的に合った採土を行う．このような過程を経て，診断結果をまとめ，処方箋を作成して，施肥対策や土壌改良対策を示す

表 14.1　土壌診断の調査項目

診断の方法	項　目	内　容
1．圃場での観察・調査	地形	丘陵地，台地，低地の別，平坦地，傾斜地の区分など
	土壌	火山灰土か非火山灰土か，有機質土壌かどうか，礫があるかないか
	土性	粘質，壌質，砂質
	圃場のくせ	陽あたり，風あたり，水はけ，水持ち，水温
	作物の生育	生育ムラ，品質，病虫害，雑草の多少
2．土壌断面による観察・調査	表 12.4 参照	表 12.4 参照
3．土壌分析による調査	pH（H_2O）	酸性かアルカリ性か
	Eh	酸化還元の程度のめやす
	EC	塩類集積のめやす，硝酸性窒素含量の推定
	腐植	有機物含量，有機物施用の必要性を診断
	可給態窒素	潜在的な窒素生成量の推定
	可給態リン酸	リン酸供給力
	石灰，苦土，カリ	土壌中の塩基含量と塩基バランスを知る
	CEC	保肥力がどのくらいあるか
	微量要素	作物の症状からも判断する．ホウ素，モリブデン，マンガンなど
	三相組成	土壌中の土・水・空気の割合を知る
	透水性	飽和透水係数
	地耐力	土壌貫入抵抗測定器，硬度計，作業機械の圃場への導入可能性をみる

ことになる．そして農業者が示された対策を実施した後，再び土壌診断を行い，目的とした土壌の改善がなされたかどうかを確かめて，土壌診断は完結したといえるのである．

実際に行われる土壌診断の調査項目は表 14.1 のとおりである．

14.3　土壌診断基準値

土壌診断基準値は作物を栽培する際に望ましい土壌の状態を示すもので，次の二つに大別される．

一つは適正範囲（下限値～上限値）であり，窒素，リン酸，カリ（加里），石灰，苦土など土壌の化学性に関する項目が多く該当する．一般に，作物収量は土壌中の養分含量が増加するにつれて高まるが，図 14.3 のようにある一定の値を境にして低下あるいは頭打ちとなり，施肥の効果がなくなる．すなわち，最高収量あるいはその手前にあたる数値がその養分の上限値となる．近年は窒素，リン酸，カリが上限値を超えている圃場が多い．こうした所は作物の生育や収量が低下するだけでなく，下層へ流亡して地下水汚染などを引き起こす可能性があるので，注意が必要である．もう一つは望ましい限界値が示されるものであり，地下水位や空気率，透水性など土壌の物理性に関する項目が多く該当する．近年は農作業に機械を導入する場面が多くなり，土壌の圧密化や深耕による孔隙の破壊など物理性が悪化するケースが増えている．

土壌診断基準値は都道府県ごとに土壌別，作物別に細かく設定されており，こ

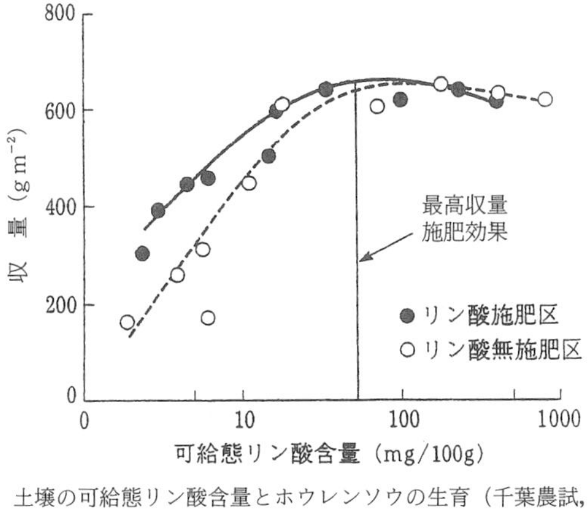

図 14.3　土壌の可給態リン酸含量とホウレンソウの生育（千葉農試，1993）

れに基づいて図 14.4 に示すような土壌管理の処方箋が作成される．土壌診断基準値は農業者が自分の圃場状態を知るためのものであり，圃場状態に見合った栽培・施肥管理がなされてこそ，合理的な農業が成り立つといえる．

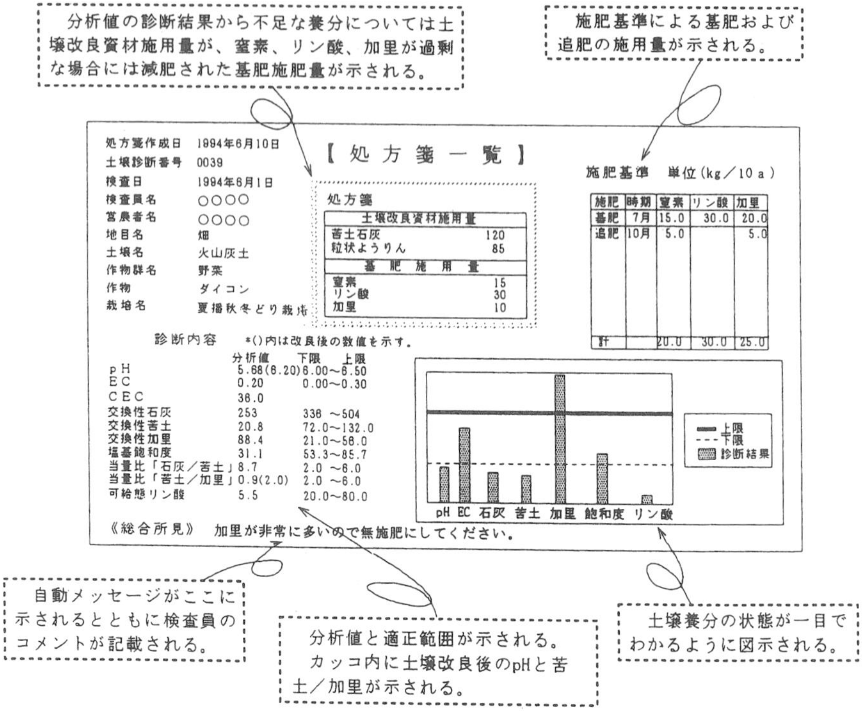

図 14.4　土壌診断処方箋の一例（八槇ら，1996）

14.4　土　づ　く　り

a.　土づくりの目的と効果

土づくりとは，土壌の物理性，化学性，生物性を改良することによって，作物の生育に合った土壌環境を整えることである．その中で，根は良く伸張し，その機能が高まって，養水分が十分に作物体内に送り込まれ，作物が健全に生育して生産量が向上する．

実際には土づくりによって，①土壌の通気性・保水性・透水性が改善され，作物の根域が広がり，耕起作業が容易となる，②土壌 pH が適正となり，緩衝能や養分保持・供給機能が高まる，③土壌生物の生育密度・多様性が増加して，病原菌や害虫の活動が抑制されたり，有機物などの分解機能が向上することによって土壌団粒構造が発達する，などの効果が期待できる．

土づくりによって土壌環境が改善されて作物生産の向上と安定化がもたらされるばかりでなく，土壌の水分や窒素栄養などの制御による作物の高品質化，投入養分の利用率向上による施肥量の節減などが期待できる．また，土壌の生物性の改善や湿害の回避などを通じて病害の軽減も可能であることから，土づくりは環境保全にも役立つ技術である．

b．土づくりと施肥

作物を栽培するうえで，土づくりは基本となるものである．土づくりにあたっては当該圃場の土壌診断を行い，良質で適正量の有機物や土壌改良資材を施用するようにする．こうして地力が高まれば，過度に化学肥料に依存しない土壌ができる．14.3 節でも述べたように，最近は肥料養分の過剰蓄積が多くの圃場でみられることから，診断に基づく土づくりと施肥を心がけることが最も重要である．

作物にとって必要以上の施肥はもちろんのこと，たとえば家畜ふん堆肥のように比較的養分含量の多い有機物の過度の連用は養分の過剰蓄積をもたらし，作物生産を不安定にするだけでなく，環境汚染につながるので，施肥基準や施用基準を遵守しつつ，土づくりを行い，土壌診断によって土壌の状態をチェックするのが持続的な作物生産を可能にする方策といえる．

14.5　土づくりの基本的方法

土づくりの基になる地力に関わる化学性，物理性，生物性の要因と維持手段を図 14.5 に示した．各性質の改善方法は次のとおりである．

a．土壌の化学性改善方法

作物は一般に pH が 5.5～6.5 の弱酸性～微酸性下で良く生育するが，作物によっては茶，陸稲，ソバのように比較的酸性を好むものから，ホウレンソウ，ストックのように中性を好むものもある．このように作物は種類によって好適な pH 領域が異なるので，酸性あるいはアルカリ性改良資材を用いて，それぞれに合った pH 調整を行う．

土壌の養分含量の過不足は作物生産に多大に影響する．過剰であれば減肥を，不足であればそれに見合う施肥を行うが，その際肥料以外の投入資材（有機物，土壌改良資材）の成分も考慮する．とくに黒ボク土はリン酸の固定力が強いため，

地力の要因		維持手段							
		有機物	輪作	客土・深耕	水管理	改良資材	化学肥料	施肥法	緩効性肥料
化学性	養分の供給量	○		○	○	○	◎		
	養分の緩慢かつ継続的供給	◎		○	○	○		◎	◎
	環境変化を和らげる緩衝能	◎		◎	○	◎		○	○
	毒性物質の除去	○			◎				
物理性	水分供給能(保水性、透水性)	○		○	◎				
	空気の確保(通気性)	○		○	◎				
	耕し易さ	◎		○	○				
	風や雨に対する耐性	◎	◎						
生物性	有機物分解や窒素固定を促進	◎	◎		○	○			
	病原菌や害虫の活動を抑える	○	◎		○				

◎ 関係が強い　　○ 関係が弱い

図 14.5　地力の要因と維持手段のかかわりあい

土壌中の可給態リン酸含量を高めるためにリン酸質資材の施用は欠かせない．これと併せて有機物を施用すればなお効果的である．

養分の緩慢かつ継続的な供給能や供給力を高めたり，緩衝能を高めるには堆肥などの有機物施用の効果が高い．また，優良粘土の客土も養分供給力や緩衝能の向上に効果がある．養分が流亡しやすい砂質土や長期間栽培される作物の場合は緩効性肥料を施用することで養分の損失を防ぐことができる．

b．土壌の物理性改善方法

第2章で述べたように，土壌は土壌粒子（固相）と水（液相）と空気（気相）の三相から構成されている．水と空気は土壌粒子間にできる隙間（孔隙）に存在する．通気性・保水性・透水性の良し悪しはこの三相の割合によって決まるが，とくに土壌の団粒構造が寄与するところが大きい．

団粒は粘土や腐植からなる微細な土壌粒子が集合して大きな粒子を作っているもので，粒子間には大小の孔隙ができている．この小孔隙では毛細現象が働いて水が保たれ，大孔隙では降雨直後は水で満たされるものの重力によってすみやかに下方へ移動するため，通常は空気で満たされる．すなわち，団粒の発達は粒子間の孔隙量を増やして保水性や通気性を高めるとともに，単位容積当たりの土壌重量を小さくするので，土壌が膨軟になる．このような条件では作物根の伸張が容易で，耕うんがしやすくなる．また，団粒内部は表面に比べて酸素に乏しく，水の出入りが容易でないため，窒素などの養分を長期間保持できる．これらの養分は乾燥などによる団粒の崩壊に伴って放出され，作物に吸収利用される．

団粒は土壌微生物の住みかともなる．好気性菌は団粒の表面に，嫌気性菌は内

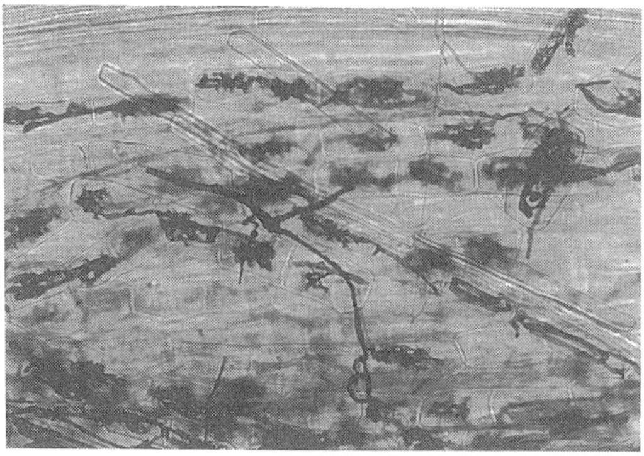

図 14.6
タマネギの根内部に形成されたアーバスキュラー菌根菌の樹枝状体(俵谷，1999)

部に住み分けるので，微生物の多様性や活性を増進する．

団粒の形成には植物質の堆肥や優良粘土の客土などが効果的である．また，深耕や心土破砕，暗渠や排水溝の施工なども作物生産性の高い土壌三相を作るのに有効である．

c．土壌の生物性改善方法

土壌中にはミミズ，トビムシ，ケラ，ダニ，ムカデなどの小動物や藻類，糸状菌(カビ)，放線菌，細菌などの微生物が生息している．土壌に投入された有機物はこれらの生物に利用され分解される．その過程でアミノ酸や核酸分解物，植物ホルモンなどの作物生育にとって有用な物質が生産される．

有機物の分解によって生成した腐植やミミズなどから生成される粘着性物質は土壌粒子を結合させて団粒構造を発達させる．これらは土壌微生物のエサや住みかとして利用され，微生物群として一定の均衡を保つことで，特定の病原菌の増殖を防いでいると考えられている．

微生物の中にはらん藻や窒素固定菌のように大気中の窒素ガスを固定してアンモニアとして利用するもの，根粒菌や放線菌の一種であるフランキアのように固定した窒素を作物に供給するもの，図 14.6 のように作物の根内部に樹枝状体を形成して共生し，土壌中に菌糸を伸ばしてリン酸を吸収して作物に供給するアーバスキュラー菌根菌などもある．

生物性の改善には有機物や微生物資材の施用が主な方法となるが，物理性・化学性を含めた土壌環境の改善が伴ってその効果が発揮されるといえる．

なお，土壌病原菌による連作障害を改善する場合は対抗作物を組み込むなどの輪作を行うことが基本である．

〔安 西 徹 郎〕

15. 土壌肥沃度と作物生産

土壌は作物を支持し，作物の養水分要求に応えることを通じて，耕地での作物生産を支えてきた．それゆえ，土壌を適切に管理することは，その耕地での作物生産を豊かにするための基本的な作業であった．こうして土壌と作物生産は密接な関係をもちつつ，時代を経てきた．ここでは，この作物生産と作物培地としての土壌との関係を考えてみる．

15.1 耕地の作物生産力と土壌肥沃度

耕地は作物を耕作する土地である．この耕地は耕作する作物によって水田，畑，草地，樹園地などと名称が異なる．土壌はその土地の構成物である．したがって，耕地の作物生産力には，土壌の肥沃度だけでなく，気象や地形，栽培される作物の種類や品種，さらに栽培の技術や施肥など，多くの要因が関与している．

ある土壌が高い作物生産力をもつためには，肥沃でなければならない．しかし，肥沃な土壌をもつ耕地の作物生産力が高いとは限らない．つまり，土壌の肥沃度は，耕地の作物生産力規制要因の一つであり，耕地の作物生産力とは次元を異にするものである．土壌のさまざまな機能が作物生産にとっていかに良好であっても，耕地における作物生産は土壌とは別の要因，たとえば低温のために収穫皆無というような場合もあるからである．耕地の作物生産力と土壌肥沃度とを短絡させる考え方は慎まなければならない．

15.2 土 壌 肥 沃 度

土壌肥沃度にはさまざまな考え方があり，決まった定義はない．わが国には土壌肥沃度と類似の用語に地力がある．地力は，最終的に対象とする耕地の作物の収量で表現するものである．それゆえ地力とは，ここでいう耕地の作物生産力を示す言葉である．ここでは土壌肥沃度を「作物の根を支える条件を備え，その根を通して作物の生育に伴って必要となる量の水分と養分を作物に供給する土壌の能力」と考えることにする．

15.3 土壌肥沃度維持の方法

化学肥料がこの世に現れたのは，イギリスのローズ（Sir J. B. Lawes）が過燐酸石灰を売り出した1843年である．したがって，土壌肥沃度の維持や作物生産に化学肥料が関与した期間は，たかだか160年にすぎない．およそ1万年に及ぶ人類の農耕の歴史で，その大部分は化学肥料に依存せずに土壌肥沃度を維持してきたことになる．そこには人類の叡智が詰まっている．

作物の収穫は耕地の土壌から養分を収奪することを意味する．それゆえ，何らかの手段で土壌に養分を還元しない限り，耕地の土壌肥沃度は低下する．この土壌肥沃度の低下防止には，大きく分けて二つの方法があった．一つは，身近なもの，たとえば野草や山林の下草，ワラ類，草木灰，家畜のふん尿などに養分源を求め，それらを積極的に土壌へ施与することだった．もう一つは，ヨーロッパを中心に発達した輪作という耕作システムである．

15.4 輪作による土壌肥沃度維持の歴史

輪作の初期には，作物栽培後に休閑として土壌の肥沃度回復を自然に任せた．いわば，最も消極的な肥沃度維持対策であった(図15.1)．しかし，次第に家畜のふん尿を利用して堆肥を生産し，それを養分源として利用する農法を考え出した．さらに18世紀から19世紀にかけて，当時としては最も集約的な輪作，いわゆるノーフォーク（Norfolk）農法が完成した．

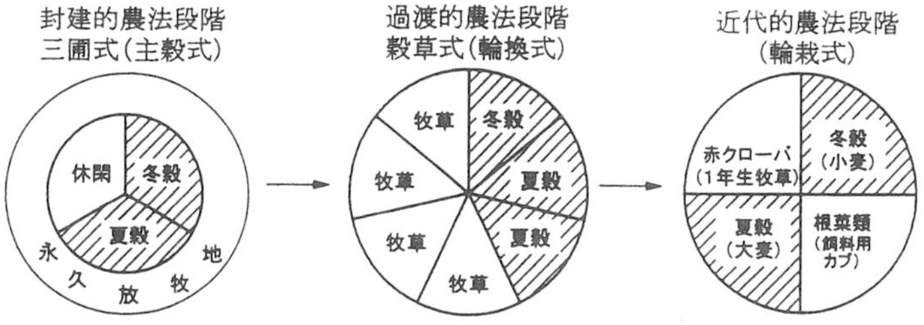

図15.1 各農法段階における土地利用方式（加用，1975）

この農法の特徴は休閑地をなくし，飼料用根菜(家畜用カブ)とマメ科牧草(アカクローバ）を導入したことである．これによって，飼料が多量に生産され，これまで不可能だった家畜の多頭飼養と冬季舎飼いが可能となり，堆肥の生産量が飛躍的に増加した．このため耕地への堆肥施与量が多くなり，それが耕地の土壌肥沃度の維持向上に寄与した．導入されたアカクローバに共生する根粒菌は窒素固定を行い，それが土壌の窒素肥沃度を高めた．こうして耕地の土壌肥沃度が大きく改善された．その結果，ノーフォークの穀物生産量は全イングランドの 90 % に達した．ただし，その小麦子実収量は画期的農法であったにもかかわらず， 1 t ha^{-1}程度にすぎなかった．

ノーフォークの対岸，ヨーロッパ本土のフランドル (Flanders) 地方には，「飼料なければ家畜なし，家畜なければ肥料なし．肥料なければ収穫なし」との格言がある．ノーフォーク農法はまさにこのフランドルの格言そのものであった．化学肥料のない時代のヨーロッパにおける輪作の歴史は，いわば，土壌肥沃度を良好に維持するための養分源を模索する歴史といえる．

15.5　わが国の水田における土壌肥沃度の維持

わが国の主要作物イネは水田で栽培される．もともとイネは連作が可能だったため，わが国ではヨーロッパのような輪作を考える必然性に乏しかった．しかも，水田には灌漑水に溶け込んだ養分が自然に補給される．このため，畑に比べると土壌肥沃度の低下が緩やかである．

それだけでなく，わが国では耕地内外からの養分が，勤勉な労働を背景にして積極的に水田に持ち込まれた．たとえば，下草や野草などから作られる堆肥，イネのワラ類を燃やした草木灰などである．さらに江戸時代の 17 世紀以降には，人のふん尿であるし尿が商品化し，その農地還元の経路がしっかりと確立されていた．こうしたわが国の完全な養分循環システムは，土壌肥沃度の維持に大きく寄与しており，世界に誇るべきものだった．

しかし，20 世紀に入って下水道がわが国にも普及するに伴って，し尿の耕地還元システムはほぼ完全になくなり，養分循環経路が断ち切られている．

15.6　堆肥の施与効果

土壌肥沃度の維持に果たしてきた堆肥（従来のきゅう肥も含まれる）の役割はきわめて大きい．その堆肥の施与効果は大きく分けて三つある(表 15.1)．これらの効果の発現は，地目とその土壌の腐植含量によって変化する．たとえば，腐植含量の多い土壌に有機物源として堆肥を施与しても，その有機物量は土壌中の腐植（有機物）に比べると微々たるもので，その効果は発現しにくい．

表 15.1　堆肥の施与効果（山根，1981）

堆肥の働き	働きの詳細	造成地	畑		水田	
		腐植少	腐植少	腐植多	腐植少	腐植多
養分として	三要素肥料として	○	○	○	○	○
	微量要素肥料として	○	○	○	×	×
	緩効性肥料として	○	○	○	○	○
	植物ホルモンとして	○	×	×	×	×
安定腐植として	物理性の改造者として	○	○	×	○	×
	陽イオンの保持者として	○	○	×	○	×
	有害物の阻止者として	○	○	×	○	×
	微量要素の溶解者として	○	○	×	○	×
	緩衝物質として	○	○	×	○	×
生物の給源として	微生物，地中動物の給源として	○	×	×	×	×

○：効果あり，×：効果なし．腐植の多少の判定基準＝2～5％程度．

つまり，堆肥の施与効果は相対的で，施与される土壌のどの性質が作物生育の制限因子になっており，その制限因子が堆肥施与によって解消される場合に，はじめて作物への施与効果として発現する．堆肥を施与すれば，堆肥のすべての効果が自動的に発現するというものではない．

15.7　堆肥と化学肥料

化学肥料の出現以降，養分源として化学肥料に依存する割合が高まった．その依存度が高まるに伴い，最近では化学肥料の多量施与が土壌肥沃度を，むしろ低下させるのではないかとの危惧さえ広まっている．このため，化学肥料を全く用いず，堆肥や有機物だけを利用するいわゆる有機農業に大きな期待が寄せられている．こうした有機物利用を中心とする農業には，堆肥といった植物の遺体やふん尿に由来する養分には，同じ養分でも化学肥料のような無機質形態にはない特別な活力があるとの考え方がある．

この問題に対する一つの示唆を与える試験がある．その試験は，化学肥料をこの世に送り出したローズがリービッヒのもとで化学を学んだギルバート(Sir J. H. Gilbert)とともに，1843 年，化学肥料を世に出したその年から開始し，現在もなお連綿として継続されているものである．したがって，この試験処理にある化学肥料区は，化学肥料だけで作物を栽培し続けた場所としては世界最古である．

ロザムステッド (Rothamsted) 試験場で行われているこの試験のうち 115 年間の結果が公表されている．それによれば，化学肥料区の小麦子実収量は堆肥区と大差がない(図 15.2)．すなわち，化学肥料だけであっても，その施与量が適量で

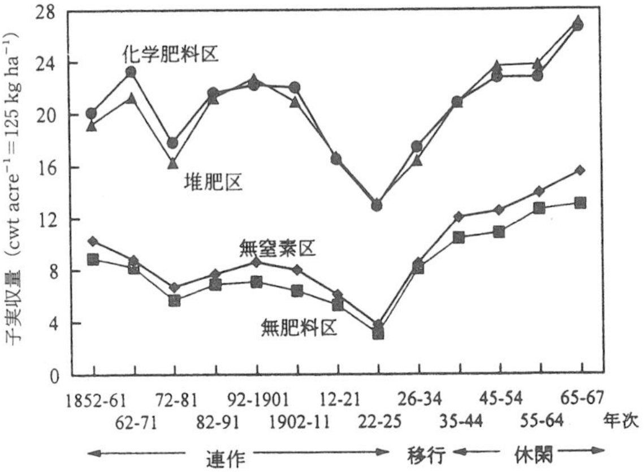

図 15.2　堆肥と作学肥料の長期連用処理区における秋播コムギ子実収量の経年変化
堆肥区：35 t ha^{-1}，化学肥料区：N-P-K-Na-Mg＝144-35-90-35-35 kg ha^{-1}，Mg は 3 年に 1 度施与．無窒素区は化学肥料区の N を除き，他は同様の養分を施与している．1925 年まではコムギの連作，1926～1934 年の期間は次の休閑システムへの移行期，1935 年以降は 1 年休閑 4 年連作で栽培．収量は各 10 年間の平均値である．
この図は Rothamsted Experimental Station Report for 1968 の H．V．Garner と G．V．Dyke のデータから筆者が作図．

表 15.2　堆肥および化学肥料の長期連用が土壌生物に与える影響 (Russell, 1973)

計測方法	無肥料区	化学肥料区	堆肥区
細菌数			
全細胞数（$10^9\ g^{-1}$）	1.6	1.6	2.9
平板法（$10^6\ g^{-1}$）	50	47	67
糸状菌数			
菌糸片数（$10^6\ g^{-1}$）	0.85	0.94	1.01
菌糸長（$m\ g^{-1}$）	38	41	47
平板法（$10^6\ g^{-1}$）	0.16	0.26	0.23
原生動物数			
全動物数（$10^3\ g^{-1}$）	17	48	72
活性動物数（$10^3\ g^{-1}$）	10	40	52

1）このデータは，ロザムステッド農試のブロードボーク圃場で堆肥あるいは化学肥料を 105 年間連用した 1948 年の 1 月 20 日から 6 月 23 日まで，月に 1 度ずつ計測した 6 回のデータの平均値である．単位：風乾土 1 g 当たりの数．
2）細菌数と糸状菌数は，P.C.T.Jones, J.E.Mollison および F.A.Skinner らによる．
3）原生動物のデータは，B.N.Singh による．

あれば，堆肥だけで小麦生産した場合と何ら変わらず，ほぼ同等の子実生産が可能であることを明確に示している。また，いずれの処理区も連作で60年経過したころから収量が低下し，この処理区に休閑を導入すると再び収量が回復している。これは連作障害が化学肥料区だけでなく堆肥区でも同じように発生し，その緩和には，堆肥や化学肥料の施与といった養分的な処理ではなく，休閑処理の方が有効であることをも示している。

また，これらの処理区の土壌生物についても調査されている（Russell, 1973）。化学肥料区と堆肥区の生物数は，堆肥区の方がわずかに多かった程度であった（表15.2）。もともと，両処理区の子実収量に大差がなかった。それゆえ，この土壌生物数における化学肥料区と堆肥区のわずかな差異は，当然，収量に反映するほどの違いではない。もちろん，化学肥料だけを施与し続けると土壌生物が生息しなくなるという危惧が，杞憂にすぎないことも明らかである。

わが国でも堆肥連用試験が，全国で数カ所，水田において30年間以上実施された。それらの結果でも，堆肥が化学肥料とは異なる特別な効果を示したということは認められていない。堆肥と化学肥料の併用効果にも相乗作用はなく，相加的効果として理解すべきものであった。

自然界のさまざまな現象すべてが，科学的に完全に解明されているとはいえない。それゆえ，堆肥などの有機質肥料に現時点で予期できない新しい効能がある可能性がなくはない。しかし，すでに述べたように，現段階では有機物であれ化学肥料であれ，施与量が適切な範囲であれば，作物生産に対する養分としての効果に特別な差異は存在しない。堆肥と化学肥料は，両者の肥効発現様式の違いを利用して，作物の生育に伴う養分要求に見合うように用いるべきで，どちらが良いかというように二者択一視すべきものではない。

15.8　耕地の作物生産力と収量規制要因

冒頭で述べたように，耕地の作物生産力はさまざまな要因によって規制されており，土壌肥沃度だけが耕地の作物生産力を決めているのではない。しかも，その生産力を規制する要因は，ある要因が解消されると，別の要因が新たに規制要因として浮かび上がるというように変動するものである。それゆえ，耕地の作物生産力を高めるためには，その時点で何が収量を規制しているかをいち早く的確に見出すことがとくに重要である。耕地の作物生産力におよぼす土壌肥沃度の影響は，過大評価も過小評価もしてはならない。　〔松 中 照 夫〕

16. 水田土壌

16.1 水田土壌の特徴と生産力

水田は日本では約280万haで耕地面積の約半分を占め，また世界全体では耕地面積の1割程度であるが，モンスーンアジア地域を中心に約1億5千万haに広がり，地球総人口の1/3以上の食糧となるコメを生産する場になっている．この面積は20世紀にほぼ倍増し，今後も人口増加に対応すべく拡大または高度利用が求められている．水田土壌は概して低湿地に分布し，稲作期間あるいは通年湛水され嫌気的な土壌環境にあるため，物質代謝や管理方法が畑土壌や他の好気的土壌と大きく異なっており，養分供給力も一般に畑土壌より大きいことが知られている．たとえば，肥料三要素試験において稲と麦などの畑作物を比べると，無肥料区や無窒素区でも稲収量が比較的高いことがわかる（図16.1）．

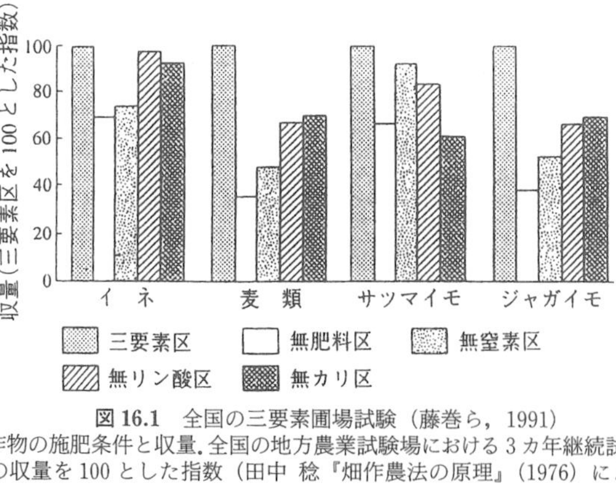

図16.1 全国の三要素圃場試験（藤巻ら，1991）
イネと畑作物の施肥条件と収量．全国の地方農業試験場における3カ年継続試験成績の平均．
三要素区の収量を100とした指数（田中 稔『畑作農法の原理』（1976）による）．

a. 水稲の特性と水田土壌

水田土壌は，稲作期間の大部分は湛水されるため大気と遮断され嫌気的状態になり，第8章に述べたような還元的な性質を示す．こうした環境に適応した水稲はほかの沼沢植物と類似した特異的な組織をもち(図16.2)，根にも酸素が十分に供給され呼吸できる構造になっている．同時にこの組織は，土壌中で生成されたメタンの大気への主な通り道にもなっている．

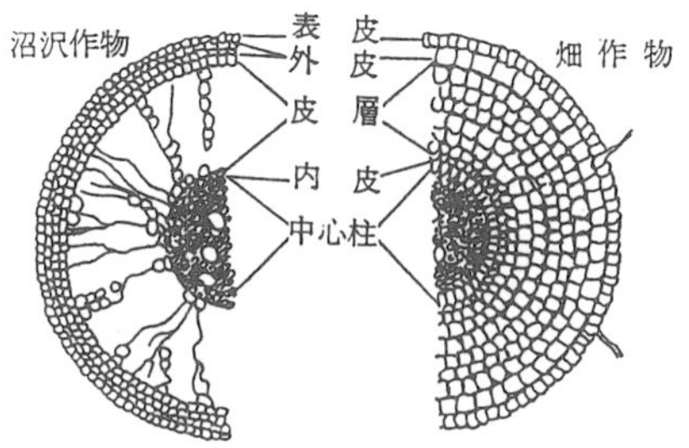

図 16.2　沼沢作物（稲）と畑作物（麦）の根の構造の比較（横断面模形図）（山崎，1977）

b．水田土壌の還元的性質

水田土壌では還元状態が発達するため，畑土壌より天然養分供給力が大きく，また以下のような種々の機能を有していることから，稲作は畑作などに比べて持続的農業であるといえる．

1）嫌気的環境であるため有機物の分解が抑制され，土壌有機物量が多い．
2）土壌窒素の供給が大きく（図 16.1），生成されたアンモニア態窒素が硝化反応を受けず，粘土鉱物に吸着保持されるため安定で溶脱されにくい．
3）田面水中や根圏に窒素固定生物が多く，空中窒素固定量が多い．
4）畑状態で不溶態であったリン酸鉄化合物が，湛水後の鉄還元に伴い溶解しリン酸が可給態化する．
5）灌漑水中に溶存するカリウム・ケイ酸など無機養分が有効に利用される．
6）余剰の流入窒素は効率よく脱窒され，水質浄化が期待される（16.5 節）．
7）酸性土壌やアルカリ土壌も湛水後，次第に土壌 pH が中性化する．
8）嫌気的環境で病原糸状菌や線虫が死滅し，連作障害が起こらない．
9）雑草は移植された水稲より劣勢となり，湛水環境で生育が抑制される．
10）湛水と畔によって洪水や土壌浸食が防止され，寒冷地では冷害も軽減できる．

その反面，有機物分解の中間産物である有機酸や硫酸還元反応で生ずる硫化水素は，水稲に有害である．また有機物分解の嫌気的分解の最終産物であるメタンが温室効果ガスであるため，ほかの自然湿地等とともに地球温暖化の原因となる．ただし，自然湿地とは異なり水田は人為生態系であるため，メタンの放出を抑制する対策を立てやすい（第 23 章参照）．

c．地力窒素の発現と施肥

水田土壌でとくに重要な地力窒素の発現は，土壌有機物が湛水状態で無機化する過程として理解できる．土壌中の窒素は大部分がタンパク態など難分解性有機態窒素であるが，温度・水分・微生物の条件が整うと，アミノ酸を経てアンモニ

ア態窒素 (NH_4^+-N) にまで分解される (窒素の無機化). 無機化窒素量が多いほど「地力窒素が多い」といわれ, 施肥窒素量を調節する必要がある. 過剰な窒素を供給すると稲が倒伏したり, 食味が低下するばかりでなく, 環境保全の立場からも好ましくない. 地力窒素の定量化については, 戦中戦後の食糧増産の時代から現在まで多くの検討が続けられている.

1) 乾土効果　水田土壌を風乾したのち湛水培養すると, 湿潤状態のまま培養するより多くの窒素が無機化する. この差を「乾土効果」といい, 易分解性有機態窒素の定量的指標として戦前から全国で連絡試験が行われ, 水稲収量と高い相関関係があることが見出された. また密閉系での 30°C 4 週間の風乾土培養によるアンモニア生成量の比較結果により, 長期肥料連用試験における有機物の集積効果の規則性が明らかになった(図 16.3). この指標は潜在的地力窒素の比較には有効だが, 稲作期間中の窒素無機化過程を詳細には表現できない.

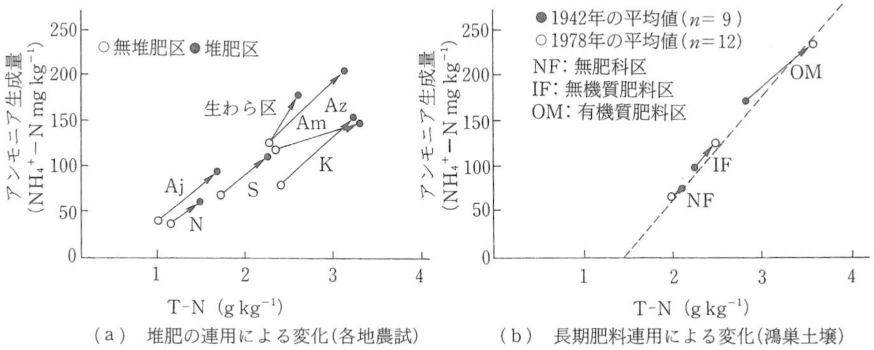

図 16.3　水田土壌の有機態窒素含量の変化(和田ら, 1981)
記号は土壌名を表す. Am：青森, Az：会津, N：長野, K：鴻巣, Aj：安城, S：静岡.
矢印は堆肥施用の効果を表す. ベクトルの勾配が易分解性有機物量の変化と全土壌有機物量の変化の比に相当している.

2) 有効積算温度による窒素無機化量の推定　培養時の窒素無機化量 Y が 15°C以上の温度増加割合とほぼ比例することから, 日々変動する地温から 15°Cを引き稲作期間中の日数で積算すると以下の関係が見出された.

$$N=k[(T-15)\cdot D]^n \qquad (16.1)$$

ただし, k は土壌ごとに異なる定数, T は地温, D は日数, n は無機化パターンを示す次数である. 実際には, 水田土壌を湿潤状態のまま 30°Cで密閉培養し, 2〜10

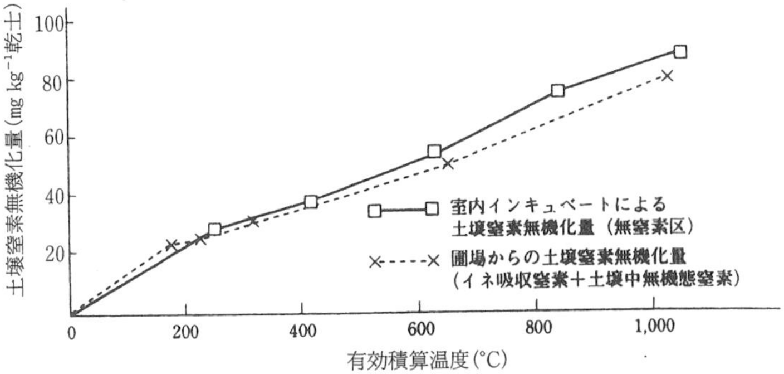

図 16.4　積算温度と土壌窒素無機化量(千葉農試，1985)

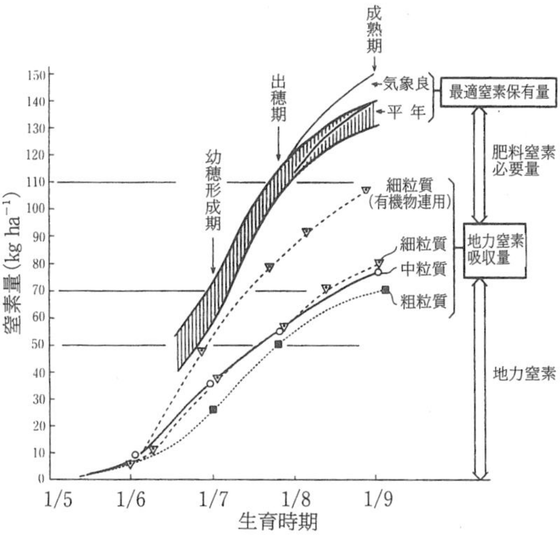

図 16.5　イネの最適窒素吸収量と地力窒素無機化量の推移(深山(1988)一部改変)
移植から幼穂形成期までのイネの最適窒素吸収量と地力窒素無機化量との差から元肥窒素量が計算できる．同様に，幼穂形成期から出穂期までの差から穂肥窒素量が，出穂期から成熟期までの差から実肥窒素量が計算できる．

週間後に順次，NH_4^+-N を土壌から抽出し定量する．これを 16.1 式に代入し，窒素の無機化パターンを描く．これと圃場の地温変化をもとに地力窒素の放出量を推定する．有効積算温度の考え方は作物生育や生物反応に広く認められ（たとえば桜の開花予想など)，土壌のパラメータ k や n を決めれば圃場の窒素無機化量をその年の推定時までの地温測定結果から決められる(図 16.4)．稲の目標収量に必要な時期別窒素必要量から地力窒素量を差し引いた分を施肥すればよい(図 16.5)．

3)　反応速度論的地力窒素の推定　　有効積算温度による推定をさらに普遍化・

精密化したのが反応速度論的解析で，土壌の無機化パターンを次式で表すものである．

$$N = No[1 - \exp(-k \cdot t)] \tag{16.2}$$

ここで，N：窒素無機化量，No：無機化可能な最大窒素量（無機化ポテンシャル），k：反応速度定数，t：時間（日数）をそれぞれ表す．No と k は土壌ごとに異なる定数であるが，土壌の全窒素量が多いほど No は大きくなり，粘土含量が多いほど k は小さくなる関係がある．この式は基本的には酵素１次反応式と同じもので，土壌中の窒素無機化反応が土壌微生物によって進んでいることを示しており，湿潤土壌の一定温度の培養試験では実際の無機化量を比較的良く表現できる．しかし，土壌を風乾したり，有機物を施用した土壌ではこの式（単純型）と合わない場合があり，前者では 16.2 式を２つ合わせたような単純並行型とよばれる，

$$N = Noq[1 - \exp(-kq \cdot t)] + Nos[1 - \exp(-ks \cdot t)] \tag{16.3}$$

が適合する．この式で，q のついた定数は乾土効果に相当する分解の早い窒素部分，s のついた定数はゆっくり無機化する窒素部分についてのものである．一方，C/N 比の低い有機物を土壌へ添加した場合には，土壌微生物による有機化が起こり，無機化と有機化とが同時に起こる有機化無機化並行型と呼ばれるパターンを示す（図 16.6）．

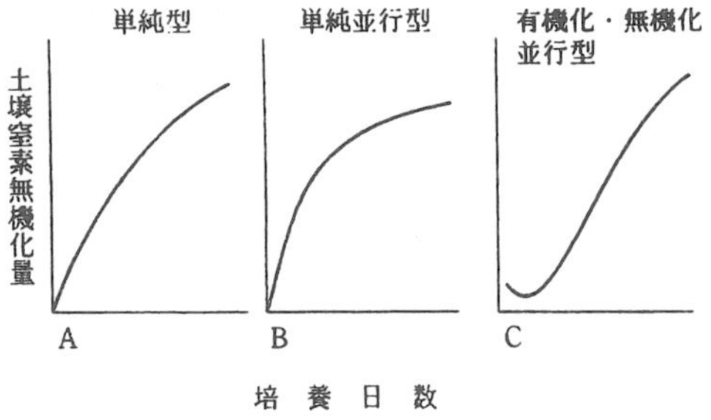

図 16.6 土壌窒素無機化のいつくかのパターン

C/N 比の異なる有機物を施用した場合の有機化窒素の長期的な放出パターンが図 16.7 のように推定できる．

さらに温度の異なる培養試験で得られた反応速度 k は，アーレニウスの関係式，

$$k = A \cdot \exp\left(-\frac{Ea}{RT}\right) \tag{16.4}$$

A：定数，Ea：見かけの活性化エネルギー，R：気体定数，T：絶対温度

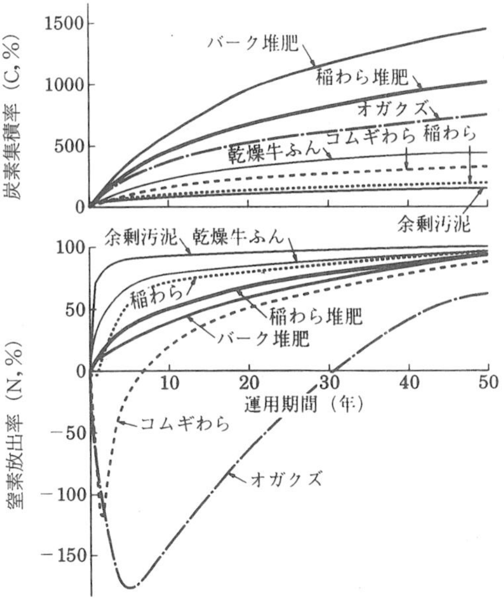

図 16.7　有機物連用の場合の炭素の集積率，毎年の窒素放出率の内田の式による予測値（1 年間に添加される量を 100 とした場合）（志賀，1984）

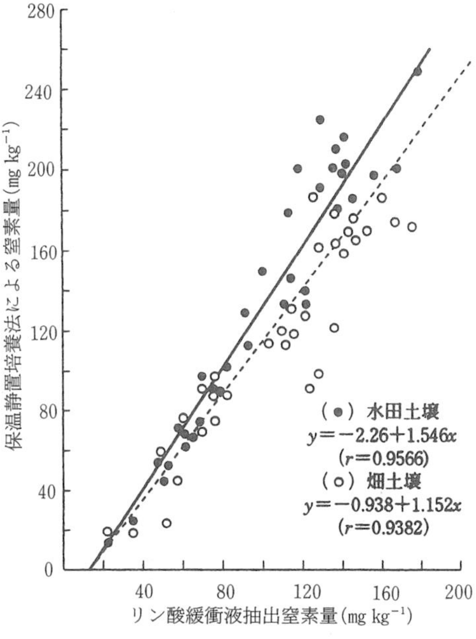

図 16.8　リン酸緩衝液抽出窒素量と保温静置培養法による窒素量との関係（小川ら，1992）

で重ね合わせることができる．これによって実際の圃場温度での地力窒素の発現量が，より正確に推定できるようになった．また施肥窒素も，時期別に地力窒素の不足分を地温に応じて供給できる肥効調節型肥料が普及している．

4） リン酸緩衝液抽出による地力窒素の評価　培養によらずに地力窒素を推定する迅速法で，図 16.8 のように培養による無機化窒素量と相関が高いことを利用している．リン酸緩衝液で抽出される窒素の主成分は微生物菌体由来のタンパク質で，その吸光度を測定し窒素量を推定する簡便な方法である．

d. 水田土壌の土層

水田は湛水するため特異的な構造基盤が必要になる．まず畔を作り，灌漑水路を整備して水を導き湛える．余剰の灌漑水は排水され，下流の水田で利用される．土壌中には深さ 10～15 cm 付近に「すき床層」と呼ばれる硬くち密な耕盤があり透水を制限している．すき床層までの土層を作土層といい，根の発達で有機物量が多く柔軟な構造をもつ．作土層を湛水期間中にさらに詳細に観察すると，表層数 mm～1 cm とそれ以下の次表層が酸化層と還元層にそれぞれ分化する（第 8 章参照）．還元層はグライ層とも呼ばれ 2 価鉄イオンに由来する青灰色をしている．

e. 水田土壌における溶脱と集積

作土やすき床層に存在する鉄やマンガンは，湛水前には酸化鉄や 4 価マンガンの形態であり不溶態で移動されにくいが，湛水後には還元され 2 価鉄や 2 価マンガンとなり，浸透水に溶解して降下する（溶脱）．すき床層以深の下層土が酸化的環境の場合には，そこで 2 価鉄や 2 価マンガンが再び酸化され酸化鉄や 4 価マンガンに変化し土壌に沈殿集積するため，褐色系の鉄の斑紋や黒色系のマンガンに由来する結核と呼ばれる特徴的な形態が層状に発達する．斑紋は，土壌の亀裂面にそって膜状にみられる膜状斑，植物の根の跡にできる糸根状斑や管状斑など形態によって区別される．鉄とマンガンでは，溶脱を促す酸化還元電位が異なるため，集積層は一般に鉄よりマンガンで深い位置になる．

f. 湿田・乾田と多様な稲

地下水位が周年高く冬季も土壌が乾燥しない湿田と，地下水位が冬季は下がり土壌乾燥が進む乾田がある．グライ層の深さは乾田では 80 cm 以下であるのに対して，湿田では 30 cm 以内で，その中間にある場合は半湿田と呼ばれる．上述の鉄やマンガンの移動は乾田で，より明確に認められる．湿田・乾田の区別は次に述べる土壌タイプとも密接に関連するが，後述の基盤整備事業などで変化する場合もある．

一方，灌漑水が十分確保できない地域では雨水のみによる天水田も残っている．また畑状態で栽培する陸稲(upland rice)もわずかながら見られるが，生産性は低い．さらに，東南アジアでは雨季の河川の増水に応じて，茎が1m以上に伸張する深稲(deep-water rice)も栽培されており，船から穂刈りで収穫される．

g．さまざまな水田土壌とその特徴および国内分布(図16.9)

1）泥炭土，黒泥土　地下水位が最も地表に近く，河川の河口付近や後背湿地に発達する湿田型水田土壌タイプで，有機物含量が高く酸性障害を起こしやすい．有機物含量が2/3以上の場合，泥炭土でそれ以下の場合，黒泥土という．わが国では北海道に広く分布していたが，作土層は客土により改良されている．

2）グライ低地土　地下水位が50cm前後にグライ層が観察され，周年還元的な環境に広がり，わが国水田面積の約3割を占める．湿田型で北海道から東北，関東，北陸にかけて主に分布する．異常還元やアンモニア過剰などの問題を生じることがある．

3）灰色低地土　地下水位が50cm以下で東海から九州地方の平野部や扇状地扇端部に広がり，わが国水田では約4割を占める．乾田型で生産性は高い．これに類似した低地水田土は灌漑水の影響で湿性を呈し，鉄集積層または地表50cm以深まで及ぶ灰色化層がある．

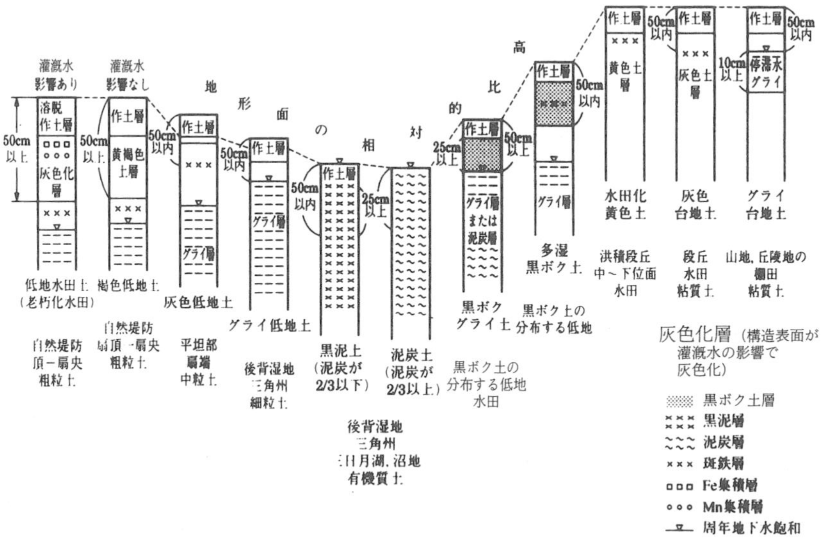

図16.9 低地の地形と水田土壌の分布と形態的特徴(若月，1997)
農耕地土壌分類第3次改訂版(1995)より若月作図．

4)　褐色低地土　　東海から九州地方の自然堤防や扇状地上に分布し，鉄やマンガンの移動集積が顕著である．溶脱が激しい場合，後述のような老朽化水田となる．乾田型で約５％分布する．

5)　黒ボクグライ土，多湿黒ボク土　　火山灰由来の黒ボク土を母材とする水田土壌で，地下水位が高い場合は黒ボクグライ土となり，面積では２％程度だが異常還元の問題を生じやすい．約１割分布する多湿黒ボク土では養分欠乏が起こりやすい．

6)　黄色土　　西日本の洪積段丘上にみられる．表土は薄いが生産性は比較的高い．乾田型で約５％分布する．

h.　水稲の生育過程と土壌管理

「米を作るには八十八回も手がかかる」といわれるが，実際，播種・苗つくりから収穫までさまざまな農作業が必要である（図 16.10）．圃場では春先まず畔ぬりで畦畔浸透を抑制し，耕起・代かきによって表層の均平化と下方浸透の抑制を図る．その後，浅水にして田植えをし，水稲生育に合わせて湛水深を深めていく．

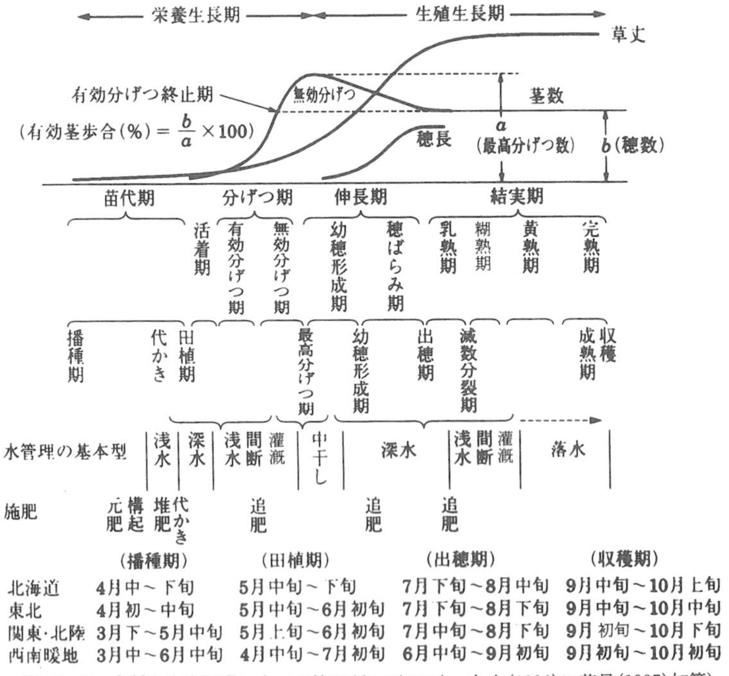

図 16.10　水稲の生育経過と水田の管理（和田(1984)，丸山(1986)に若月(1997)加筆）

分げつ期には浅水にして茎数を確保する．盛夏には一週間前後，灌漑水を遮断し土壌表面に亀裂が入る程度まで乾燥させ(中干し)，土壌を酸化的にして異常還元を回避するとともに硫化物や有機酸などの有害物質を分解させる．これはメタンの放出抑制にも効果的である．その後，再び間断灌漑と深水をくり返す．そして収穫前には灌漑を完全に止め(落水)，収穫機の導入に備える．このように綿密な水管理は，水稲の健全な育成と肥料効率の向上につながる．

i. 食味の向上と土壌

近年はわが国の食生活の向上に伴い，おいしいものを食べる傾向がますます強まっている．主食の米とて例外でなく，食味の向上は大きな課題である．

米の食味は従来からの官能食味試験による評価と食味に影響を及ぼす成分量による評価に大別される．このうち，後者は栽培・土壌条件によって大きく変化するが，とくに玄米中の粗タンパク含有率が８％を超えると味や粘りが劣ることが明らかにされている．

粗タンパク含有率は窒素と関連しており，①より多い基肥窒素量，②追肥，とくに実肥の施用，③稲わらのような後効きする有機物の施用，④泥炭土・黒泥土のような有機質湿田土壌，などで高くなる．

16.2　不良水田土壌とその改良

a. 高位収穫田の条件

多収穫水田の特長としては，天然養分供給の十分な立地条件，非湛水期には十分土壌が乾燥する，作土層が厚い，粘土含量が高い，有機物施用量が多い，などである．土壌条件のほか，品種・栽培管理・水管理・肥培管理なども重要である．逆に水田の生産性を制限する主な土壌要因としては「強還元性」や「養分の不足」が挙げられる．

b. 老朽化水田とその対策

砂礫質の作土層から鉄分や塩基・ケイ酸成分が著しく溶脱し，異常還元によって硫化水素が発生しやすくなった水田を老朽化水田と呼ぶ．水稲生育が後期に「秋落ち」する現象が瀬戸内地方の老朽化水田で多発した．これに対して，含鉄資材や山土の客土，含硫肥料の施用中止，溶脱成分を含む下層土を作土と混和する深耕，中干しなどの対策が有効である．

c. 湿田と排水

湿田は，老朽化水田とは逆に排水性が悪く周年湛水状態にあるため，土壌は還元的であり有機酸や硫化水素が集積し，水稲は根ぐされを起こしやすくなっている。有機物は多く含まれているが，乾土効果が発現しにくいので初期生育は悪い。また重粘であるため機械導入が困難である。しかし基盤整備事業による土地改良で排水され乾田化されると，当初はむしろ窒素過多になりがちであるが，その後有機物の急速な分解が進む。

d. 干拓地水田と硫酸酸性

干拓地土壌には当初，海水由来の塩分が多量に含まれるので塩害を生じやすい。雨水などによって除塩が進むと，貝殻や溶脱速度の違いによってアルカリ化する。さらに土壌表面が乾燥化すると硫化物やパイライト（FeS_2）の酸化が化学的ないし微生物的に進行し，硫酸イオンが生成される（硫酸酸性土壌の発現）。これに対して，潅漑水によって硫酸イオンを洗い流した後，大量の石灰資材を投入して中和するか，乾燥させずに湛水状態を維持するなどの対策が必要である。干拓地以外でも第三紀層の泥岩など軟岩地域で大規模農地開発や道路工事の際，岩石中のパイライトが酸化され硫酸酸性を呈することが報告されている。

16.3　水田の高度利用

a. 高度利用の形態

水田の高度利用として古くから行われたのは排水の良い水田（乾田）での冬期の裏作である。裏作には主としてコムギあるいはオオムギが作られてきたが，表作水稲の作期の前進による競合やムギ類の輸入などの理由によって作付面積は大幅に減少している。

一方で，水稲の生産過剰が続くなか，水田を畑転換して，水稲以外の作物すなわち国内自給率の低い麦，ダイズなどの畑作物や飼料作物のほか野菜，果樹などが栽培されている。この場合，果樹のような永年生作物の栽培では半永久的に畑転換されるものと，ある一定の年数は畑地とし再び水田に戻すことをくり返すものとに分かれる。後者を田畑輪換と呼び，畑状態の時を輪換畑という。なお，水田の高度利用に関してしばしば使われる汎用化水田とは水田としても畑としても利用できるような土地基盤条件，とくに用排水機能を備えた水田をいう。

このように水田の高度利用の形態はいくつかあるが，通常水田の高度利用といえば田畑輪換をさす。そこで，この項では田畑輪換を中心に記述する。

b. 高度利用のための土壌改良対策

水田に畑作物を栽培するときに最も重要なのは土壌中の空気率を高めることで

あり，多くの畑作物では20％以上の空気率を必要としている（第10章：表10.2参照）．また，土性別に20％以上の空気率を満足させるための地下水位は重粘な埴土を除いて20〜30 cmである．これに畑作物の必要根群域の深さを加えたものが輪換畑の地下水面までの必要深となる．一般には根群域の深さを30 cmとして，50〜60 cm以上が必要である．そのために以下のような対策が行われる．

表 16.1 土性別の必要空気率を満足しうる地下水位*1（三好，1972）

空気率	砂土	砂壌土	壌土	埴壌土	埴土	埴土*2
15％	20	30	20	20	100以上	20
20％	20	30	30	30	100以上	60

*1：水田の形態をもつ土壌において上記空気率を確保できる平均的地下水位．
*2：畑の形態をもつ埴土の場合．

表 16.2 主な水田土壌の地下水位

土壌群	点数	地下水位（cm）
泥炭土	46	38±26
黒泥土	25	42±16
黒ボクグライ土	32	40±15
グライ低地土	96	52±16
灰色低地土	16	78±16

1）落水期における地下水位．
2）千葉農試（1973）を一部改変．

1）地下水排水　グライ低地土のような地下水が高い水田に畑作物を栽培する場合（表16.2），根圏土壌の空気率を確保するためには地下水を排除する必要がある．最も効果があるのは暗渠の設置であり，補助的に弾丸暗渠や明渠などがつけられる．また，粘土含量の多い土壌ほど同じ地下水位であっても作土における空気率は小さく，畑作物の栽培が困難である（図16.11）．これは粘土含量の多い土壌ほど粗孔隙量が少ないためである．このような土壌では明渠によって土層内に亀裂を作った後，暗渠を密に設けて排水を図るようにする．

2）表面水排除　降雨後はすみやかに表面水が排除されて，土壌の空気率が回復するように，明渠の掘削や高畦栽培などを行うようにする．

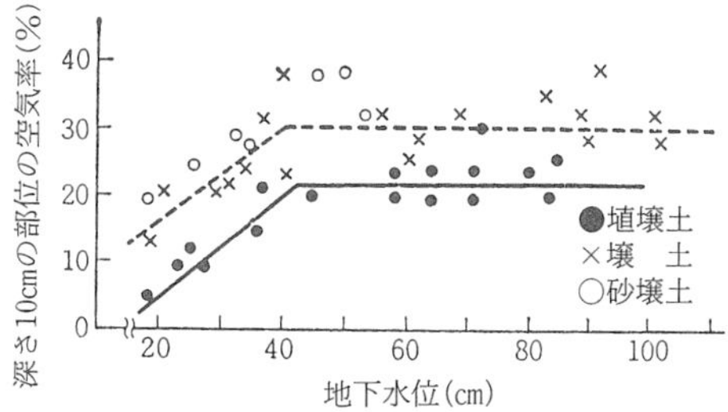

図 16.11 土壌別の地下水位と空気率の関係（石川ら，1973）

3）　透水性の向上　　排水促進のためには土壌の透水性を高める必要がある．そのためには明渠を設けて地表からの亀裂を暗渠につなげたり，もみがらなどの疎水材を詰めた弾丸暗渠を施工するのが効果的である．すき床層など硬い層がある場合は心土破砕を行うが，破砕が強すぎると水田に復元したときに漏水過多となる．

4）　畑転換の集団化　　グライ低地土や泥炭土，黒泥土のように地下水位が高い水田では一筆単位の畑転換は周囲の水田の影響を受けるので困難である．基本的には図16.12に示したように農区あるいは團区ごとに畑転換を図ることが重要である．

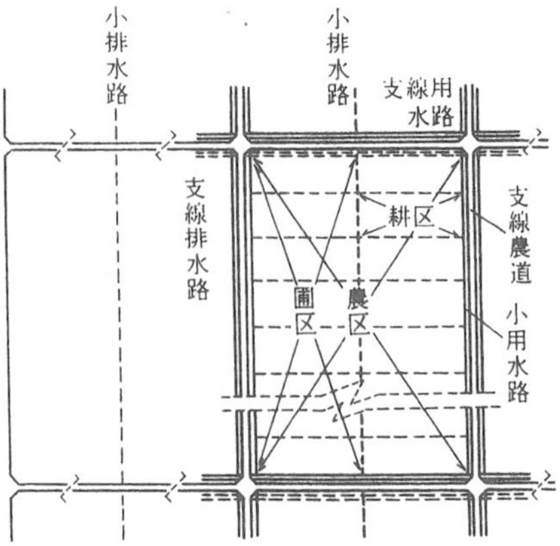

図16.12　農区・團区・耕区の関係（農水省（1978）を一部省略）

5）　砕土性の増大　　粘質水田の土壌は乾燥すると固化して，砕土性が悪くなる．有機物増施，牧草や緑肥作物の導入などによって砕土性を高めるようにする．

c.　田畑輪換による土壌の変化

1）　水田からの畑転換　　物理的には，畑状態になると土壌の乾燥・酸化が進んで，土壌は団粒化し，粗孔隙量が増大して通気性や透水性が増す．また，土壌が膨軟となり，耕うん・砕土作業が容易となる．化学的には，土壌は酸性化し，有機物の分解が進み，1〜2年は土壌窒素の無機化量が増すが，その後は年々減少する．また，石灰，苦土などの塩基類は施肥に伴う酸根（硫酸根，硝酸根など）と共に下層へ流亡したり，畑作物の吸収によって減少しやすくなる．そのほかに図16.13に示す変化が明らかにされている．

2）　輪換畑から水田への復元　　物理的には下層まで空気が入り込み，土壌の空気率が高まり透水性が増大しているので，作物の根域が増加する．化学的には，畑期間での乾燥により下層土からの窒素供給が見込める．

d.　田畑輪換と作物の生育

1）　畑作物の生育　　輪換畑における畑作物の生育収量は，普通畑に比べて埴土のような重粘土壌では輪換初年目から劣るが，そのほかの土壌では良好な場合が多い．作物別ではエダマメ，キュウリなどは良く，結球葉菜類，根菜類，イモ

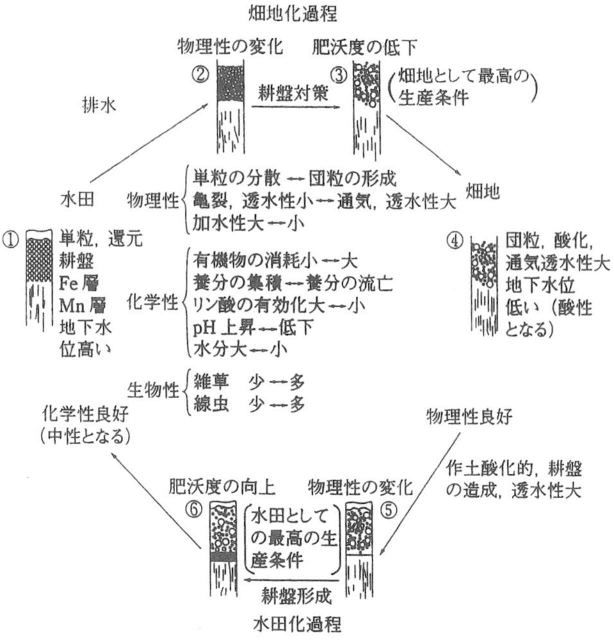

図 16.13　田畑輪換における土壌の変化（鎌田ら，1974）

類は劣るようである．畑作物の生育は輪換年数が長くなるにつれて，主に c.1)項の土壌の化学性の低下や，病原菌，線虫などの有害生物の増加などによって悪くなる．

2）水稲の生育　c.2)項の土壌変化から，水稲は根域を広げて養分を吸収するとともに作土のみならず下層土からも窒素を吸収するので，通常窒素の減肥が必要である．とくに土壌窒素富化量が大きい牧草やダイズ，施肥量が多い野菜の後では耐肥性品種を用い，輪換初年目は全量～70 %減肥，2 年目は 60～30 %減肥とし，3 年目で慣行施肥に戻すようにする．その他の作物でも初年目 20～10 %程度の減肥を行う．ただし，ムギ類が前作物の場合は通常の施肥量とする．また，水田復元にあたって作物残渣をすき込む場合は秋のうちに行い，水稲栽培時における土壌の強還元化を防ぐようにする．

16.4　水田の基盤整備および機械化と土壌

a．大区画水田の基盤整備

従来，水田では 0.3 ha 規模の基盤整備（区画整理，用排水施設や農道の整備）

がなされてきたが，近年は基盤整備技術の高度化や農業機械の開発によって，さらに 0.5〜1.0 ha 規模の大区画水田の基盤整備が行われるようになった。この目的は低コストで省力的な稲作を行い，競争力を高めて農家の安定経営を図ることにある。表 16.3 に示したように大区画水田では労働時間および生産費ともに従来水

表 16.3　大区画水田と従来水田における労働時間，生産費，水稲収量の比較（千葉県農林部，1997）

圃場の種類	栽培方法	労働時間 (hr)	生産費 (千円)	収　量 ($t\ ha^{-1}$)
大区画水田A	乾田直播	9.5(26)	108(64)	4.99(101)
	移植	12.4(34)	90(54)	4.86 (98)
大区画水田B	移植	14.7(40)	120(71)	5.43(110)
従来水田	移植	36.5(100)	168(100)	4.94(100)

1）1996 年度実績.
2）生産費には支払利子・地代を含む.
3）大区画水田は 1 ha 規模. 従来水田は県平均値を記載.

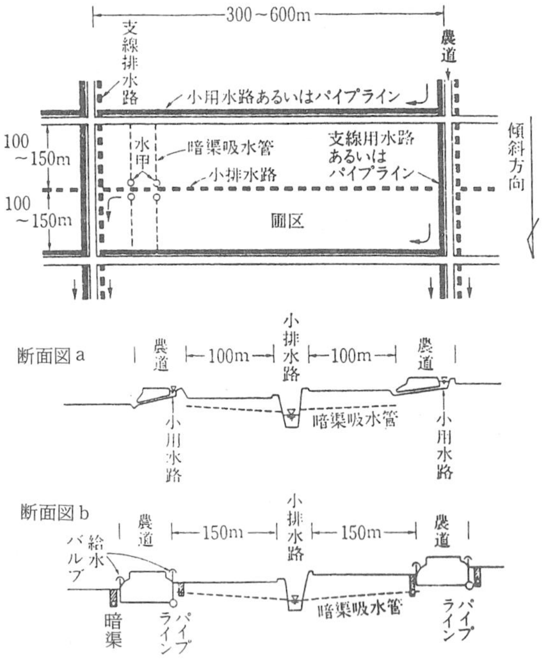

図 16.14　大区画圃場の区画・形状と断面図(宮崎，1989)

田を大幅に下回っている．

大区画水田を造成するためには，①地形が平坦であること，②圃場の排水性が良好なこと，が要件である．大区画水田の区画・形状は図 16.14 に示したとおりで，圃区の短辺が 100～150 m，長辺 300～600 m が原則となる．この圃区のなかに地形や土壌条件を加味して最低 0.5 ha 以上の耕区をとる．

b. 下層土の性質と表土処理

土壌条件を無視して基盤整備を行ったために，栽培を行う段階になって耕起，砕土，用排水管理，施肥などの面で問題が起こる場合が多々みられる．たとえば下層土の透水係数が 10^{-4}cm s^{-1} より大きければ潅漑水が耕区全体に広がらず，水尻付近が水不足となる．一方，10^{-5}cm s^{-1} より小さければ十分な排水対策が必要となる．また，切り土によって下層にあった礫層や黒泥・泥炭層が浅くから出現する場合は根群域が狭くなり，水稲の生育に支障をきたす．

切り土・盛り土を伴う基盤整備では肥沃な表土を 15 cm 程度はぎ取り，下層土を整地した後に再びもとに戻す処理を行うことがある．これを表土処理という．水稲生育の面からみれば表土処理は好ましいが，その経費は全体の 50 %前後にもなるので，表 16.4 のような条件の場合には省略も可能である．

表 16.4 表土処理省略のための下層土の適正範囲（滝島，1966）

判定因子	構成因子	適性範囲
有効土層の深さ*1	—	50 cm 以上*2
土性	最も微細な土性	細～中
砂礫含量	最高の粗砂，礫合計量	50 %（重量）以下
ち密度	最高ち密度	中～疎，硬度 22（湿潤）ないし 27（乾燥）以下
酸化還元性*1	アンモニア態窒素の風乾土生成量	中～少，N 20 mg 以下*3
	グライ化度	弱～中
	遊離鉄含量	多～中，Fe_2O_3 0.8 %以上*3
自然肥沃度*1	保肥力	大～中，CEC 6 meq 以上*3
	固定力	中～ごく小，リン酸吸収係数 2000 以下
養分の豊否	可給態窒素含量	中～少，N 3～20 mg*3
	可給態リン酸含量	多～中，P_2O_5 2 mg 以上*3
	可給態ケイ酸含量	多～中，SiO_2 5 mg 以上*3
	易還元性マンガン含量	MnO 2.5～50 mg*3

*1：水田土壌生産力可能性分級で採用している基準項目．
*2：ただし，切土の深さが 50 cm 以上のときはその深さ以上とする．
*3：乾土 100 g 当たり．

c. 水田の機械化と土壌

水田における機械化が効率良く行われるには，区画の大きさとともに圃場の土壌条件が関係する．大型機械の走行可能性の基準として，表 16.5 が示されている．

表 16.5 トラクタ作業の走行可能性の基準（農林水産技術会議（1969）から抜粋）

	作業不可能範囲						作業可能範囲						作業容易範囲					
	ホイール型					クローラ型	ホイール型					クローラ型	ホイール型					クローラ型
	タイヤ			ガードル付き	ハーフトラック		タイヤ			ガードル付き	ハーフトラック		タイヤ			ガードル付き	ハーフトラック	
	自走	ロータリ耕	プラウ耕	自走			自走	ロータリ耕	プラウ耕	自走			自走	ロータリ耕	プラウ耕	自走		
走行部沈下量	12 cm 以上		10 cm 以上	12 cm 以上			3～12 cm		3～10 cm	—			3 cm 以下					
土壌の貫入抵抗値 (kg cm⁻²)	2.5 以下		4.0 以下	2.0 以下		1.5 以下	2.5～5.0		4.0～6.5	2.0～3.5	2.0～2.5	1.5～3.0	5.0 以上		6.5 以上	3.5 以上	2.5 以上	3.0 以上

走行部沈下量はタイヤのラグ基部を基準とする．

表 16.6 水田の機械化が土壌に及ぼす影響（久津那（1975）から抜粋）

機械化稲作の関連問題		土壌全般への影響
基盤整備		土壌構造の破壊（圧密，こねまわし） 圃場内各部土壌の理化学性の不均質化 透水性の変化→透水不良→漸次回復 田表面の不均平（工事後約2年まで） 水管理の改良（用排水分離など）
栽培の機械化	乾田直播栽培	不耕起，不代かきの理学性への影響（透水性の増大，団粒の変化など） 整地の精度向上 大型機使用頻度の増大→圧密 農薬多量使用→生物微生物相の変化 コンバイン導入→わらの処理

機械化稲作の関連問題		土壌全般への影響
栽培の機械化	湛水直播栽培	代かき精度の向上→作業工程の増加 農薬多量施用→生物，微生物相の変化 コンバイン導入→わらの処理
	機械田植栽培	上に同じ
土地利用の高度化		水利用の変化による土壌理化学性の変化 ローテーションの影響
施設化		塩類蓄積（ハウス） いや地 作付け作物の影響 廃棄物の処理（ライスセンター，畜舎など）
機械による資材多投		資材の分解能と作物や農作業への影響 資材の蓄積効果 土壌改良剤の影響

これによれば，ホイール型トラクタの自走で作業が容易なときの土壌貫入抵抗値は 5 kg cm^{-2}以上，作業が不可能な場合は 2.5 kg cm^{-2}以下である．

近年は手間のかかる育苗作業がなく，整地，施肥，播種作業から収穫までを一貫して大型機械で行える直播栽培が増加している．直播栽培も水管理が容易な水田では乾田直播が，それ以外の水田では湛水直播が行われている．

また，大区画水田では田面の均平が要求されるが，トラクターで耕起後，レーザー制御レベラーで均平化を図ることで，田面の高低差が±2.5 cm 以内となる技術が確立している．以上のような水田の機械化が土壌に及ぼす影響は大きいもの

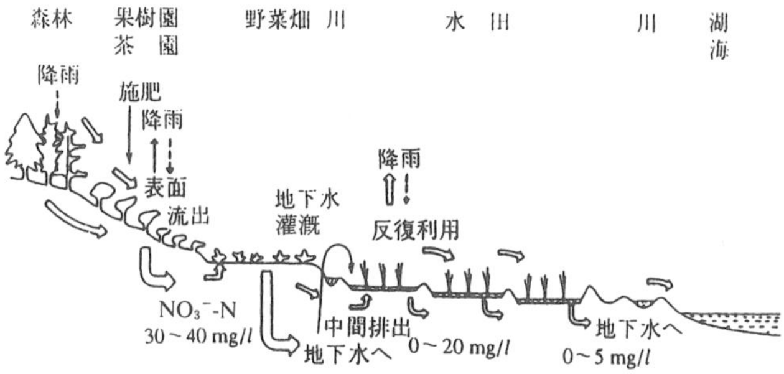

（a）農地における物質の流れ

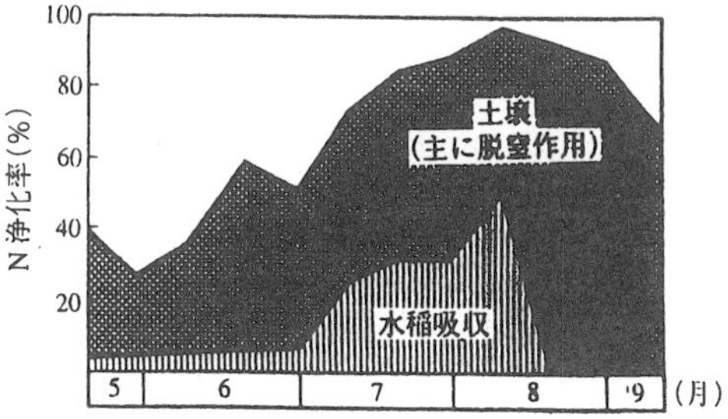

（b）水田における灌漑水中の窒素（NO_3^--N）浄化機能

図 16.15　畑と水田の地形連鎖を利用する水質浄化法
（小川，1992；糟谷・小竹（1995）に若月（1997）加筆）

がある．それを簡潔にまとめたのが表 16.6 である．

16.5　水田土壌と地域環境

水田には脱窒作用があり（第 8 章参照），化学肥料が貴重な時代は施肥窒素の損失としてマイナス面から評価されてきた．ところが現代農業における施肥窒素の増加は，水圏の富栄養化や地下水の硝酸汚染，大気圏への亜酸化窒素放出など地球温暖化やオゾン層破壊を加速させる危険性をはらんでいる（第 22，23 章参照）．そこで水田の脱窒作用も，図 16.15 のような地形連鎖の一部として環境浄化から評価されるようになった．水田より上流部の茶園や野菜畑で余剰になった窒素を水田に灌漑導入すれば，水稲吸収と合わせて最大で 9 割以上の窒素除去率を達成できる．このような水田の浄化能は，洪水や土壌侵食防止，農村景観の保持などとともに，水田のもつ多面的機能の一つとして評価できる．その半面，用水の富栄養化によって，過繁茂などの生育かく乱やコメの食味低下が起こる可能性も指摘される．

〔犬伏和之・安西徹郎〕

17. 畑　土　壌

17.1 畑土壌の特徴

a. わが国の畑土壌

わが国の畑土壌は酸性で交換性塩基類や可給態リン酸に乏しいので，肥沃度は基本的に低い．これを全国的に明らかにしたのが，1959年から実施された地力保全基本調査であった．この調査では農耕地の土壌を全国共通の分類基準によって土壌群・土壌統・土壌区に分類し，土壌生産力可能性分級を行った．

表 17.1 は全国の畑地(普通畑)に分布する各土壌群の面積とその土壌生産力可能性等級の面積割合を示したものである．畑土壌の約50％を黒ボク土が占め，次いで褐色森林土と褐色低地土であわせて約30％を占める．前者は台地から丘陵地にかけて分布し，後者は低地に分布する畑地であり，水田の転作畑なども含まれる．これらの畑地のうちで不良土壌(土壌生産力可能性等級がIII等級以下の土壌．農業生産上かなり大きな，あるいはきわめて大きな障害要因を有し，土壌的に問題のある土壌)と判定された割合は畑地全体の約70％に及んでいる．すなわち，わが国の畑土壌の生産性向上は土壌改良なしにはありえなかったのである．

表 17.1　土壌型別畑地の分布面積と割合（地力保全調査結果）

土壌群	分布面積(ha)	割合(%)
岩屑土	7148	0.4
砂丘未熟土	22297	1.2
黒ボク土	851061	46.5
多湿黒ボク土	72195	3.9
黒ボクグライ土	1850	0.1
褐色森林土	287464	15.7
灰色台地土	71855	3.9
グライ台地土	4324	0.2
赤色土	25267	1.4
黄色土	105964	5.8
暗赤色土	29131	1.6
褐色低地土	231064	12.6
灰色低地土	75098	4.1
グライ土	13163	0.7
黒泥土	1673	0.1
泥炭土	32316	1.8
計	1831870	100

農耕地土壌分類第二次案(1977)による．

b. 畑土壌の物理性

土づくりは根づくりといわれるように，畑では作物の根が正常に生育できる土

表 17.2　普通畑土壌の基本的な改善目標

土壌の性質	土壌の種類		
	黄色土，灰色低地土，灰色台地土，泥炭土，暗赤色土，赤色土，グライ土	黒ボク土，多湿黒ボク土	岩屑土，砂丘未熟土
作土の厚さ	25 cm 以上		
主要根群域の最大ち密度	山中式硬度で 22 mm 以下		
主要根群域の粗孔隙量	粗孔隙量の容量で 10 %以上		
主要根群域の易有効水分保持能	厚さ 40 cm 当たり 20 mm 以上		
$pH(H_2O)$	6.0～6.5(石灰質土壌では 6.0～8.0)		
陽イオン交換容量(CEC)	12 cmol(+)kg^{-1}以上(中粒質土壌では 8 以上)	15 cmol(+)kg^{-1}以上	10 cmol(+)kg^{-1}以上
塩基状態　塩基飽和度	70～90 %	60～90 %	70～90 %
塩基状態　塩基組成	Ca^{2+}：Mg^{2+}：K^{+}＝65～75：20～25：2～10		
可給態リン酸	P_2O_5として 100 mg kg^{-1}以上		
可給態窒素	N として 50 mg kg^{-1}		
腐植	30 g kg^{-1}以上	－	20 g kg^{-1}以上
電気伝導率	0.2 dS m^{-1}以下		0.1 dS m^{-1}以下

壌環境が整備されていることが望ましい．その条件として，根が下層にまで伸張できること，水はけ(透水性)がよいこと，水もち(保水性)がよいことなどであるが，そのような土壌条件には作土の厚さ，ち密度や粗孔隙量などが影響する．

作土とは，肥料や土壌改良資材を施用して耕うんされる部位で粒状構造が発達し，作物が自由に根を伸張して養水分を吸収する大切な土層である．この作土の厚さを少なくとも 25 cm 確保することが農水省による普通畑の基本的な改善目標(表 17.2)となっている．ち密度とは土壌の硬さを示す用語で，簡易的には山中式硬度計で測定し，その値(コーンが土壌中に侵入できる深さ)が 25 mm 程度以上になると根の伸張が阻害される．改善目標では主要根群域の最大ち密度が 22 mm 以下であることが望ましいとされる．また，粗孔隙(直径 0.2 mm 以上の孔隙で重力水を保持できない)が 10 %以上であることが望ましい．

c.　畑土壌の化学性

地力保全基本調査で明らかにされた阻害要因別不良土壌の分布面積を表 17.3 に示す．畑では化学的要因すなわち自然肥沃度の低さと養分の欠乏が原因であることがわかる．わが国では雨量が多いため土壌中の塩基や微量要素が流亡しやすく，酸性化しやすい．また，主要な畑地の粘土鉱物組成が永久陰電荷ではなく pH 依存

表 17.3 生産阻害要因別畑土壌の分布面積と割合

生産阻害要因	分布面積(ha)	割合(%)
表土の厚さ	177259	9.7
有効土層の厚さ	231210	12.6
表土の礫含量	71806	3.9
耕うんの難易	144077	7.9
土地の湿	171177	9.3
土地の乾	307280	16.8
自然肥沃度	573674	31.3
養分の富否	523631	28.6
障害性	104700	5.7
災害性	31354	1.7
傾斜	156250	8.5
侵食	236805	12.9
不良土壌合計	1267886	100

性電荷を中心とする1:1型鉱物あるいはアロフェンであるため，陽イオン吸着力が小さくて弱い．さらに，酸性土壌ではアルミニウムの活性が高まりリン酸の肥効が低下する．とくに，畑地の約半分を占める黒ボク土では活性アルミニウムによるリン酸の固定が起こるので，わが国の畑土壌における基本的な化学性はきわめて劣悪といえる．そのため，表17.2に示した改善目標のもとに化学性の改良が進められている．

d. 畑土壌の生物性

畑に投入される化学肥料・有機質肥料の他，堆肥や粗大有機物，さらには収穫した作物の残渣などは，土壌動物や微生物による変化や分解を経て養分として有効化してくる．したがって，畑土壌の生産性にとって土壌生物性の果たす役割は大きいが，土壌に対する生物性の機能を改善する方法はまだ確立されていない．近年，各種の微生物資材がみられるが，菌根菌や根粒菌以外のほとんどはその効果がまだ十分には解明されていない．畑土壌の生物性を改善するには，土壌物理性と化学性を整えた上で，適切な施肥と有機物の施用を行うことが最善である．

表 17.4 畑地における土壌養分状態の経時変化(地力保全調査結果)

項 目	単 位	1959〜1969	1975〜1977	増加比率
作土の厚さ	(cm)	18.1	18.2	1.01
ち密度	(mm)	12.7	12.4	0.98
全炭素	$g\ kg^{-1}$	40.4	41.1	1.02
全窒素	$g\ kg^{-1}$	3.2	3.2	1.00
陽イオン交換容量	$cmol(+)\ kg^{-1}$	21.3	21.7	1.02
$pH(H_2O)$		5.68	5.83	1.03
カルシウム飽和度	%	44.7	47.4	1.06
交換性 CaO	$mg\ kg^{-1}$	2440	2720	1.11
交換性 MgO	$mg\ kg^{-1}$	294	370	1.26
交換性 K_2O	$mg\ kg^{-1}$	312	467	1.50
CaO/MgO		14.5	13.2	0.91
MgO/K_2O		2.3	1.4	0.61
可給態リン酸	$mg\ kg^{-1}$	166	369	2.22

e.　畑土壌の養分の変遷

1959〜77年に実施された地力保全基本調査の結果を当初10年間と後期の1975〜77年で比較すると，表17.4のようにその間における土壌養分の変遷がよくわかる．全炭素・全窒素，陽イオン交換容量にはほとんど変化が認められない．これは有機物施用量の減少が要因と考えられている．pH(H_2O)はわずかに上昇しているが，1977年時点では5.8とまだ酸性が強い．交換性カルシウム・マグネシウム・カリウムはいずれも増加し，とくにカリウムの増加率が高く，MgO/K_2Oが低下している．最も顕著な変化は可給態リン酸で166 mg kg^{-1}から369 mg kg^{-1}へと2倍以上に増加している．

さらに，1979年から開始された土壌環境基礎調査の静岡県の調査事例を図17.1に示す．この調査は選定された定点圃場の調査を5年ごとにくり返すことによっ

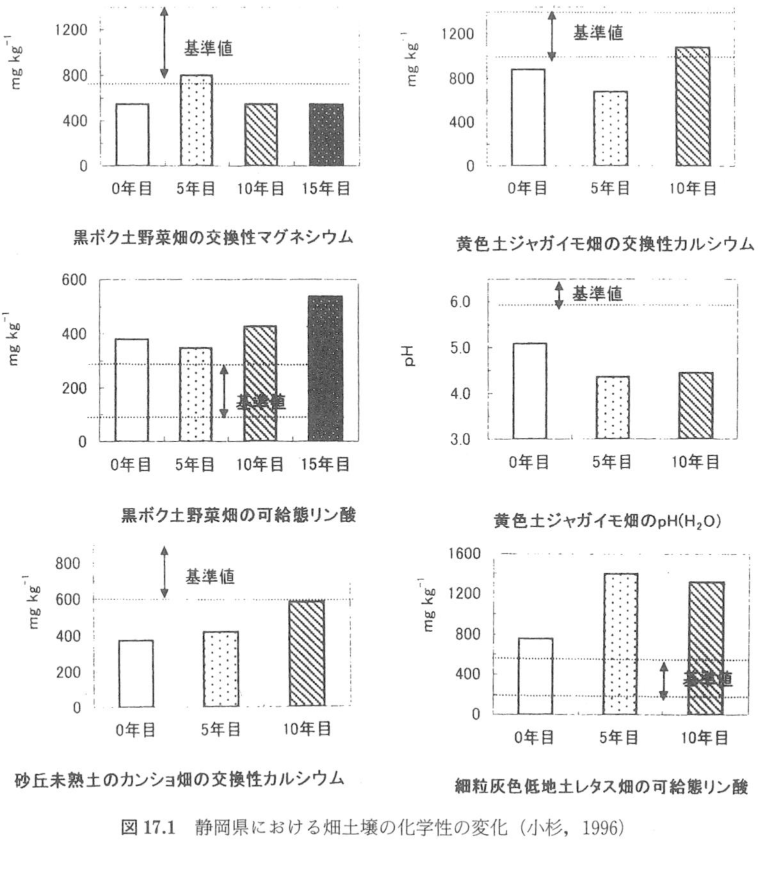

図17.1　静岡県における畑土壌の化学性の変化（小杉，1996）

て，その土壌の実態と変化を調べ，適切な土壌管理を行おうというものである．静岡県では黒ボク土の露地野菜畑は1巡(0年)目から可給態リン酸が県の土壌診断基準の上限値を越えて徐々に蓄積する傾向がみられたが，交換性マグネシウムは下限値を下回っていた．黄色土のジャガイモ畑では3巡（10年）目で交換性カルシウムの改善がみられたが，pH(H_2O)は1巡目から2巡（5年）目で大きく低下し，3巡目でも改善は認められなかった．この理由はpH(H_2O)を低く押さえるとジャガイモそうか病の発病が抑制されるので，石灰資材の施用が控えられているためと思われる．逆に，砂丘未熟土のカンショ畑では交換性カルシウムが調査ごとに増加している．灰色低地土水田の裏作として栽培されているレタス畑では2巡目以降，可給態リン酸の蓄積がみられる．

以上のように，わが国の畑地では1950年代から1970年代にかけて土壌改良や施肥改善により養分が蓄積する傾向が明瞭となり，それ以降現在まで続いている．今後，持続的な農業を推進していくためには，土壌診断に基づいた適正な施肥を行っていく必要がある（第14章参照）．

17.2　不良畑土壌の改良

a．酸 性 土 壌

わが国の土壌は自然状態では酸性を示すものが大部分を占めるが，畑地では石灰資材の施用により大幅な改善がなされ，最近では石灰資材の過剰施用による畑土壌の高pH化もみられるが，一方で粗放な土壌管理も多く，依然として酸性改良を必要とする圃場も多い．酸性土壌を改良するには，中和資材である石灰資材の施用が基本であるが，その種類や施用量は次のように決定する．

1）　土壌酸性改良資材の種類　　土壌酸性を改良するための石灰資材は生石灰(酸化カルシウム)や消石灰(水酸化カルシウム)のような速効性資材と炭カル(炭酸カルシウム)で代表される緩効性資材に大別される．前者は水溶性でしかもアルカリ分が高いため，施用量が少量でよく施用後速効的に酸性改良効果を示す反面，効果が持続しにくい．また，必要量を超えて施用するとpH(H_2O)が異常に高まり，7.0を越えるとマンガンやホウ素などの微量要素欠乏を起こしやすい．一方，緩効性石灰資材は水に溶解しないため，施用後目的のpHまで高めるのにある程度の時間を要するが，未反応の資材が土壌中に残存するので改良効果が長く持続する．従来は炭カルが最も広く施用されてきたが，現在では苦土カル(苦土石灰とも呼ばれる．成分は炭酸カルシウムと炭酸マグネシウムの混合物)が最もよく利用される．

この苦土カルはカルシウムとマグネシウムの含有比がおよそ5：1であるので，過剰施用しても作物にマグネシウム欠乏をもたらすおそれは少ない．また，水溶性石灰のように極端に高まることはないが，土壌のpH(H_2O)が6.5〜7.0程度以上になると，図17.2のようにマンガンやホウ素などの微量要素欠乏を起こしやすい．炭カルは石灰石，苦土カルはドロマイトをそれぞれ粉砕した資材であるが，最近では貝化石やかき殻の粉砕物が「有機石灰」資材としてよく利用される．粒度が粗く炭カル・苦土カル以上に緩効的であるので，同等の酸性改良効果を得るには施用量を倍量程度に増やす必要がある．

図17.2　土壌pH(H_2O)と野菜の生育
酸性が強い黒ボク土に苦土カルを施用して，コマツナを栽培した．pH(H_2O)6.5以上では微量要素欠乏により生育が阻害されやすい．

製鉄所の製鋼過程で副生される転炉さい(転炉スラグ)も土壌酸性改良資材として利用される．主成分はケイ酸カルシウムであり，かき殻などと同程度の緩効的酸性改良資材で持続効果も高い．副成分としてマグネシウム，リン，マンガン，ホウ素などを含むため，土壌のpH(H_2O)が7.0程度以上に高まっても微量要素欠乏を起こしにくい．この性質を利用してアブラナ科野菜根こぶ病多発圃場の酸性改良資材としても利用されている．そのほかの資材としては，建築用発泡軽量コンクリート(ALC)を粉砕したものなどがある．

2)　施用量の決定法　土壌酸性改良資材の施用量は通常緩衝能曲線法により決定される．土壌に段階的に施用量を変えた酸性改良資材を添加してpH(H_2O)を測定し，施用量に対するpH(H_2O)の変化を図5.2のようにプロットして，緩衝能曲線を作成する．そして，pH(H_2O)を6.5まで高めるのに要する資材量と酸性改良目標深(通常15センチ)値から施用量を決定する．なお，緩衝能曲線の作成には実際に使用する改良資材を用いることが最適であるが，炭カルにより求めた施用量から一定の係数を乗じて決定することも行われる．

b.　火山放出物に由来する土壌

環太平洋火山帯に位置するわが国には多数の火山があり，その放出物を母材として生成した土壌が広く分布し，畑地の約50％を占めている．そのような土壌を一般に火山放出物未熟土あるいは黒ボク土と呼ぶ．

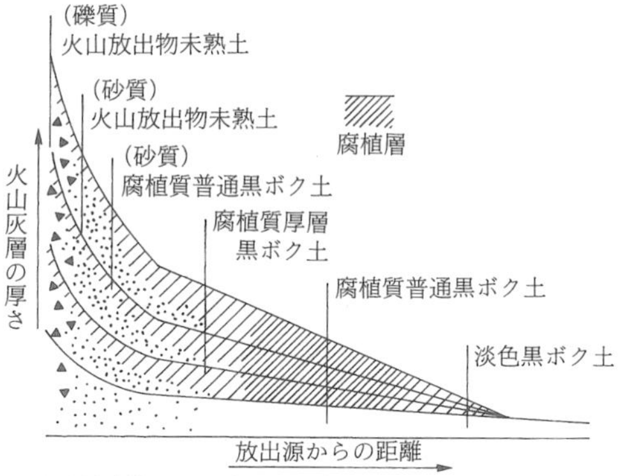

図 17.3 火山放出物から生成した土壌の分布と放出源からの距離の関係
(土壌・植物栄養・環境事典(1994)を一部改変)

1) 火山放出物未熟土　火山の噴出源に近い地域に分布する土壌で，粒径が粗く密度の大きな火山放出物を母材として生成した土壌で，十勝，那須，浅間，富士，阿蘇，霧島などの火山山麓に分布している．黒ボク土に比べて風化が進んでいないので，土性は砂土ないし砂壌土で，腐植化もあまり進行していない．透水性は良好であるが，保水力に欠け，養分も乏しい．リン酸吸収係数も黒ボク土より小さく，通常 1500 以下である．

2) 黒ボク土　火山放出物未熟土に隣接して洪積台地や丘陵地に分布する火山灰母材の土壌で，表層が黒くて乾いた状態でその土の上を歩くとボクボクすることから黒ボク土と呼ばれる．火山からの距離により図 17.3 のように表層の腐植含量，腐植層の厚さなどが異なるため，腐植質普通黒ボク土，腐植質厚層黒ボク土，淡色黒ボク土のように種類の異なる土壌が分布する．また，地下水の高い湿性地域には多湿黒ボク土や黒ボクグライ土が分布する．

①黒ボク土の物理性：　表層に多量の腐植を含み，軽しょうで仮比重は 0.6～0.8 と小さく，固相率はわずか 20 %程度で全孔隙量が 80 %に及ぶ．保水性，透水性ともに良好で，地下水位が高くないかぎり過湿になることもない，など他の土壌とは物理性が著しく異なる．表層では団粒構造が発達し，耕しやすいので，古くからダイコン，イモ類，ゴボウ，ニンジンなど根菜類の生産地となっている．しかし，乾くと微粒子になりやすく，風に飛ばされやすい．冬の乾燥期には風食を防ぐため，麦類などの作付けや圃場周囲の暴風垣・防風林の設置が有効である．

②黒ボク土の化学性：　黒ボク土における化学性の最大の特徴はリン酸吸収係数が大きく，リン酸固定力が大きいことである．土壌分類法の多くは黒ボク土の

リン酸吸収係数を1500以上と定義している．また，陽イオン交換容量も大きいが，大部分の陽イオン交換基がpH依存性陰電荷で弱酸的性質をもっているため，塩基類の吸着力が弱く，雨水により流亡しやすいので塩基飽和度が低く，酸性になりやすい．ただし，弱酸的な酸性反応であるためpHはそれほど低下しない．酸性条件ではアロフェン中の陽電荷が増加するので，ホウ素はホウ酸イオンとして吸着され，無効化する．

黒ボク土中には比較的多量の窒素が含まれているが，大部分が腐植の構成成分となっているため，無機化する割合は非常に低い．また，腐植自体も腐熟度の高い腐植酸から構成されているので自然条件では分解率は低い．すなわち，黒ボク土中に含まれている窒素は作物には利用されにくい．

従来，黒ボク土の畑には石灰とリン酸資材，それに堆肥などの有機物施用が有効とされてきたが，現状では過剰となっている場合が多い．黒ボク土の化学性改良にあたっては，圃場の土壌診断結果に基づいた土壌改良と施肥管理を行うことが大切である．

土壌診断の結果，酸性が強い場合には苦土カルなどの石灰資材を施用する．黒ボク土は緩衝能が大きいので，pHが同程度の非黒ボク土に比べて数倍以上の資材が必要となることが多い．また，可給態リン酸が欠乏している場合には，リン酸資材の施用が有効ではあるが，リン酸吸収係数の5あるいは10％にも相当する多量の資材を施用する従来の改良法は，リン酸資源の有効利用の観点から見直すことが望ましい．

c．その他の不良土壌

1）重粘土壌　重粘土壌とは粘土含有量が多く，堅密で粘性の強い土壌で，地力保全基本調査によると表土の土性が細粒質（粘土含有量25％以上の土壌）を示す．重粘土壌の畑分布面積はわが国の畑地の約15％を占める．この土壌は透水性と下層からの毛管水の上昇性が著しく悪いため，降雨時には過湿，逆に乾燥時には土壌が乾燥固結しやすく，保水性も劣る．また，凝集力が強く塑性が高いので，機械作業に対する抵抗が大きく，作業能率の低い場合が多い．

重粘土壌は，本来交換性塩基が少ない酸性土壌であり，腐植含量が少ないため緩衝能は強くない．また，可給態リン酸が少ない土壌が多いが，リン酸吸収係数はそれほど大きくはない．

重粘土壌の改良は，物理性の改善が中心となる．サブソイラーやプラウにより根群伸張を妨げている堅密な土層を破砕する．また，排水性改善のために深さ60～80

cm に暗渠を設ける．砂客土によって排水性，易耕性を改善し，地温上昇効果を高める方法も行われる．

表層土については，適切な施肥管理を行うとともに，堆肥などの粗大有機物を施用して団粒化の促進を図る．なお，極端な多量施用は交換性カリウムや可給態リン酸の過剰など土壌化学性のアンバランス化をもたらすことがあるので注意を要する．最も合理的な粗大有機物施用法は緑肥を栽培して，それらを鋤込むことである．換金作物の間に，夏にはソルゴーやギニアグラス，冬にはムギ類などの緑肥を作付ければ輪作体系を作ることもできる．

2) 砂丘地土壌 海岸砂丘地に分布する砂丘未熟土を利用した耕地面積は約 2 万 ha で日本の畑地面積の約 1 %に過ぎないが，園芸地域としては重要な地位を占めている．砂丘地の土壌は約 80 %が粗砂，残りの大部分は細砂で微砂と粘土の割合はわずか数%にすぎない．腐植含量は 1 %以下とひじょうに少なく，陽イオン交換容量は 5 cmol(+)kg^{-1}以下が多い．リン酸吸収係数は小さくリン酸が効きやすいが，リン酸イオンの過剰集積や地下への流亡が起こりやすい．

また，透水性はきわめて良好であるが，その反面保水性に乏しい．すなわち，土壌肥沃度の観点からみれば問題の多い不良土壌であるが，耕作しやすい，用水管理がしやすいなどの利点もあり，灌漑設備さえ整備されれば管理が容易な土壌となる．このような砂丘地では，従来からその物理的特性を利用してジャガイモ，サツマイモ，ダイコンなどが栽培されている．しかし，最近では，より集約的な施設園芸へと変化しつつある．

3) 火山性特殊土壌 火山地帯には，さまざまな火山噴出物(軽石)が堆積して生成した次のような特殊な土壌がある．

①音地(オンジ)・アカホヤ・イモゴ： 四国(オンジ)，宮崎県(アカホヤ)，熊本県(イモゴ)に分布する淡黄褐色の粉末状軽石を含む火山灰層．

②味噌土・鹿沼土： 風化が進んだ黄褐色軽石で，軽石の原形を残しているが，指で容易につぶせる．味噌土は長野県南部，鹿沼土は栃木県鹿沼市付近に分布する．鹿沼土は保水性がよいので，園芸資材に利用されている．

③粟砂・ボラ・シラス： 比較的新しい未風化の軽石層で，粟土は青森県南部に分布する粟のような細粒軽石層．ボラは鹿児島県桜島周辺に分布する．シラスは南九州に広く分布する厚い軽石層．

風化の進んだ軽石層はアルミニウム性や酸性が強く，黒ボク土と同様の化学性を示すが，未風化の浮石層は保肥性や保水性が著しく悪い．ボラ地帯では軽石層が固結して不透水層を形成している．これらの土壌の生産性は低く，化学性と物理性の両面からの改良対策が必要となる．

4)　泥炭土壌　本州の平坦な低湿地に分布する泥炭地は，表層の有機物分解が進んだ黒泥土か，泥炭質の沖積土であり，主に水田として利用されているが，北海道では草地として開発されているところが多い．泥炭地を畑として開発するにはまず排水を行い有機物の酸化的分解を促進する．泥炭土壌は有機物分解に伴って窒素が無機化するが，それ以外養分が少なく酸性も強い．そのため，酸性改良と養分の補給が必要である．また，無機質の少ない泥炭土壌では客土が有効な土壌改良となる．

5)　傾斜地土壌　国土の狭いわが国では農作業効率の悪い傾斜地にまで耕地を拡げざるをえない状況であり，畑面積の約 50 %が 5 度以上の傾斜をもっている．傾斜地土壌では肥沃な表土が斜面上部から下部へ流れやすいので，作土の厚さ，粘土含量，腐植，地力窒素やそのほかの化学性などはすべて傾斜下部がまさる．したがって，傾斜地畑の生産性を維持するには，土木工事による階段工，等高線栽培，牧草線の栽培などとともに傾斜上部の施肥管理，土壌管理が大切である．

17.3　有機物と土壌改良

a.　畑に施用する有機物の種類と施用効果

わが国に分布する土壌中の腐植含量は黒ボク土で多いものの，腐植を構成する腐植酸の腐熟度が高く，土壌微生物による分解を受けにくいので，窒素などの養分が無機化しにくい．一方，褐色低地土や褐色森林土，赤黄色土などに含まれる腐植酸は腐熟度が低いために分解されやすい．とくに，好気的条件にある畑土壌では水田より腐植の分解が促進されるので，地力の消耗が激しい．したがって，畑地管理には適切な有機物補給が不可欠となる．

畑土壌に対する粗大有機物の施用効果としては，図 17.4 のように，①土壌化学性改善効果(養分の供給または調節，陽イオン交換容量の増加)，②土壌物理性改善効果(団粒化促進，透水性と保水性の改善)，③土壌生物性改善効果(土壌微生物数の増加と多様化，土壌病害抑制)などが期待できる．

畑に施用する有機物の種類には次のようなものがある．これらの成分含量は表 17.5 のとおりである．

1)　堆肥類　本来堆肥とは稲わらや麦わらに少量の石灰や窒素を加えて野外に堆積腐熟させたものであるが，農業形態の変化により最近ではほとんど製造されていない．

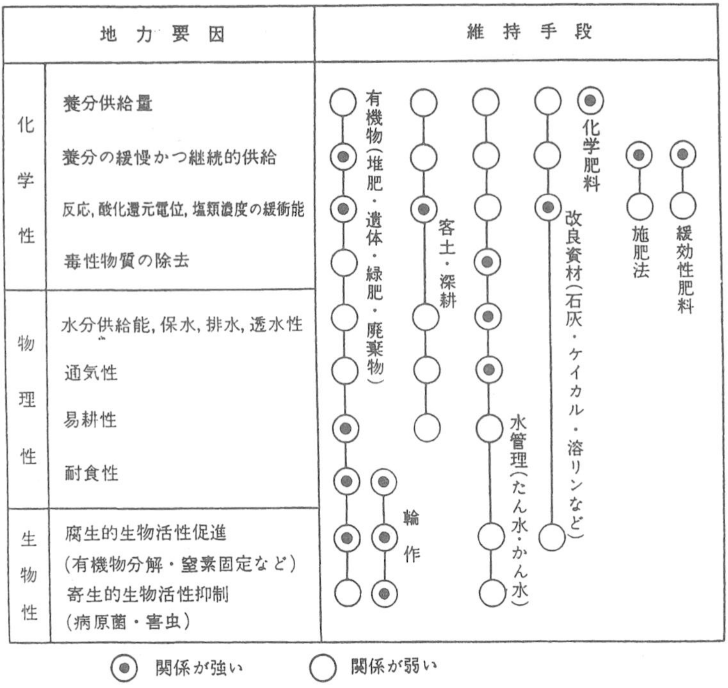

図 17.4 地力要因と維持手段のかかわりあい(1975)

表 17.5 家畜糞堆肥の化学性(農水省農産課，1982)

堆肥の種類		水分 (g kg^{-1})	pH	炭素 (g kg^{-1})	窒素 (g kg^{-1})	炭素率
牛糞堆肥	点数	327	295	297	325	296
	平均	654	8.0	385	16.6	24.6
	標準偏差	117	0.8	72	4.4	7.1
豚糞堆肥	点数	199	169	187	196	189
	平均	557	7.8	365	21.1	19.3
	標準偏差	155	1.1	83	7.3	6.8
鶏糞堆肥	点数	73	72	67	71	67
	平均	524	8.1	338	19.3	19.8
	標準偏差	121	0.9	85	7.5	9.2

現在堆肥といえば，主原料の種類により家畜ふん堆肥，バーク(樹皮)堆肥，汚泥堆肥，生ごみ堆肥などが主流となっている．その形状や組成は家畜や水分調節材として用いる副原料の種類，あるいは堆積方法，堆積期間などにより著しく相違する．

①家畜ふん堆肥： 家畜ふんを乾燥あるいはわら，もみがら，おがくずなどを加えて水分を調整して堆積腐熟化させた堆肥で，家畜ふんの種類により牛ふん堆肥，豚ぷん堆

肥，鶏ふん堆肥などと呼ばれる．表 17.5 に示すように，牛ふん堆肥は養分含有量が少なく C/N が高く，豚ぷんと鶏ふんは養分含有量が多く C/N が低い．そのため，牛ふん堆肥では施用直後には土壌中の無機態窒素の有機化が起こるのに対して，豚ぷんや鶏ふん堆肥では施用初期から窒素が放出される．近年，家畜ふん堆肥は有用な有機物資源としての位置付けが高まっているが，堆肥を生産する畜産農家との連携を進めていく必要がある．

②バーク(樹皮)堆肥：　国内あるいは輸入材木の樹皮を破砕したものに C/N を調節するための窒素源として硫安や鶏ふんなどを添加混合して堆積腐熟化させた堆肥．樹皮から植物の生育を阻害するフェノール物質が出るので，数ヶ月間以上堆積してそれらを分解させる必要がある．1％程度の窒素を含有するが，製品の C/N が高いので肥料的な施用効果はあまり期待できない．また，バークは土壌中で分解しにくいので多量に連用すると土壌の粗孔隙が増加しすぎて作土が乾きやすくなることがある．

③汚泥堆肥：　一般公共下水処理場や農村集落排水下水処理場から産出される活性汚泥(下水汚泥)あるいは食品産業工場の廃水処理施設から産出される活性汚泥(食品産業汚泥)を脱水あるいは乾燥したケーキを主原料として堆積腐熟化させた堆肥．原料の活性汚泥の C/N が 5〜6 程度であるのに対して，製品の汚泥堆肥では 10 程度と，堆肥化により C/N が上昇する．この過程で有機態窒素が無機化してアンモニア態に変化するので，堆肥というより有機質肥料とみなすべき資材である．しかし，家畜ふん堆肥と同様に，数十 $t\,ha^{-1}$ の多量施用される場合があり，交換性カリウムや可給態リン酸，硝酸態窒素の過剰がみられる．また，堆肥化過程では原料汚泥中の窒素がアンモニアガスとして揮散するなど，汚泥堆肥の製造と利用法には課題が多い．さらに，多量施用すれば亜鉛・水銀・カドミウムなどの重金属の蓄積に注意しなければならない．そのため，施用にあたっては汚泥堆肥中の肥料成分含有量を考慮して施用量を決定し，その成分量に相当する化学肥料の削減を図ることが望まれる．

④生ごみ堆肥：　最近，生ごみを堆肥としてリサイクルする機運が全国に広まっている．生ごみに，もみがらやおがくず，牛ふんなどと混合して堆肥化する事例が多いが，横浜市で行われたように，生ごみ(厨芥ごみ)を乾燥してほかの水分調節材を一切添加せずに堆肥化すると C/N 10，全窒素含有量 4％程度の有機質肥料として利用可能な堆肥化物が製造される．

⑤せん定枝堆肥：　街路樹や公園，家庭の庭などから出るせん定枝をクラッシャーやチッパーで粉砕し，堆積腐熟化させた堆肥．原料が分解しにくい材料であるので，堆積期間は 6 ヶ月以上必要である．全窒素含有量 1.5％，C/N 30〜35 程度の製品となる．バーク堆肥と同様に土壌物理性を改善する資材として利用される．

なお，2000 年 10 月からは肥料取締法が改正され，普通肥料と特殊肥料に指定される堆肥には品質表示(養分含有量)が義務づけられた．

2)　新鮮粗大有機物　従来農耕地に対して施用する有機物は堆肥化が原則とされるが，最近では新鮮有機物もさまざまな形態で畑地に施用されるようになった．これには乾燥家畜ふん，乾燥汚泥類，乾燥生ごみ，わら類などがある．この

表 17.6　地力増進法で指定された土壌改良資材とその施用効果

土壌改良資材の種類	用途(主たる効果)
泥炭　有機物中の腐植酸含有率が 70 %未満	土壌の膨軟化・土壌の保水性の改善
有機物中の腐植酸含有率が 70 %以上	土壌の保肥力の改善
バーク堆肥	土壌の膨軟化
腐植酸質資材	土壌の保肥力の改善
木炭	土壌の透水性の改善
けいそう土焼成粒	土壌の透水性の改善
ゼオライト	土壌の保肥力の改善
バーミキュライト	土壌の透水性の改善
パーライト	土壌の保水性の改善
ベントナイト	水田の漏水防止
VA 菌根菌資材	土壌のリン酸供給能の改善
ポリエチレンイミン系資材	土壌の団粒形成促進
ポリビニルアルコール系資材	土壌の団粒形成促進

中で，乾燥家畜ふん（とくに乾燥鶏ふん）や乾燥汚泥類は速効的肥効を示すのに対して，乾燥生ごみやわら類は畑土壌中では窒素の有機化が起こる．しかし，土壌中に過剰な硝酸態窒素が残存する場合は，わらを施用すると分解時に硝酸態窒素が取り込まれ，地下への硝酸態窒素の流亡を防止できる．

b.　土壌改良資材

1984 年に制定された地力増進法では，土壌改良資材を「植物の栽培に資するため土壌の性質に変化をもたらすことを目的として土壌に施されるもの」と定義している．地力増進法では施用効果が科学的に明らかにされている資材を土壌改良資材として原料や用途，施用方法などの表示を義務づけている．2000 年現在，政令指定されている土壌改良資材は表 17.6 に示す 12 種類である．それらを大別すると有機系および無機系土壌改良資材に分けられるが，そのほかの資材として VA 菌根菌資材がある．この資材は微生物資材に分類され，土壌のリン酸供給能の改善を目的としたものである．しかし，土壌の可給態リン酸が多い圃場では施用効果は小さい．

土壌酸性を改良する石灰資材やアルミニウム性を改良するリン酸資材も土壌改良資材であるが，法律的には肥料取締法による普通肥料(石灰質肥料・リン酸質肥料・ケイ酸質肥料)に分類される．

17.4　連作，輪作と土壌

a.　連 作 障 害

畑作において同じ作物を何年も続けて栽培すると，収量が低下したり生育が著しく阻害されることが古くから知られる．この連作障害の克服が現代農業における大きな課題とされているが，ヨーロッパの畑作農業では古くから三圃式(圃場を三つに分け，小麦→大麦→休閑をくり返す)やノーフォーク式輪作(圃場を四つに分け，小麦→根菜→麦とクローバーの混播→クローバー)などの輪作体系が行われてきた(第15章参照)．わが国でも戦前までの都市近郊の畑では多品目栽培が行われていたため深刻な問題ではなかったが，農業基本法が制定された1961年以降，生産効率と経済性を重視した単一・集約的畑作方式が広がり，さまざまな連作障害がみられるようになった．具体的には，養分欠乏や過剰などに起因する生理障害，土壌病害や線虫害などである．その原因としては，①土壌養分の過不足あるいはアンバランス化，②土壌反応の悪化，③土壌物理性の悪化，④毒素の集積，⑤土壌微生物相の変化，などがあげられる．

野菜の連作障害の典型的事例としてアブラナ科根こぶ病が知られる．本病は糸状菌に起因する土壌病害で，土壌の酸性化，大型トラクターの走行による土層の緻密化と排水性の悪化，アブラナ科野菜の連作による土壌中の休眠胞子密度の上昇，など上記の②,③,⑤の複合的原因が発病に関与している．さらに，最近の研究では土壌中へのリン酸の過剰蓄積(上記の①)が本病の発病を助長することも明らかになっている．

モモやリンゴなどの樹園地では植物の根から分泌される毒素(ファイトトキシン)が連作障害の原因となっており，いわゆるいや地現象として知られている．

b.　野菜畑における連作と輪作

集約化と単一品目化が進む野菜畑では上記の根こぶ病の事例のような土壌病害が連作障害の多くを占めている．野菜栽培では，①ほかの作物に比べて施肥量が多い，②栽培周期が短いため大型機械を走行させる頻度が高い，③さらに最近ではビニールマルチやトンネル栽培が発達したため硝酸態窒素などの水溶性養分が残留しやすい，などの影響で土壌理化学性が悪化している．

作物の根から特定のアミノ酸や有機物が分泌されたり，あるいは根の細胞の更新により古い細胞は剝離して土壌中に放出されることが知られている．これらの物質は土壌微生物による分解を受けるが，特定の作物を連作すると同一の物質が根から供給されるので，それらを分解する特定の微生物が増殖してしまう．このような土壌微生物相の単純化も連作障害の一因である．

野菜の連作障害を回避する対策として，従来は薬剤散布や土壌消毒などの化学的対策，苗の接ぎ木や抵抗性品種の導入など耕種的対策が中心であったが，最近

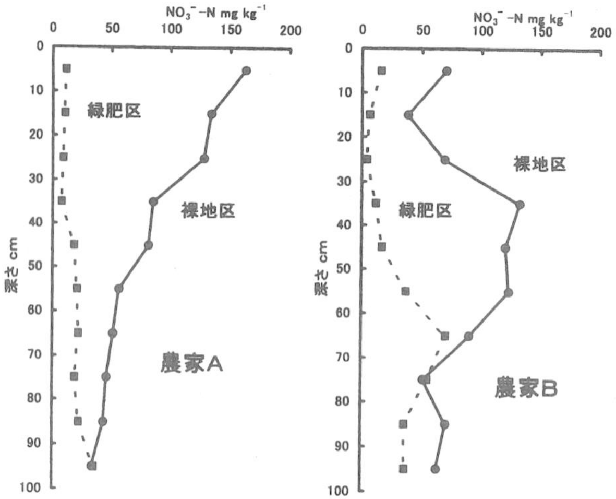

図 17.5　ライムギの作付けが土層中の硝酸態窒素量に及ぼす影響(後藤，1996)

表 17.7　ライムギの生育量と養分吸収量(後藤，1996)

圃　場	草丈 (cm)	収量($t\ ha^{-1}$)		養分吸収量($kg\ ha^{-1}$)		
		生草	乾草	N	P_2O_5	K_2O
農家A	26	18	2.8	143	36.0	136
農家B	47	24	4.1	190	49.0	230

(播種後約3ヶ月)

では環境問題とも関連して，連作障害回避の基本である輪作が見直されつつある．具体的には，従来休耕していた真夏にソルゴーやギニアグラス，冬にライムギやエンバクを栽培して，それらを緑肥として鋤込む技術である．このような緑肥の導入は単なる野菜の輪作体系の確立だけではなく，養分が蓄積した土壌環境の改善と自然環境に対する負荷軽減に役立つ．

長野県南佐久郡南牧村の野菜圃場で行われた緑肥栽培試験では，緑肥区が裸地区に比べて硝酸態窒素が少なく，草丈 30～50 cm に生長したライムギは 140～230 $kg\ ha^{-1}$の窒素とカリウムを吸収していたことが図 17.5 と表 17.7 からわかる．

c．水田裏作での野菜栽培と連作障害

関東以西の各地にはレタスやハクサイ，キャベツ，ブロッコリーなど野菜大産地となっている地域が多い．本来は農地を有効に利用するねらいがあるが，圃場を湛水することで野菜の連作障害を回避する手段にもなっている．湛水により，作土中の有害物質や塩類の除去，還元化による好気性病原菌の密度低下，灌漑水

からの養分補給などが期待できる．

ただし，水田特有の鋤床があるため作土が浅く，透水性も悪い．そのような条件で野菜の多肥栽培を長年続けると，可給態リン酸など土壌養分の過剰やアンバランス化が促進されて，アブラナ科根こぶ病などの土壌病害が蔓延しやすい．

17.5　深耕と土壌改良

a．深　　耕

普通畑土壌の基本的な改善目標では，作土深は畑作物で 25 cm 以上，根菜類で 30 cm 以上，ゴボウのような長根菜類では 60 cm 以上確保する必要があるとされている．通常の農作業に用いるロータリー耕ではせいぜい 20 cm 程度の耕深が限界であるので，作土深 25 cm 以上を確保するにはプラウや深耕ロータリーが利用される．また，長根菜類の栽培にはトレンチャーで深さ 60～100 cm の植溝を作る．

深耕により，根域が拡大されるので作物の生育には好ましいが，その一方では下層土が混層されるために養分の希釈や土壌 pH の低下・可給態リン酸の減少が起こるので，肥料や土壌改良資材の施肥量を増やす必要がある．また，過度に深耕をくり返すと透水性が過良となり，とくに黒ボク土の畑では塩基の溶脱が促進される．したがって，深耕は毎年ではなく数年おきに行うことが望ましい．

b．心 土 耕

下層にち密な重粘層や礫層があると根の伸張が妨げられる．水田からの転作畑では下層に鋤床が存在する．また，普通畑でも大型機械の走行により下層土のち密化が生じやすい．そのような場合には心土耕が有効である．心土耕が上記の深耕と異なる点は作土を混層せずに下層のち密層を破砕して物理性を改善することで，リッパーやサブソイラーなどの機械が使用される．

c．天 地 返 し

天地返しとはプラウ耕などで表層土と下層土を反転して，それまでの下層土を作土として利用することをいう．水田では老朽化対策として行われるが，畑土壌では何らかの理由で表層より下層土の性質がすぐれている場合や下層の薄い礫層を破壊したりする場合に用いられる．また，最近では連作障害の対策として，ユンボなどの大型機械を用いた大規模な天地返しも行われている．作土中の土壌病原菌密度を下げるには有効な方法ではあるが，長年を要して改良した作土を下層に埋没させ，その替わりに未耕地のような下層土を新たな作土として利用するには多量の土壌改良資材や肥料が必要となる．

表 17.8　野菜の灌水開始好適水分(萩原(1972)を一部修正)

野　菜	条　件	マトリックポテンシャル (kPa)	備　考
夏キュウリ	ハウス	−10	
秋抑制キュウリ	ハウス	−32	
キュウリ	露地	−32	
トマト	ハウス	−32	収穫初期まで
		−10	収穫期
トマト	露地	−10	
セルリー	ハウス	−20	
セルリー	露地	−32	
サトイモ	露地	−20 〜 −50	
		−50	根群が発達してから
ショウガ	露地	−10 〜 −20	
イチゴ	ハウス	−10 〜 −20	

17.6　畑地灌漑と基盤整備

a．畑 地 灌 漑

温帯モンスーン地域にあるわが国では降水量は多いが，梅雨期，秋の台風シーズン，春の融雪期などに集中しているため，盛夏期には干ばつを被る畑地も少なくない．また，干ばつ期以外でも土壌水分を高めることにより作物の収量を高め，品質を向上させたり収穫時期を調節させたりすることができる．このためにわが国の畑地灌漑事業が急速に普及し，1945 年には 1000 ha であったものが，1955 年には 35000 ha，1970 年には 68200 ha，1997 年には 400000 ha に及んでいる．

1）灌水と作物栽培　畑地灌漑本来の目的は作物を干ばつから守ることにあったが，灌漑設備の導入に伴い作物の増収や品質の向上がもたらされ，さらには作物の種類や栽培時期，栽培方法などにも変化が生じた．

2）灌水点と灌水量　作物の種類により干ばつ被害の受け方が異なるので，高収量を上げるためには作物ごとに灌水開始点の土壌水分張力を変える必要がある．一般の露地作物では −30〜−50 kPa，塩類濃度障害に弱いイチゴなどでは −10〜−20 kPa，集約的な施設野菜では −30 kPa 以下で灌水を開始することが望ましい(表 17.8)．

1 回の灌水量は，土壌表面からの蒸発量と作物の蒸発散量の合量を 1 日当たりの水深(mm)で表した消費水量(または蒸発散量：mm day^{-1})に，灌水間断日数を乗じた値から決定される．ただし，消費水量は天候や降水量，栽培作物などにより異なり，夏の晴天時には葉面積指数の大きな作物で 10〜12，中ぐらいの作物で 6〜8，小さい作物で 5 mm day^{-1} 程度である．なお，灌漑水量は一般に有効根群域内の土壌水分が圃場容水量に達するまでの水量であるので，それを上回るような灌漑は，下方への浸透損失をもたらす．

3) 灌水法　普通畑における灌水方法は一般にはうね間灌漑とスプリンクラーによる散水灌漑であるが，砂丘未熟土のような砂地の畑や施設園芸には点滴灌漑（ドリップ灌漑）も用いられるようになった．うね間灌漑は起伏の少ない緩傾斜地に適し，インテークレートの大きな砂地や逆に小さな重粘地には向かない．また，水が均一に行きわたらず流入口で多く吸水してしまうために，一定面積を灌水するのに必要な水量が多い．スプリンクラー灌漑は地形や土壌の種類にかかわらず使用される．また，必要に応じて水量を変えても均一に灌水できるが，設備投資を要する点，風による飛散が灌水を不均一にするなどの欠点がある．点滴灌水は水を最も有効に利用できるが，多大な設備投資やメンテナンスを要する．

4) 灌漑の効果　灌水は土壌水分を増加させ作物の生育を増進させる以外にも，夏期には地温低下，冬期には地温上昇効果や凍霜害防止効果がある．

灌漑水中にはSi，Ca，Mg，Kなどの養分が含まれているので，それらの濃度や灌漑水量によっては土壌への補給効果も期待できるが，施肥量の多い野菜圃場などでは灌漑により養分を補給することはむずかしい．地温の高い時期に灌漑により土層中で乾湿がくり返されると，有機物の分解が促進されるので定期的な有機物の補給が必要である．

灌漑が土壌物理性に及ぼす影響としてやわらかい大きな団粒が壊される反面，耐水性団粒が増加する．その影響で孔隙量が増加し，仮比重が減少することが認められている．

b. 畑地の基盤整備

畑作物の生産性を向上させるために圃場の基盤整備と大型機械化が進められている．基盤整備では営農計画に基づいた圃場の区画拡大と起伏の修正を行い，機械の導入を容易にする．傾斜地の区画拡大では，大規模な切り土，盛り土による圃場の均平化が行われるが，養分の少ない切り土部分に有機物や土壌改良資材を施用して同一圃場内の地力差を解消することが必要である．また，造成工事最中や整備後の営農段階においても，大型機械を走行させることにより作土直下の土壌を圧密化する．圧密化の程度は土壌水分と関係があり，－10 kPa程度の水分条件で最も圧密を受けやすい．圧密化を防止するには過度な走行を避けるとともに数年ごとにプラウやサブソイラーによる深耕を行う．

大型機械による耕うんにはプラウ耕あるいはロータリー耕が一般的に用いられる．土壌条件や栽培作物などにより両者を使い分けるが，普通作物や葉菜類の栽培では大差ないが，根菜類ではプラウ耕がまさる．

17.7 土 壌 侵 食

a. 土 壌 侵 食

降雨や融雪または風の作用により，土壌が地表から流亡もしくは飛散して土地が荒廃する現象を土壌侵食と呼び，その進行速度の違いで次のように区分される．

1） 正常侵食　土壌侵食が降雨や風などの自然的な作用により進行し，風化の過程と均衡を保ちながら緩やかに進行する．地質侵食あるいは自然侵食ともいう．

2） 加速侵食　人為的手段による誤った土地利用や山火事などにより土地が放置された結果，土壌侵食が加速的に進行することをいい，農業や治山治水の対象となる土壌侵食である．

b. 水　　食

水食は主に降雨により起こる．とくにわが国では傾斜地が多く，多雨の時期が多いので水食を受けやすい．その程度は気候，地形，植生，土壌の種類などの自然要因と人為的要因に支配される．

雨滴の衝撃作用と傾斜面に生じた流去水により，土壌粒子が分散して流亡する過程を雨滴侵食という．雨滴による侵食作用はその大きさや落下速度に影響し，傾斜度や斜面長が増大すると地表面の侵食が広がる．雨滴に衝撃によりち密層が形成され，地下浸透できなくなった雨水が分散した土壌懸濁して流化する．この雨滴の衝撃力と掃流力が種々に組み合わされて侵食が進行し，シート，リル，ガリ侵食などになる．

①シート侵食：　表面侵食，面状侵食ともいう．傾斜面の広い範囲にわたり，土壌の薄い層が流亡する．地形的には変化が目立たないため気がつかない場合が多いが，表面の肥沃な土壌が運び去られてしまう．傾斜地畑や果樹園などでしばしば起こる．

②リル侵食：　雨溝侵食ともいう．小さな溝ができ細流になる．

③ガリ侵食：　地隙侵食ともいう．一般的に幅 45 cm 以上または深さ 25 cm 以上をさす．ガリ侵食がさらに進むと大きな谷ができる．侵食として最も被害が大きく，土木的工事により回復しなければならない．

土壌の耐水食性は水の侵透能と土壌粒子の分散に対する抵抗性の二つの因子に分けられる．分散しにくい耐水性団粒が多いほど耐水食性が高い．水食を防止するには，等高線栽培，被覆作物の栽培，階段土，防災林などが有効である．

c. 風　　食

風食の程度は風の強さ，土壌の乾燥状態や耐風食性に左右される．耐風食性は乾燥状態の土壌の構造に一次的に支配される．土塊の大きいこと，機械的作用に対して土塊が安定であることを必要とし，それに乾燥時の凝集力の大きいことが必要である．二次的には粒径組成，耐水性団粒，有機物，土壌水分，塩基，コロイドの性質が関連する。風食を受ける土壌粒子は通常 0.05〜0.5 mm であり，とくに 0.1〜0.2 mm の土壌粒子が移動しやすい。

風食の防止には，休閑地をなくして土壌を作物で被覆することが重要である。防風林の設置なども有効であるが，大型機械の導入を妨げることもある。黒ボク土では圃場の長さを 50 m とし防風垣を設けることやプラウ耕起をすることで風食を軽減できることが明らかにされている。　〔後 藤 逸 男〕

18. 施設土壌

18.1 施設土壌の特徴

本来ハウス内での野菜や花卉栽培は冬期の寒さを防ぐ目的でガラスやビニールで畑全体を覆い，露地物より早く出荷するための技術であったが，最近では温度や土壌水分を制御した条件で周年栽培が行われている．

施設栽培は露地栽培に比べて設備投資に経費を要するが，収穫物からもたらされる単位面積当たりの収入は多い．ハウスではもともと集約的な野菜や花卉が栽培され，狭い面積で高利益を上げるために多施肥がくり返されており，土壌の劣悪化が進んでいる場合が多い．

また，土壌中の水の動きも露地とは大きく異なる．ハウス内でも作付け期間中には灌水を行うので，土壌水分の上から下への動きもあるが，地表からの蒸発に伴って毛管運動により下から上に移動する水の方がはるかに多い．そのために，土層中の塩類が表面にもち上げられて電気伝導率が上昇する．

18.2 施設土壌の問題点

a. 塩類濃度の上昇

施設土壌内に集積する塩類の主体は硝酸カルシウム，次いで硫酸カルシウムであり，いずれも肥料や資材に由来する物質である．土壌にこれらの塩類が集積すると土壌溶液中の浸透圧が高まり，植物根からの水分吸収が妨げられ生育が悪くなる．この現象が塩類濃度障害であり，土壌：水の比率1：5で測定する電気伝導率が1 dS m^{-1}程度以上で生じやすい．ただし，土壌や栽培する野菜や花卉の種類により障害の発現程度はかなり異なる．

塩類濃度が高まる原因として化学肥料の多施用のほか，有機質肥料や多量の堆肥の施用があげられる．また，30～40年にわたり稲わらや堆肥などの有機物を施用し続けてきたハウスでは，多量の地力窒素が放出されるために，無肥料で栽培しても作土の電気伝導率が1 dS m^{-1}程度まで高まることがある．

b.　土壌養分の過剰とアンバランス

ハウス栽培では肥料や有機物が多量施用されている場合が多いので，土壌中には野菜や花卉が吸収する量をはるかに上回る養分が供給される．それらのうち，窒素は最終的に移動しやすい硝酸態窒素となり，作土中から消失することもあるが，移動しにくい養分は徐々に集積する．とくにリン酸は施用量が多くかつ土壌に固定されるので，最も蓄積しやすい養分である．図 18.1 に新潟県と埼玉県のキュウリハウスの土層 1 m までに含まれるリン酸量を示す．これらの数値からハウス面積当たりのリン酸蓄積量に換算 (土壌重量：1 kg L^{-1}) すると，新潟では 20

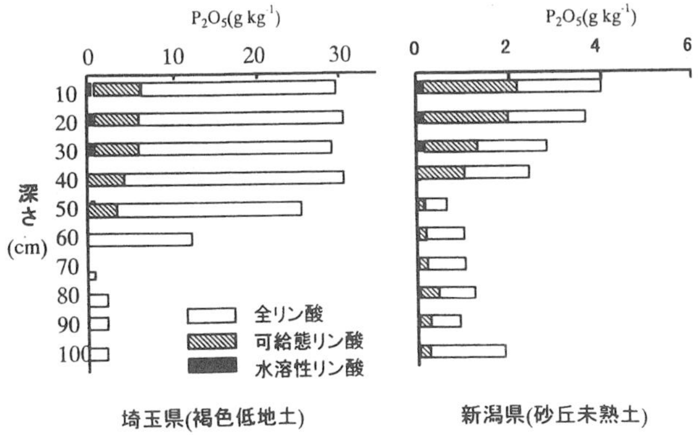

図 18.1　キュウリハウスにおける土層中のリン酸分布

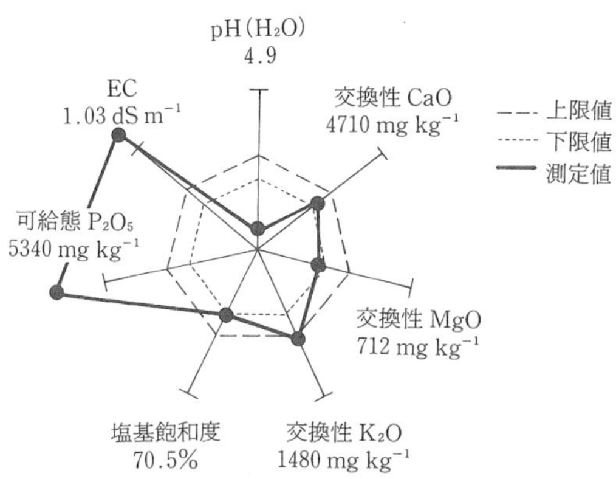

図 18.2　硝酸の蓄積により酸性を示す施設土壌診断図
土壌：埼玉県のキュウリハウス (褐色低地土)，硝酸態窒素量は 460 mg N kg^{-1}.
図中の上下限値は農水省の改善目標値により設定.

t ha^{-1}，埼玉では 141 t ha^{-1}に達した。

また，長年にわたって家畜ふん堆肥や稲わらなどの有機物を多量に施用し続けてきたハウスでは，交換性カリウムが過剰になり，塩基バランスの崩れが目立つことが多い。そのような場合には，有機物施用量を減らすとともにリン酸やカリウムを無施用あるいは削減して栽培することが望ましいが，カリウムについては吸収量が多いので，土壌診断により交換性カリウム量を把握することが大切である。

c．施設土壌の酸性化

施設土壌の土壌診断を行うと，図 18.2 のように，pH(H_2O)が 5 を下回るような強い酸性反応を示す場合がある。しかし，交換性塩基類と塩基飽和度はほぼ適正な測定値を示している。また，電気伝導率が異常に高く，多量の硝酸態窒素(正確には亜硝酸態窒素と合量)が集積している。このような土壌が酸性を示す原因は，有機物や肥料に由来する窒素が土壌中でアンモニア態窒素となり，それが硝酸化成作用により硝酸態窒素に変化する際に，次式のように H^+を生成するためである。

$$NH_4^+ + 2\,O_2 \rightarrow NO_3^- + 2\,H^+ + H_2O$$

この場合，土壌診断結果に基づいて有機物や窒素施用量の削減を図るようにする。石灰資材を施用すると酸性は中和されるが，交換性塩基がさらに増加して塩基のアンバランス化を助長する。また，多量かん水や湛水処理などにより硝酸態窒素が下層に移動すると pH(H_2O)が異常に高まり，作物にマグネシウムや微量要素などの欠乏症を起こしやすくなる。また，最近は肥料や資材の施用に伴う残存硫酸根による土壌の酸性化もみられている。この場合も電気伝導率との相関関係がきわめて高いので，硝酸態窒素との区別を見極める必要がある。

d．ガ ス 障 害

ハウス内はガラスやビニールで閉ざされた空間であるので，土壌表面から揮散したガスが作物の生育に影響を及ぼすことがある。

窒素施肥量が多く，かつ土壌 pH(H_2O)が 7 以上と高いと，一部がアンモニアガスとして揮散し，10 ppm(NH_4^+-N)以上の濃度になると，作物の葉に障害を及ぼす。また，硝酸化成が起こる段階で土壌 pH(H_2O)が 5 程度以下と低いと，亜硝酸酸化細菌の活性が抑制されるので，土壌中に亜硝酸態窒素が集積する。その一部が亜硝酸ガスとして揮散し，3〜4 ppm 以上の濃度になると作物に障害を与える。

18.3　施設土壌の診断と対策

a．施設土壌の診断

1）観察による診断　施設土壌に限らず，農耕地の土壌を診断するにはまず作物の状態をよく観察することが大切である．たとえば，塩類濃度障害を起こした場合には，①葉に勢いがなくなり，昼間しおれるが，夕方には回復する，②葉色が濃く葉の表面が光る，③果実の肥大が悪くなる，などの症状がみられる．ガス障害や要素の過剰，欠乏症状は葉や生長点に現れやすい．また，葉にクロロシスやネクロシスなどの異常が現れた場合には必ず発生部位(上位か下位など)を確認する．

2）土壌診断　ハウスでの栽培管理には土壌診断が不可欠で，常にその分析結果に基づいた施肥を行いたい．作付け期間中には作土を採取し，窒素追肥の必要性を判断するために，pH(H_2O)，電気伝導率，硝酸態窒素を測定する．この際同時に作物の葉や葉柄中の硝酸態窒素も測定するとよい．収穫終了時期にはハウスの中央部に深さ 40〜50 cm の調査試坑を作って，土層内の根の分布や土壌の構造や乾湿などを観察する．その上で作土から土を採取して土壌分析を行う．これは次作の基肥量を決めるための分析であるので，微量要素を含めできる限り多項目行うことが望ましい．

ガス障害を予測するには，土壌診断分析のほかにハウスのガラス・ビニール内面に付着した水滴の pH を測定する．アルカリ性であればアンモニアガス，酸性であれば亜硝酸ガス障害のおそれがある．

b．施設土壌の改良と対策

1）緑肥作物の導入　施設土壌最大の問題点は塩類濃度障害と単一作物の連作による連作障害であり，栽培面積の多いトマト，キュウリ，ナス，メロンなどではネコブセンチュウ害が深刻となっている．最近ではこの両問題に対してネコブセンチュウ対抗植物を利用した緑肥栽培が注目されている．換金作物終了後にギニアグラスやクロタラリアのような熱帯性飼料作物を播種して，少なくとも1ヶ月以上栽培した後，

図 18.3　ハウス内でのプラウによるソルゴーのすき込み作業

表 18.1　ギニアグラスおよびクロタラリアの生育量と養分吸収量(後藤，1996)

緑肥	生草重 ($t\ ha^{-1}$)	乾草重 ($t\ ha^{-1}$)	養分吸収量($kg\ ha^{-1}$)				
			N	P_2O_5	K_2O	CaO	MgO
ギニアグラス	60	8.0	198	59	401	33	35
クロタラリア	32	5.4	198	69	270	81	51

図 18.3 のように緑肥としてそのままハウス内に鋤込む．千葉県のキュウリハウスで行った栽培試験では 50 日間の栽培により表 18.1 のように多量の窒素とカリウムを吸収した．また，これらの植物にはネコブセンチュウを根中に捕捉して土壌中の密度を下げる効果が知られられている．なお，養分を吸収させた飼料作物を再びハウスに鋤込んでも，次作で有機物や肥料を施さなければ電気伝導率の上昇を防ぐことができる．

2)　窒素単肥の活用　施設土壌の養分過剰を改善するには過剰原因となっている養分をさらにそれ以上施用しないことが最善の策である．しかし，土づくりの基本ともいえる堆肥などの有機物中には必ず窒素・リン酸・カリウムをはじめ多種類の養分が含まれており，その成分量を基肥量から削減することが望ましい．なお，その際には肥効が問題となるが，リン酸とカリウムについては土壌中に過剰な場合が多いので 100 %とみなしてよい．ただし，窒素については有機物の性質により著しく相違するので個々の検討を要するが，堆肥中の窒素含有率が高いほど肥効率も高い傾向にある．

養分が過剰となったハウスでは，堆肥を基肥として 5〜10 $t\ ha^{-1}$施用し，その後現場での土壌や作物栄養診断結果に基づいて不足する窒素成分を尿素や硫安のような窒素単肥として追肥することが理想的といえる．

3)　石灰資材など土壌改良資材の適切な施用　前項 c のように硝酸の生成により施設土壌が酸性化した場合に石灰資材を施用することは好ましくない．一方，水田から転作したての新しいハウスでは，強い酸性を示すことも多いので，石灰資材を施用して確実に酸性を改良する．その際の資材としては，酸性矯正力が強くかつマグネシウム含有量が高い苦土カルが適当である．

施設土壌にはさまざまな土壌改良資材が投入されることが多いが，科学的に施用効果が明らかにされている土壌改良資材は地力増進法が指定する 12 種類(表 17.6)である．土壌改良資材は肥料のように作物の生育を促進するものではなく，土壌の理化学性を改善するための資材であるので，その目的に応じて適切に施用する．

〔**後藤逸男**〕

19. 草 地 土 壌

わが国の草地面積は 65 万 ha で全耕地面積のおよそ 13 %を占める．このうち 53 万 ha の草地は北海道にある．草地には利用目的により大きく 2 種類に分類される．その一つは，栽培された牧草が刈取られて家畜の飼料に利用される採草地である．もう一つは，家畜を放牧して利用する放牧草地である．

19.1 草地の立地環境

わが国の草地は，ほとんどが何らかの要因，たとえば劣悪な気象条件，高冷地，急傾斜地，特殊土壌といったことのために，普通作物の栽培不適地に立地している．しかし，もともと牧草を利用した畜産は人間が食料として直接利用できない牧草を，人間の食料となる肉や牛乳などに変換するところに存在価値がある．したがって，草地は普通作物の栽培不適地に立地しながら，牧草と家畜を通して人間の食料生産の場を提供している．

こうした草地の立地環境に対する事情は，わが国の草地の 82 %を占める北海道でもまったく同じである．いわゆる草地酪農地帯とされる北海道の東部や北部地方は，気象条件が劣悪で一般作物の冷害凶作頻度が高く，土壌も前者は黒ボク土(火山灰土)，後者はいわゆる重粘土が広く分布する特殊土壌地帯である．こうした栽培環境の悪条件が，土地利用を一般畑作から草地酪農地帯へ転換させた要因である．

19.2 草地土壌の特徴

草地では永年作物の牧草が栽培される．このため草地土壌は，1 年ごとに土壌を耕起して対象となる作物の播種•収穫をくり返す水田や畑の土壌と大きく異なる．すなわち，草地では一度土壌を耕起し，牧草を播種して造成すると，その後少なくとも数年から数十年間，土壌は耕起されずに牧草が生育し続ける．同時に，草地の表面には，施肥，ふん尿還元，家畜やトラクタなどの踏圧というような作用がくり返される．このような草地特有の事情が，草地の土壌に水田や畑とは異なる特徴をもたらす．

a. 表層土壌への有機物蓄積

水田や畑では，収穫後の作物残渣は耕起されるときに作土層へすき込まれて混和されるため，有機物が表層土壌にだけ蓄積することはない．しかし，草地では刈取りや放牧牛の採食などによる牧草の利用後に，茎葉や刈株（茎基部）などが枯死して表面に蓄積する．また，牧草根の大部分は 0～5 cm の表層土壌に分布し，しかもその根は牧草地上部の枯死に対応して枯死脱落し，土壌中に有機物として蓄積していく．このような現象が草地の造成後経過年数とともに累積していくため，草地が経年化するに伴って表層土壌の有機物含量が増加する（図 19.1）．

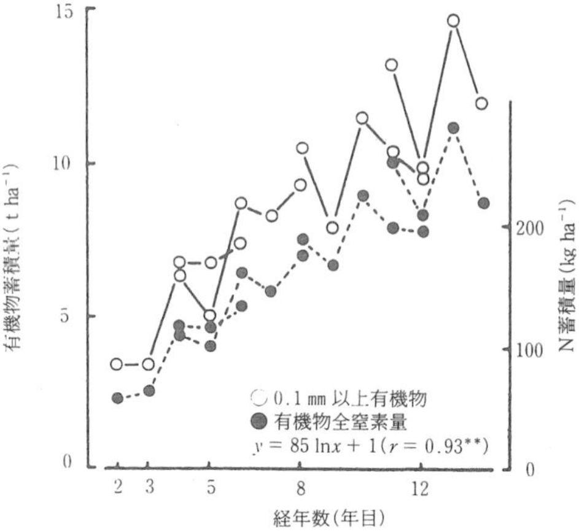

図 19.1　草地表層（0～5 cm）の有機物および窒素蓄積量の経年変化（三木，1993）

この表層への有機物の蓄積量は，添加される有機物量とその分解速度で決定される．草地表層の有機物分解速度は，土壌 pH が低いほど遅くなる．このため，表層土壌の酸性化が進むとともに有機物蓄積量も増大する．

b. 表層への養分の偏在

採草地では造成時を除き，牧草が常に栽培されているため，化学肥料や家畜ふん尿などに由来する養分は草地の表面からしか施与できない．放牧草地でも放牧牛のふん尿は，草地表面に排泄されるだけで，水田や畑のようにふん尿由来有機物が土壌と混和されるというようなことはありえない．したがって，施与される養分は，草地土壌の表層に集積しやすい．

この傾向は，とくにリン（P）やカリウム（K）で明瞭である（図 19.2）．P は肥料としての施与量が牧草の吸収量よりはるかに多く，土壌中で移動しにくいた

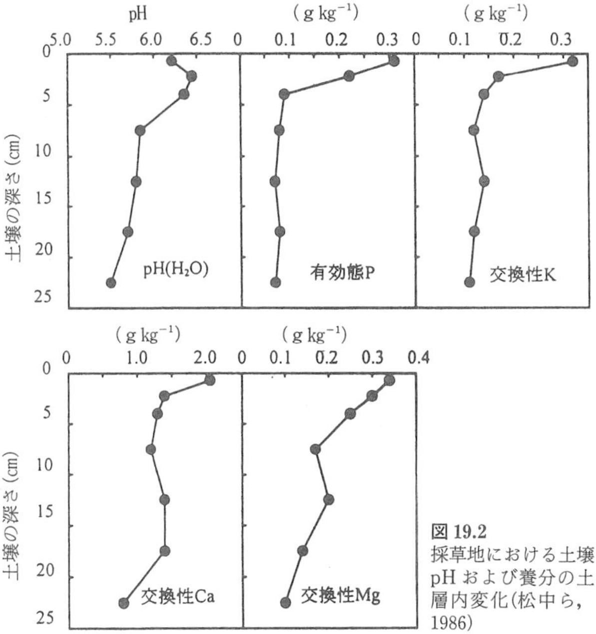

図 19.2 採草地における土壌 pH および養分の土層内変化(松中ら，1986)

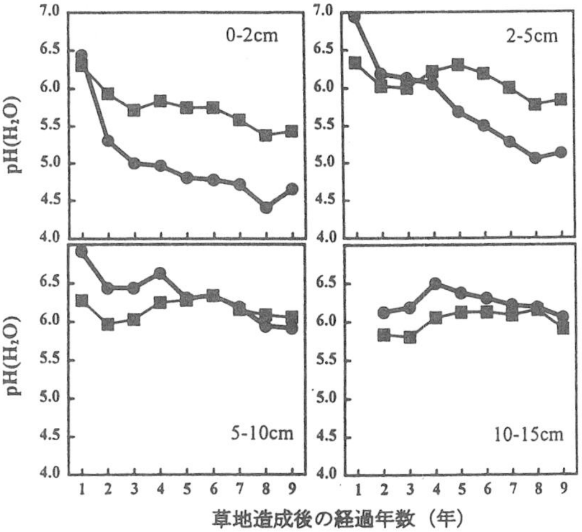

図 19.3 オーチャードグラス草地における土壌 pH の経年変化(宝示戸，1994)
●：硫安区，■：尿素区，N 施与量はいずれも 120 kg ha^{-1}.

め，土壌表層に蓄積しやすい．K が土壌表層に集積しやすいのも施肥の影響が大きい．さらに，草地表面に蓄積する牧草遺体から降雨などによって K が溶出してくることや，放牧草地では放牧牛の排泄ふん尿などに含まれる K が草地表面に添加されることなども影響している．

c. 表層土壌の酸性化

草地が造成される際，酸性矯正のために炭酸カルシウム（炭カル）をその必要量に応じて施与し，土壌と十分に混和する．しかし，その一度の機会を除けば，草地で炭カルと土壌を混和する機会はない．そのうえ，肥料は表面にしか施与できないため，草地の表層土壌は酸性化が進行しやすい．たとえば，硫酸アンモニウム（硫安）のような生理的酸性肥料を草地に施与し続けると，表層土壌，とくに極表層の 0〜2 cm および 2〜5 cm の土層の pH は，それ以下の土層の pH よりも急速に経年的に低下する（図 19.3）．ただし，このような表層土壌の経年的な酸性化の進行速度は，土壌の pH 緩衝能によって大きく異なる．また，尿素のような生理的中性肥料を用いれば，酸性化も進みにくい．

表層土壌の酸性化は，表層に蓄積する有機物の分解を阻害し，有機物分解に伴う窒素供給を低下させる．また，酸性化すると土壌溶液中にアルミニウムが溶出し，P と結合して P を不可給化するため牧草の P 吸収が抑制される．

こうした表層土壌の酸性化は，適量の炭カル表面施与で回避できる．また，家畜ふん尿由来の自給肥料の施与も酸性化防止に効果的である．

d. 土壌微生物の偏在

畑地と草地の微生物数を比較すると，草地ではとくに極表層 0〜2 cm の土壌で微生物数が多く，下層に向かって著しく減少する（表 19.1）．これは微生物によって分解可能な有機物量（易分解性基質量）が 0〜2 cm の土層において畑より著しく多いこととよく一致する．また，草地の微生物数の季節変化は，牧草から土壌に還元される有機物量と対応している．したがって，この草地表層への微生物の偏在は，草地表層の有機物蓄積に起因する．

表 19.1 草地と畑地における微生物数の比較（東田，1993）

	層位 (cm)	草地	畑地
全細菌数 (10^6 g^{-1})	0〜2	36.5	41.0
	2〜5	19.8	31.7
	5〜15	11.7	27.5
グラム陰性菌数 (10^6 g^{-1})	0〜2	5.0	3.9
	2〜5	1.6	3.0
	5〜15	0.8	2.2
糸状菌数 (10^4 g^{-1})	0〜2	20.5	12.6
	2〜5	9.7	9.8
	5〜15	6.7	9.2

草地土壌中の微生物活性は，土壌 pH に最も規制される．pH が 5.0 より低下

した土壌では，微生物活性が大きく低下する．また，5〜15 cm 土層の細菌数や糸状菌数は，草地の経過年数の増加に伴い減少する．これは，易分解性基質量の減少と酸素供給の低下が原因である．

e.　土壌の圧密

草地の維持管理に使用される大型機械は，採草地の場合，施肥，堆肥などの散布，刈取りの際に草地表面を年間数回踏み固める．放牧草地では，上記の草地管理用機械だけでなく，放牧家畜の踏圧も表層土壌の圧密に加わる．その結果，放牧地では，とくに 0〜10 cm の土層の硬度や固相率が高まり，表層土壌のち密化が採草地以上に大きい．

19.3　草地の土壌肥沃度と家畜ふん尿

草地を基盤とする酪農や畜産では，家畜ふん尿に由来する堆肥や液状きゅう肥などの自給有機質肥料が必然的に生産される．これら自給有機質肥料は，草地造成時を除き，草地表面に散布するかあるいは表層土壌に浅く注入するというような方法で草地に施与される．つまり草地においては，自給有機質肥料を土壌にすき込み十分に混和する機会は草地造成時の一度だけしかない．このため，草地表面に施与された自給有機質肥料には，土壌との混和によってもたらされる土壌の物理性改良効果をほとんど期待することができない．すなわち，これらの施与効果は養分としての効果が中心となる．

自給有機質肥料に養分としての効果を期待するなら，自給有機質肥料から土壌，大気，河川など周辺環境への養分の流出は養分そのものの損失であり，極力防止する必要がある．それだけでなく，養分流出は自給有機質肥料を環境汚染物質にする可能性もある．草地の土壌肥沃度を改善するために堆肥や液状きゅう肥，尿などを施与する場合，それらの養分としての効果に留意した施与時期，施与量，施与方法を考え，周辺環境への養分の流出を避けるように実施すべきである．

〔松 中 照 夫〕

20. 樹園地土壌

20.1 樹園地土壌の種類と分布

樹園地土壌には，果樹，茶，桑が栽培されるが，樹園地の栽培面積は，最も多い時期の637千ha(1974年)に比べ，表20.1のように342千ha(2000年)と減少した．土壌群別でみた主要土壌は，表20.2のように褐色森林土が最も多く，ついで黒ボク土，黄色土，褐色低地土，赤色土となり，これらで樹園地土壌の91％を占める．褐色森林土は全国の傾斜地に多く分布し，カンキツ類，ブドウ，クリ，ビワ等の各種果樹と茶，桑が栽培され，黒ボク土は関東，東北，九州の平坦地や傾斜地に分布し，リンゴ，モモ，ブドウや茶，桑が栽培される．黄色土および赤色土は西日本に広く分布し，カンキツ類，ブドウ，カキ，モモ，茶が栽培される．褐色低地土は東日本に多く，リンゴ，モモ，カンキツ類，桑が栽培されている．

果樹や茶は気象条件に加え，樹種に応じた土壌の適性がある．浅根性のミカンは，透水，通気性がよく粘土分を含んだ土壌が適しているが，深根性のリンゴは，有機質に富む埴壌土が適している．茶は酸性土壌で生育が良い．根群の伸長と関係の深い下層土の透水性や保水性は，母材の相違による影響が大きい．このため，同じ土壌群でも下層土の構造の発達が弱くち密な場合は過湿に，粗粒質の場合は

表20.1　樹園地の栽培面積(2000)

樹　種	栽培面積(ha)	主産県
果樹	286200	
ミカン	61700	愛媛，和歌山，静岡
中晩柑類	33120	愛媛，熊本，和歌山
リンゴ	46800	青森，長野，岩手
ブドウ	21500	山梨，長野，山形
ニホンナシ	17700	鳥取，千葉，茨城
モモ	11600	山梨，福島，長野
ウメ	19000	和歌山，群馬，長野
カキ	26100	和歌山，福岡，奈良
クリ	27800	茨城，熊本，愛媛
茶	50400	静岡，鹿児島，三重
桑	5880	群馬，福島，埼玉
合計	342480	

表 20.2　樹園地の土壌群別面積(地力保全調査，1959～1979)

土壌群	面積(100 ha)	樹園地に占める各土壌群の割合(%)	各土壌群に占める樹園地の割合(%)
褐色森林土	1490	37	34
黒ボク土	861	21	9
黄色土	760	19	24
褐色低地土	353	9	9
赤色土	199	5	50
灰色低地土	101	3	1
岩屑土	77	2	52
灰色台地土	64	2	4
暗赤色土	61	2	29
多湿黒ボク土	25	<1	<1
グライ土	21	<1	<1
砂丘未熟土	19	<1	8
その他	3	<1	<1
合計	4033	100	7.9

農耕地土壌分類第二次案(1977)による.

表 20.3　果樹園の傾斜度別面積割合(1992)（単位：%）

果　樹	5 度未満	5 ～15 度未満	15 度以上
ミカン	23	35	42
リンゴ	65	28	7
ブドウ	65	26	9
ウメ	51	32	17
ビワ	20	34	45
果樹計	48	30	23

過乾になりやすい.

樹園地の立地条件の特徴として傾斜地の割合が高く，表 20.3 のように果樹のミカン，ビワは傾斜地に多く栽培されている．傾斜地では陽当たり，排水性が良好であるが，土壌侵食を受けやすい欠点をもつ.

20.2　樹園地土壌の特徴

果樹，茶，桑は多年生作物のため，定植後は畑土壌のように全面耕起されることがなく，数十年にわたり同様の土壌管理が行われる．このため樹園地の土壌は，有機物の集積，土壌 pH，塩基組成にそれぞれの樹種の特徴を示すようになる．多年生作物の根は深く伸長することから，根の分布する範囲に，根の伸長を阻害するち密で透水性の不良な層がなく，根の呼吸に必要な粗孔隙が確保され，地下水位が上昇しないことが望ましい.

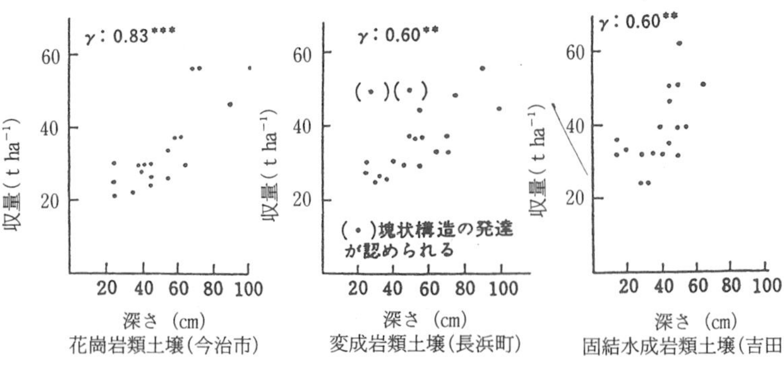

図 20.1　根群域制限土層の深さと温州ミカンの平均収量（丹原，1969）

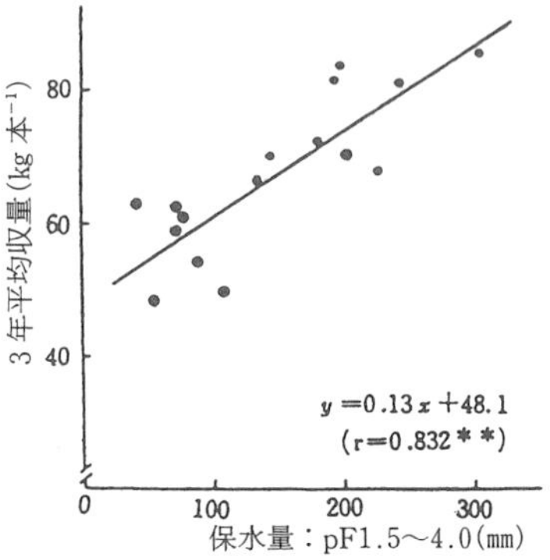

図 20.2　ミカン園根域の保水量と平均収量（古賀，1972）

a. 果樹園土壌

果樹園土壌の生産力には，図 20.1 のように根が分布できる有効土層の影響が大きく，これは図 20.2 に示される保水量の多少とも関係する．果実を安定的に生産するためには，根の伸長する深さとして 1 m程度が必要とされている．さらに深くまで根が伸長すると，養分と水分の供給が必要以上に続き，果実品質に影響することもある．

そのほかの生産力阻害要因として，表土の厚さ，耕うんの難易，乾湿，傾斜，侵食など，土壌物理性の不良があげられる．傾斜地果樹園では，自然傾斜度を考慮して山成り畑，斜面畑，階段畑に造成される．2 種類以上の阻害要因が組み合わさることも多い．

果樹園では，地表面に施肥や有機物散布が行われるが，施用後の耕うんは少なく，草生管理からも有機物が供給されるので，腐植が表層土に集積する．また薬剤防除や管理作業が頻繁に行われるので，踏圧により表層土が硬くなりやすい．

窒素の施肥実態は，露地果樹の平均で年間 147 kg ha^{-1}（1999 年）であり，ニホンナシや中晩柑類の施用量が多い．しかし，施肥による土壌酸性化を矯正するため，改良資材の施用も行われることから，土壌 pH は適正範囲内の割合が高い．果樹園では，肥料と有機物に由来するリン酸とカリの施用量が多く，表層土ではリン酸とカリ含量が高くなっている．また，過去に使用された農薬に含まれる重金属が

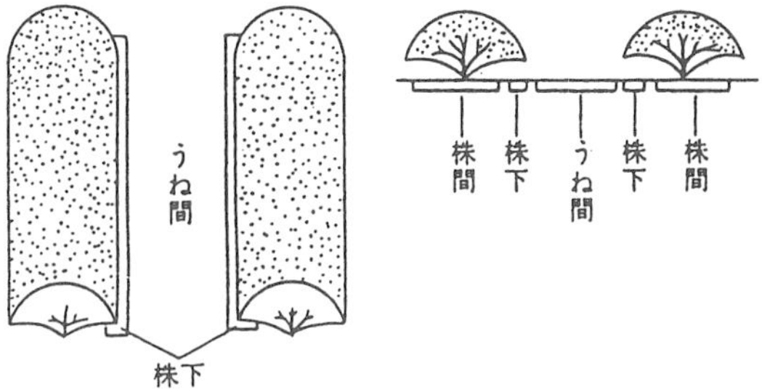

図 20.3　茶園土壌における場所の名称区別(平峯, 1970)

蓄積し，表層土で銅，亜鉛含量が高いことも多い．

b. 茶 園 土 壌

茶樹は生長に伴ってうね間が被覆され，図 20.3 のように成木園ではうね間中央部のみが施肥や管理作業等の通路となる．このため株間と株ぎわ土壌は土壌管理の影響を受けにくいのに対し，うね間中央部は長期にわたり施肥，敷きわらなどの人為的影響を受ける．うね間中央部の表層土では腐植の集積，土壌の酸性化，塩基の溶脱が顕著となる．また土壌物理性も管理作業による踏圧のため粗孔隙が少なく透水性も低下する．

茶は湿害に弱く，土壌の湿潤，乾燥にかなり鋭敏に反応するので，茶園土壌の生産力の要因として，根が深くまで伸長可能で，下層土の通気，保水，透水性の良好なことが重要である．

茶園の窒素施肥量は多く，施肥基準で ha 当たり 600 kg，施肥実態も 1000 kg の水準とされる．このため開園後年次が経過するほど，土壌下層まで化学性が劣化してゆく．茶園土壌の pH は 4 付近が多いため，マンガンの可溶化とともにアルミニウムも活性化してくるが，茶はマンガン要求性が高く，アルミニウムとリン酸が結合する条件でもリン酸を吸収利用して生育する．また強酸性土壌でも，好酸性のアンモニア酸化細菌の働きで硝酸化成は容易に行われる．窒素施肥量が 1200 kg 程度の多肥になると，塩基飽和度が改良基準以上にもかかわらず，水溶性硫酸イオンが多く含まれるため，pH 3 以下の強酸性を示す茶園土壌もみられる．

c. 桑 園 土 壌

桑は植え溝を掘り，粗大有機物や土壌改良資材を施用して植え付けられ，植付け後は，うね間中央に堆肥を散布してすき込んだり，溝を深く掘って稲わらと石灰窒素を埋め込む土中堆肥が施用される(図 20.4)．このためうね間では施肥，有

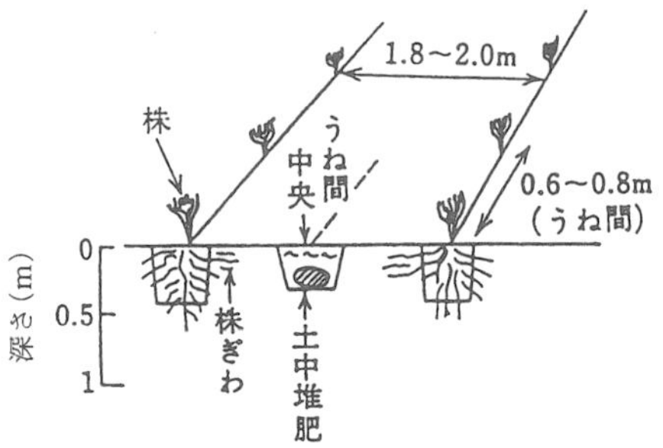

図 20.4 桑園土壌の断面と栽植様式(永井，1976)

機物施用，深耕や耕うんがくりかえされ，株ぎわでは踏圧によるち密な層ができやすい。

桑園では株ぎわが土壌調査の対象となり，強酸性，リン酸欠乏，重粘土，浅耕土などの要因による低位生産性桑園が比較的多い。桑園からもち出される条葉と根・株の生長肥大に必要な窒素施肥基準は ha 当たり 300 kg とされ，施肥の影響と石灰質資材施用量の減少から土壌の酸性化が進行している。

20.3 樹園地の土壌管理

a. 地表面管理

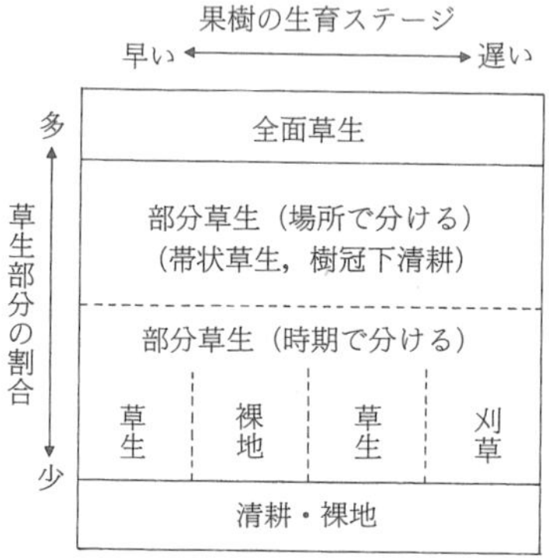

図 20.5 各種の地表面管理法

果樹園の地表面管理法として，樹間の地表面を除草剤で裸地に保つ清耕法，牧草または自生の草種により地表面を被覆する草生法，プラスチックフィルムや稲わらで地表面を被覆するマルチ法やそれらの折衷法がある。清耕法は施肥管理も容易であるが，肥沃度の低下を避けるためは有機物の補給が必要である。

草生栽培にはイネ科牧草，マメ科牧草や自生の雑草が用いられ，図 20.5 に示すように，地表面全体を覆う全面草生法と，樹冠下を裸地とし樹列間を草生とする部分草生法があり，生育時期の果樹と草との養水分競合を避けるためには，部分草生法が良い。草生ミカン園では，図 20.6 のように施肥，土壌有機物，樹体からの離脱物に加え，刈り倒された草の分解によっても窒素がミカン樹に供給される。草生栽培の利点として，肥料成分を牧草が吸収し，一時的に蓄えるので，溶脱窒素量が減少する。また牧草を経由して循環する窒素の割合が多いので，施肥の効果は緩効的となる。

牧草草生栽培で供給される有機物量は多く，イネ科牧草では乾物で 3～7 t ha^{-1}

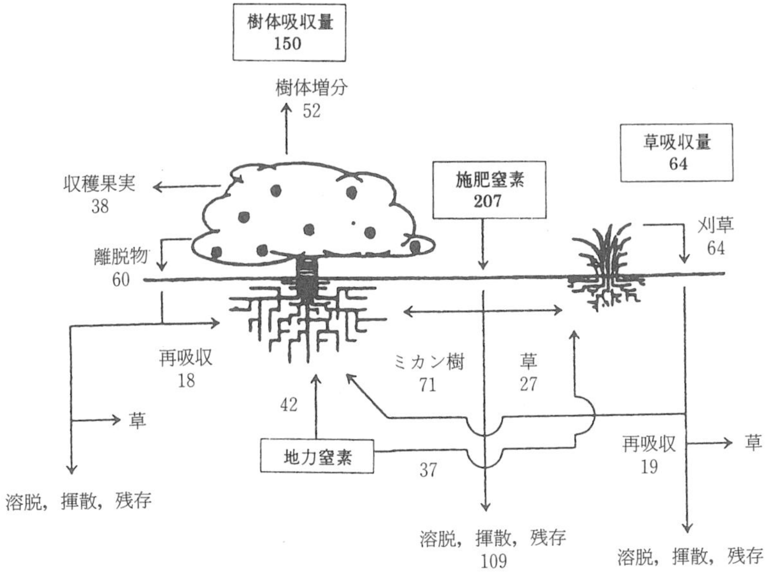

図 20.6　草生ミカン園における窒素循環(長崎果樹試，1997)
単位：kg ha^{-1}.

が得られる．草刈りにより有機物は土壌に還元されるので，有機態窒素として集積し，表層土の団粒も増加して土壌改良効果を示す．また，傾斜地での土壌侵食防止効果も高い．

マルチ法では，プラスチックフィルムや不織布を地表面にマルチすることが多い．主にカンキツ園で降雨の浸入を防ぐため用いられ，土壌水分の制御による果実糖度向上効果が示されている．敷きわらは，土壌水分の維持効果があり，幼木の樹幹周辺にマルチされる．茶と桑は，傾斜地に栽培されることも多く，土壌侵食防止のためうね間に敷きわら・敷き草をマルチする．

b．土壌診断と土壌改良

樹園地土壌では，土壌診断の対象土層を根群分布から区分している．細根の 70～80 %以上が分布する範囲を主要根群域と呼び，主として pH(H_2O)，陽イオン交換容量，塩基状態，有効態リン酸，土壌有機物含量といった土壌化学性を改善する対象としている．根の 90 %以上が分布する範囲を根域と呼び，主として土壌物理性に関する最大ち密度，粗孔隙量，易効性有効水を改善する対象としている．樹園地土壌の種類は多様であるが，わが国で栽培される主要樹種に適した土壌改善目標は表 20.4 のとおりである．

表 20.4　樹園地の基本的な改善目標(地力増強基本指針，1997)

土壌の性質	土壌の種類		
	褐色森林土，黄色土，褐色低地土，赤色土，灰色低地土，灰色台地土，暗赤色土	黒ボク土，多湿黒ボク土	岩屑土，砂丘未熟土
主要根群域の厚さ	40 cm 以上		
根域の厚さ	60 cm 以上		
最大ち密度	山中式硬度で 22 mm 以下		
粗孔隙量	粗孔隙の容量で 10 %以上		
易有効水分保持能	30 mm/60 cm 以上		
pH	5.5 以上 6.5 以下（茶園では 4.0 以上 5.5 以下)		
陽イオン交換容量 (CEC)	乾土 100 g 当たり 12 meq 以上（ただし中粗粒質の土壌では 8 meq 以上)	乾土 100 g 当たり 15 meq 以上	乾土 100 g 当たり 10 meq 以上
塩基状態：塩基飽和度	カルシウム，マグネシウムおよびカリウムイオンが陽イオン交換容量の 50～80 %（茶園では 25～50 %）を飽和すること		
塩基状態：塩基組成	カルシウム，マグネシウムおよびカリウム含有量の当量比が(65～75)：(20～25)：(2～10）であること		
有効態りん酸含有量	乾土 100 g 当たり P_2O_5 として 10 mg 以上 30 mg 以下		
土壌有機物含有量	乾土 100 g 当たり 2 g 以上	−	乾土 100 g 当たり 1 g 以上

果樹園の根域は，深さが 50～80 cm と樹種や土壌区分により異なる．根域は，深さが 30～60 cm の範囲である主要根群域と，その下層の根域下層に区分される．土壌診断では，物理性の改善対象を根域全体とし，化学性の改善対象を，主要根群域で pH(H_2O)，塩基状態，有効態リン酸としている．ミカンなど樹種によっては，根域下層の pH(H_2O) も改善対象となる．有機物による果樹園の土壌改良法として，造成地では，定植時に深耕を兼ねて，バーク堆肥などを根群の分布する範囲に局所施用するとよい．また定植後 5 年程度，家畜ふん堆肥を多量に施用し，土壌肥沃度が向上すると肥沃度を維持するための施用量に低下させることも行われる．

茶園では，根域が 60 cm 以上必要とされるので，根の伸長阻害要因がある場合，全層耕起，固結礫層の破砕，排水暗渠の設置を新植時に施行しておく．既成園では，20～30 cm 程度の深耕が多く，60 cm のトレンチャー深耕は，断根量が多いので，6～8 年に 1 回とする．また pH(H_2O) は，4.0～5.5 の範囲が改善目標とされる．

桑園では，根域の深さは60 cmまでが多く，主要根群域の深さは30〜40 cmの範囲である．また定植後の深耕が困難なため，造成時あるいは改植時に全面深耕し根域の拡大を図る．土壌の化学性改良目標は，pH(H_2O)を6.0〜6.5とし，造成時に粗粒の石灰石を施せば改良効果が長期間維持できる．

c．水　管　理

果樹園では，過剰水分の排水と乾燥時期のかん水が水管理として必要とされる．水田に隣接した地下水位の高い低地，傾斜地下部で流入水や伏流水が集中する平坦地，ち密な粘土層がある丘陵地では，融雪期や多量の降雨後に地下水位が上昇して，根域の土壌空気が不足し，樹勢が衰え落葉したり，激しい場合は枯死することもある．このため，園地内に暗渠や園地周辺に明渠を設け排水を促したり，客土や盛土を行う．

果樹は生育時期により土壌乾燥の影響が異なる．発芽期から展葉・開花期の乾燥は，発芽数が減少したり新梢が短くなり，ブドウではホウ素欠乏症を生じやすく，その後の生育にも影響が大きい．果実発育期の乾燥は，果実の発育を不良にしたり成熟を遅らせる．果実発育期後半から成熟期にかけての乾燥は，適度な場合に果実品質を向上させるが，過度になると果実肥大を抑制し，果実品質も低下する．

温州ミカンでは，夏季の乾燥時期に必要なかん水指標として，正常な生育が阻害される限界水分点に達したときに根域中の有効水の70％をかん水するとよい．また夏季の消費水量は3〜4 mm $日^{-1}$が目安とされる．

茶樹では，冬から夏の土壌乾燥が新芽の萌芽と生育に影響する．とくに厳寒期から早春にかけての乾燥は，一番茶への影響が大きい．盛夏時の茶園の消費水量は，測定法により異なるが3〜4 mm $日^{-1}$の範囲とされる．　〔梅宮善章〕

21. 森　林　土　壌

わが国は国土の 65 %を森林に覆われている．その森林には樹木のほかに地上のさまざまな生物と土壌，さらに土壌中の生物などからなる森林生態系が成立している．人為的なかく乱や自然災害がない条件では，与えられた環境で森林生態系に物質循環が成立し，土壌もその循環系のなかで系内の構成要因に影響を与えると同時に，それらからの影響も受けて特徴ある土壌が形成される．

21.1　わが国の森林土壌

a．土壌断面の特徴

森林では落葉や落枝によって有機物が地表に供給される．このため，森林土壌の表層には植物遺体が厚く堆積した層がみられる．これが A_0層（堆積腐植層）である (図 21.1)．この A_0層は，さらに L，F，H の 3 層に細分される．

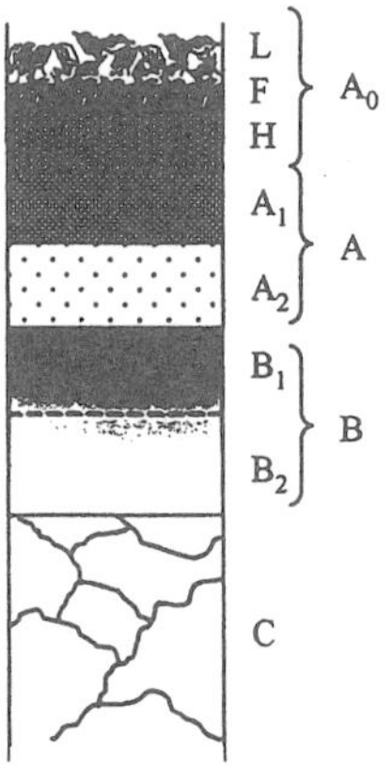

図 21.1　森林土壌の土壌断面模式図

L 層：　落葉や落枝などの新しい植物遺体が供給され，それらの原形が肉眼でも見分けがつく状態で保存された層．

F 層：　落葉や落枝などは土壌動物や微生物によって分解されつつあり，原形をとどめない．しかし，それらがまだ植物の組織であると判断できる状態にある層．

H 層：　有機物の分解が F 層以上に進み，植物組織は判別が困難となり，黒色（暗色）が強く，粒状や塊状，あるいは一定の形状を示さないくらいになって，いわゆる土壌の腐植といわれるような状態にまで分解されている層．

このような A_0層の特徴は耕地土壌にはない．この A_0層の下には耕地土壌でも認められる土壌断面がみられ，溶脱層の A 層，A 層からの溶脱物質が集積する B 層，さらに土壌母材の C 層となる．

表 21.1　林野土壌の分類

土壌群	亜群	
P ポドゾル	P_D	乾性ポドゾル
	$P_{W(i)}$	湿性鉄型ポドゾル
	$P_{W(h)}$	湿性腐植型ポドゾル
B 褐色森林土	B	褐色森林土
	*d*B	暗色系褐色森林土
	*r*B	赤色系褐色森林土
	*y*B	黄色系褐色森林土
	*g*B	表層グライ化褐色森林土
RY 赤・黄色土	R	赤色土
	Y	黄色土
	*g*RY	表層グライ化赤・黄色土
B*l* 黒色土	B*l*	黒色土
	*l*B*l*	淡黒色土

土壌群	亜群	
DR 暗赤色土	*e*DR	塩基系暗赤色土
	*d*DR	非塩基系暗赤色土
	*v*DR	火山系暗赤色土
G グライ	G	グライ
	psG	偽似グライ
	PG	グライポドゾル
Pt 泥炭土	Pt	泥炭土
	Mc	黒泥土
	Pp	泥炭ポドゾル
Im 未熟土	Im	未熟土
	Er	受蝕土

A_0層の厚さや L, F, H の 3 層の形成状態は，その土壌のおかれた環境での有機物の供給速度と分解速度の収支で決まる．有機物分解速度は環境条件に規制されるとともに，主な分解者が何かによっても変化する．微生物が分解の中心でポドゾルあるいは酸性の土壌では A_0層が厚く，F 層が発達しやすい．分解者がミミズなどの大型土壌動物で土壌も塩基類に富む場合，A_0層は薄く，したがって F 層や H 層が存在せず L 層が薄く存在するだけとなる．ダニなどの中小型土壌動物であれば，A_0層の厚さも中間的で，L, F, H の 3 層が形成されやすい．

b.　森林土壌の分類

森林には独特の土壌断面が発達するため，わが国では農耕地土壌の分類基準とは別に森林土壌の分類基準がある．それによると，わが国の森林土壌は八つの土壌群に区分される (表 21.1)．このうち，全体のおよそ 75 %を占める褐色森林土壌群が，わが国の代表的な森林土壌である．このほか，わが国では黒色土，ポドゾルなどの土壌群の分布面積が広い．黒色土は，耕地土壌でいう黒ボク土地域に主に分布している．ポドゾルは，本州中部以北から東北地方にかけての高海抜地域に分布している．

21.2　森林土壌と樹木の生長

a.　林地の生産力と地位指数

森林における樹木の生長は，土壌の肥沃度だけでなく，その森林のおかれた気象，地形，植林して収穫される材木の種類（樹種）とその育成方法など，さまざまな要因によって決定される．このため林地の土地評価には地位等級が用いられる．地位とは，土壌，地形，気象，生物などの因子を総合的に組み合わせて決定されるものである．しかし，この構成要因も複雑多岐であり，それを実際に決定するのは容易でない．そこで考え出されたのが地位指数である．

地位指数はコイル（Coile）が提案したもので，林地のもつ潜在生産力の指標を示すものである．具体的には基準の樹齢における優勢木の平均樹高で示される．基準樹齢は通常50年，天然林などでは100年を用いることが多い．わが国の広範囲なスギやヒノキの調査では，基準樹齢を40年としている場合もある．

b．土壌の各種要因と地位指数との関係

1）土壌型　スギ林の地位指数は土壌，地形，気象などの各種要因のうち，土壌型に最も大きな影響を受ける（真下，1983）．たとえば，わが国で最も分布面積の広い褐色森林土亜群をさらに細分化した七つの土壌型（分類上は土壌型・亜型）で比較すると，土壌の水分環境が適潤から弱湿性で石灰飽和度が高いという特徴をもつ土壌型ほど地位指数が大きく生産力が高い．ただし，土壌型が地位指数に与える影響程度は樹種によって変化し，スギ＞ヒノキ＞アカマツ＞カラマツの順に土壌型の影響が小さくなる．

もともと，土壌型は，土壌のおかれた環境によって作り上げられたものである．このため，土壌の物理性や化学性あるいは生物性を示す個別の要因より，土壌型という総合的な要因のほうが樹木の生産力をより強く規制する．したがって，土壌型の正確な判定は森林土壌の生産力を評価する上できわめて重要である．

2）土壌の「透水性－深さ」指数　土壌型以外で地位指数と密接な関係を示し，土壌の水分環境とかかわりをもつ指標が「透水性－深さ」指数である．これは次のようにして求める．

$$PD = P_1 \times T_1 + P_2 \times T_2 + P_3 \times T_3$$

$$T_1 + T_2 + T_3 = 50\ \mathrm{cm}$$

ここで，PD：「透水性－深さ」指数，P_1・P_2・P_3：各土層の透水係数（cm sec^{-1}），T_1・T_2・T_3：50 cmまでの各土層厚（cm）である．

スギ，ヒノキのいずれも，「透水性－深さ」指数が大きい土壌ほど地位指数が大きい（図21.2）．これらの造林木の良好な生長を期待するには，スギならこの指数が10000程度，ヒノキではこれが5000程度を必要とする．スギは深根性で土層の深くまで根を伸長させる．これに対してヒノキは浅根性で根系は表層に密集する．このような根系の違いが「透水性－深さ」指数と地位指数との関係にも反映して

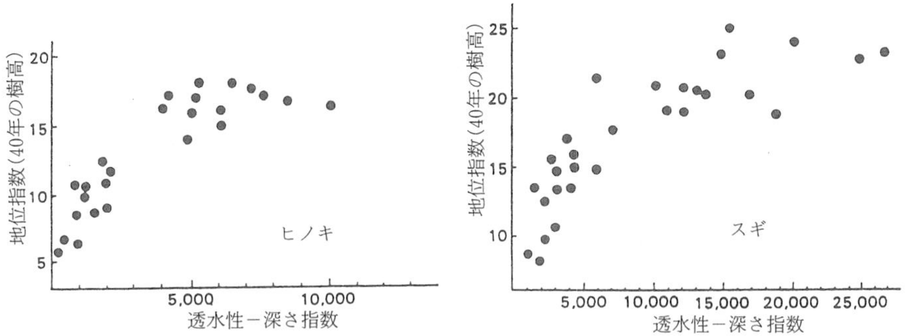

図 21.2　土壌の「透水生一深さ」指数とスギ・ヒノキの生長(真下，1960)

いる．土壌の透水性は，土壌構造と深くかかわっており，構造の発達した土壌は透水性だけでなく，保水性にも優れている．したがって，この指数が大きいことは，土壌が水分に恵まれ良好な構造をもっていることをも示唆している．

3)　表土の炭素率（C/N 比）　　わが国では森林に施肥する例がほとんどないため，樹木の養分源はほぼ完全に天然供給に依存している．落葉，落枝がその主な給源である．森林では一般に堆積腐植層（A_0層）が発達しているため，土壌の有機物量や全窒素量は地位指数とあまり密接な関係がない．ところが，表土（A_1層）の腐植の分解が進み，その C/N 比が小さく易分解性になるほど地位指数は大きくなる．このことから，林地における養分の天然供給は，腐植の分解に伴う養分放出に依存しており，それが樹木の生育に影響していることが理解できる．

21.3　森林生態系における物質循環

a.　物質循環の概要

森林生態系では，土壌と樹木，それに大気圏との間で物質循環が成立している(図 21.3)．炭素（C）は大気中のCO_2が樹木に同化されて，この生態系に流入する．また窒素(N)は大気からN_2が生物的窒素固定で系内に取り込まれる場合と，降雨や降雪による湿性降下物として，あるいはガス，微粒子などの乾性降下物として NH_4^+-N や NO_3^--N が系内に流入してくる．これに対して，系外へ流出するのは，C ではA_0層を含む土壌有機物の分解に伴うCO_2の排出，土壌生物や根の呼吸に由来するCO_2などである．一方 N の系外への流出は，土壌からの脱窒によるN_2揮散と，NO_3^--N として地下水へ移動するものなどである．

b.　炭 素 循 環

わが国の森林からのCO_2排出量は，森林の伐採や他用途への転用時に土壌から

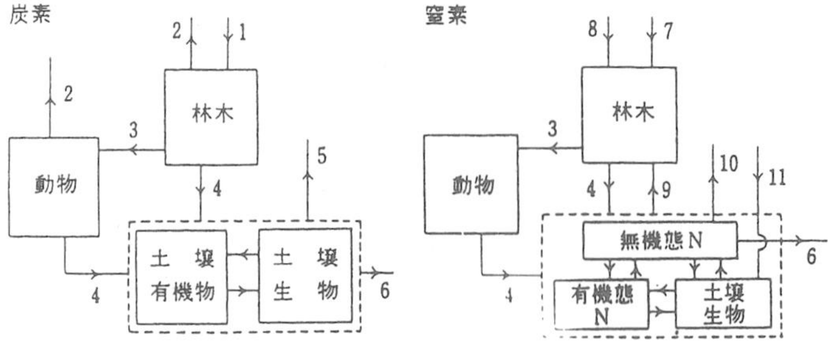

図 21.3　森林における物質循環の経路(堤, 1987)
1：光合成, 2：呼吸, 3：被食, 4：落葉・落枝(リターフォール), 5：土壌呼吸, 6：流出, 7：N 固定(共生), 8：降水, 粉塵降下, 9：材木による吸収, 10：脱窒, 11：N 固定(非共生)

排出されるものなどから C として 13 Mt である．一方，固定量は森林の生長に伴うもので，39 Mt とされている．したがって，わが国では 26 Mt の C が森林に吸収固定されている．森林による年間 C 固定量は，人工林の場合，本州以南で 1.8 t ha^{-1}, 北海道では 1.6 t ha^{-1}, 天然林の場合はどちらも 1.4 t ha^{-1}程度が標準的な値である．

一方, わが国の森林土壌に存在する C 量はおよそ 5400 Mt と推定され, 223 t ha^{-1}に相当する．森林の伐採はこの土壌 C 量を減少させる．伐採による地温の上昇，蒸散停止による土壌の湿潤化の進行といった要因により，土壌有機物分解速度が加速するためである．そのほか，伐採されて土壌表面が露呈し侵食をうけ，表土が剥離してしまうことなども土壌 C 量の減少をもたらす．

国連食糧農業機関(FAO)によれば, 熱帯では 1980 年から 90 年にかけて毎年 1540 万 ha の森林が消失したと推定されている．その一方, 温帯では年間 70 万 ha の割合で森林が増えている．森林の発達は地球上の C 存在量を増加させて，CO_2発生量を抑制する．ところが，森林土壌のように C 蓄積の多いところでは，人為的かく乱で CO_2発生量が多くなる．しかも，人為的かく乱後の植生回復には長期の時間を要する．人為的で無原則な森林かく乱は森林土壌の保全だけでなく，温室効果ガス排出抑制という面からも，避けるべきである．

c．窒 素 循 環

樹木の生長に伴う N 蓄積量は 10～20 kg ha^{-1}程度といわれる．樹齢が進むと樹木の生長による N 蓄積と落葉・落枝などの枯損とがほぼつりあって平衡状態となる．このため，成熟した森林では流入 N が樹木の吸収量を上回って土壌への負荷となる．降水(雨・雪)による年間 N 流入量は，北海道での実測例によれば NH_4^+-N

として 2〜3 kg ha^{-1}, NO_3^--N としておよそ 1〜2 kg ha^{-1}程度である。都市部，とくに東京では NO_3^--N としてだけでも年間 7 kg ha^{-1}程度にも達する。このため，酸性雨などに含まれる NO_3^--N は土壌に浸透して塩基類の溶脱を加速し，森林土壌の酸性化をもたらすだけでなく，安定した森林生態系の N 循環を大きく乱す可能性がある。

〔松 中 照 夫〕

22. 環境汚染と土壌管理

人類が農耕を開始したのは，今からおよそ1万年前の旧石器時代終幕の頃であった．その頃，農耕が環境を汚染することはなかった．養分が土壌－作物－人間の経路を循環していたからである．ところが現代のわが国では，養分循環が破綻しつつある．作物の生育だけでなく環境にも大きな影響をおよぼす窒素(N)を中心に，農耕地に由来する環境汚染を地域環境保全の立場から述べる．

22.1 わが国における窒素循環

a. 食料自給率

1960年，日本政府は所得倍増計画による経済成長の促進，および日本農業の新局面を開こうと農業基本法を閣議決定した．その年のカロリー自給率（供給熱量総合食料自給率）と穀物（食用＋飼料用）自給率は，いずれも80％程度であった（図22.1）．ところが，それ以降，わが国の自給率は低下し続け，1998年にはカロリー自給率が40％に，また穀物自給率は実に27％にまで落ち込んだ．

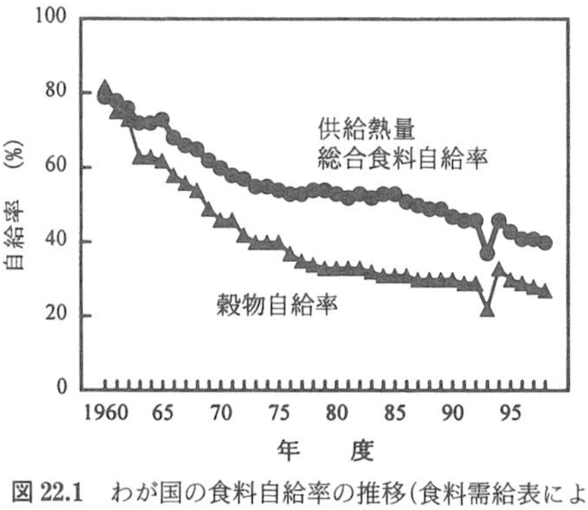

図22.1 わが国の食料自給率の推移(食料需給表による)

こうして，現在のわが国の「豊かな食生活」は，外国からの輸入食料に依存した弱い体質で成立している．食料を国産で自給するという基本的姿勢が維持されなかったこと，食生活の多様化による国内産米の消費減少，それに代わる小麦粉製品や乳肉製品の消費増加などが自給率低下をもたらした主な要因である．

b. わが国の農業生産システムにおける窒素循環

この自給率の低さは，言い換えると食料という形をとって外国の土壌養分が輸入されてくることを意味している．1960年当時，国内生産食飼料からわが国の農

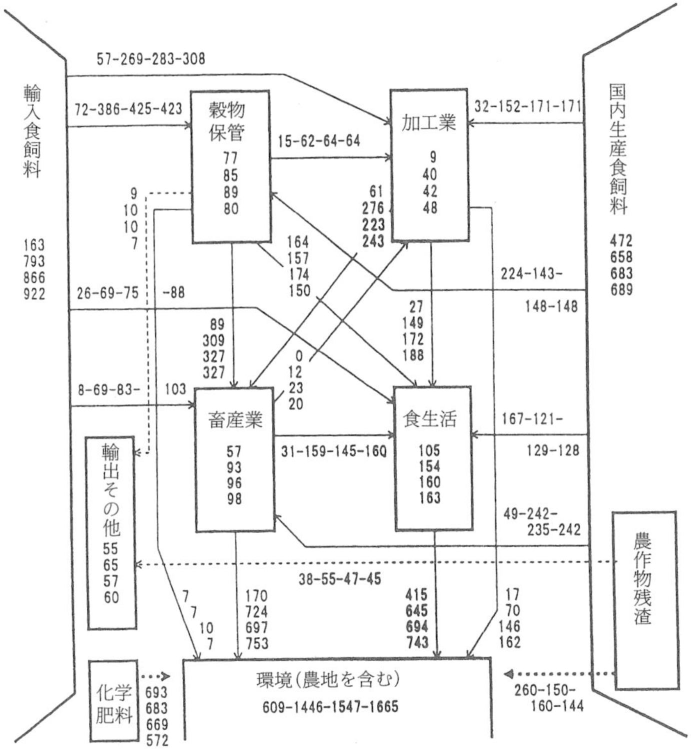

図 22.2　1960 年から 1922 年にかけてのわが国農業生産システムにおける窒素循環の変遷（袴田，1996）
数字は上から下に，または，左から右に 1960—1982—1987—1992 年．単位：N 千 t.

業生産システムに流入した N 量は，高い自給率を反映して輸入食飼料からの N よりもはるかに多かった（図 22.2）．流入した N は食生活を通して廃棄される量が最も多く，畜産廃棄物として廃棄される量は，食生活由来の 41 %にすぎなかった．環境に排出された N は全体でも 61 万 t だった．

ところが，自給率が低下した 1992 年には，輸入食飼料からの N が 1960 年の 5.6 倍に増加し，国内産 N をはるかに上回った．増加した流入 N は環境への排出 N 量を大きく増加させ，その量は 1960 年の 2.7 倍，167 万 t に達した．このうち最も多かったのは畜産廃棄物由来 N で 1960 年の 4.4 倍，ついで食生活由来 N で 1960 年の 1.8 倍，食生活につながる加工業からの排出 N は，1960 年の実に 9.5 倍にもなった．こうした食品加工と畜産からの N 排出量が激増した事実は，わが国の食料消費動向と一致し，食料の自給率低下が環境負荷を高めていることを裏づけている．

c．わが国の伝統的養分循環とその破綻

わが国古来の農業生産システムでは，人間の排泄物（し尿）をも利用した養分循環が成立していた．江戸時代にはし尿が商品化され，し尿が非農業人口の集中する城下町から農村へ還元されていく流通経路さえあった．このシステムは「植物の無機栄養説」を確立したドイツのリービッヒ（J. Liebig）を驚愕させた．彼は名著「化学の農業及び生理学への応用」に，「日本の農業の基本は，土壌から収穫物に持ち出した全植物養分を完全に償還することにある．（中略）土地の収穫物は地力の利子なのであって，この利子を引き出すべき資本に手をつけることは，けっしてない」と記している．

その誇るべきわが国の伝統的養分循環システムは現代に破綻し，世界から集めた養分が狭い国土にあふれかえっている．とりわけ輸入飼料用穀物に依存したわが国の畜産は環境への排出N量が多く，その悪影響が懸念されている．

22.2 農耕地土壌の窒素環境容量

国土にあふれかえったNを環境汚染物質にしないためには，作物生産に有効利用し，農耕地でのN循環に組み入れることが重要である．では，環境に悪影響を与えないでどれだけのNが農耕地に収容可能か，それが問題である．この農耕地における養分の収容可能量を環境容量という．

a．窒素環境容量

環境容量は，一般に，「自然の自浄力によって汚染物質による環境への悪影響が生じないような環境の収容力」と定義されている．この考え方をNにあてはめたものがN環境容量である．つまり，N環境容量とは，農耕地に投入されたNに由来する環境汚染がないような農耕地土壌の受け入れ可能N量のことである．北海道では，通常の収量をあげうる作物のN吸収量と，地下浸透水中の硝酸態N（NO_3^--N）濃度を10 mg L^{-1}以下にする土壌の最大N保持量との合計値を，農耕地のN環境容量と定義している．

年間の降水量から蒸発散量を差し引いた余剰水が一定の土層内にあるすべてのNO_3^--Nを流出させても，地下浸透水中のNO_3^--N濃度を水質基準の10 mg L^{-1}以下にするには，余剰水量100 mm当たりNO_3^--Nで10 kg ha^{-1}まで土層内に残存できる．これをNO_3^--N残存許容量とすると，これに主要作物の平均的なN吸収量から，その地域の土壌N環境容量が算出できる．たとえば，北海道東部の草地酪農地帯では，余剰水量がおよそ600〜800 mmであった．したがって，この地

域の NO_3^--N 残存許容量は 60〜80 kg ha^{-1}となる．この地域の主要作物であるイネ科牧草チモシーの標準的な N 吸収量に相当する施与可能 N 量が 160 kg ha^{-1}と見積もられるので，この地域での N 環境容量は 220〜240 kg ha^{-1}となる．

b．許容限界窒素量

上記の北海道の N 環境容量のような考え方ではなく，土壌からの地下浸透水を NO_3^--N として 10 mg L^{-1}以下に維持することが可能な N 投入量を許容限界 N 量とし，それが 1992 年に全国的に検討された．その結果，現時点での許容限界 N 量は，およそ 200〜250 kg ha^{-1}の範囲である．

22.3 家畜ふん尿と窒素循環

農業に由来する環境汚染は，わが国だけでなく世界的にみても，畜産によるものが多い．とくにわが国の畜産は輸入穀物飼料を大量に消費し，それを多量の廃棄物として環境へ排出している．

a．家畜ふん尿による窒素負荷量

主要家畜のふん尿排泄量は畜種によって大きく異なる(表 22.1)．これによれば，搾乳牛 1 頭当たり年間に 105 kg の N を排出する．したがって，先に示した N 環境容量や許容限界 N 量に基づくと，ha あたり搾乳牛 2 頭でほぼその限界に達する．

各都道府県の家畜飼養頭数と耕地面積から，家畜ふん尿に由来する単位耕地面積当たり N 負荷量を求めると，南九州などで 250 kg ha^{-1}をこえ，家畜ふん尿による環境汚染が危惧される(図 22.3)．北海道は家畜飼養頭数が多いにもかかわらず，単位耕地面積当たり N 負荷量は少ない．これは北海道の耕地面積が多いためで，わが国全体としてみればむしろ特殊例である．

表 22.1 畜種別ふん尿および N 排泄量

畜種		排泄量 (kg 頭$^{-1}$ 日$^{-1}$)			N 排泄量 (g 頭$^{-1}$ 日$^{-1}$)		
		ふん	尿	合計	ふん	尿	合計
乳牛	搾乳牛*	51.4	13.0	64.3	179	110	289
	初産牛*	35.8	13.8	49.6	146	78	224
	育成牛	17.9	6.7	24.6	85	73	158
肉牛	2 才未満	17.8	6.5	24.3	68	62	130
	2 才以上	20.0	6.7	26.7	63	83	146
	乳用種	18.0	7.2	25.2	65	76	141
豚	肉豚	2.1	3.8	5.9	8	26	34
	繁殖豚	3.3	7.0	10.3	11	40	51

*：扇ら(1989)のデータ．これ以外はすべて築城・原田(1997)のデータ．

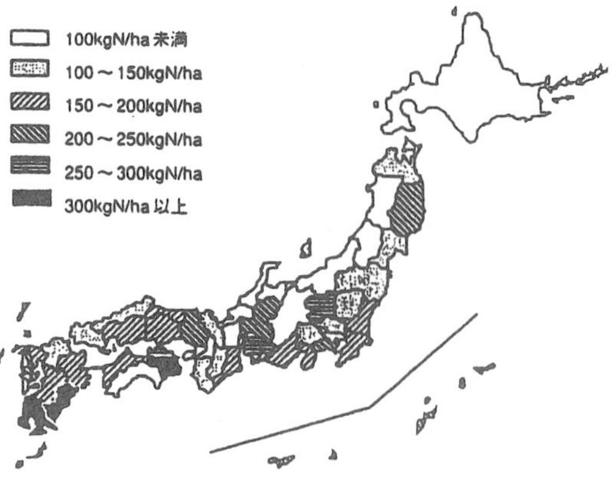

図 22.3　農耕地単位面積当たりの家畜排泄窒素負荷量(築城・原田，1997)

b.　酪農における窒素循環

酪農は，土－草－牛－土の経路をたどって養分が循環する農業である．ところが，この酪農でも，輸入穀物を中心とした濃厚飼料が乳牛に多量に給与されるようになると，養分循環が破綻し環境汚染をもたらすようになる．酪農におけるN循環を，北海道と都府県に分けて比較すると，この事情がよく理解できる(図 22.4)．

都府県の単位面積当たりの飼養頭数（飼養密度）は，北海道より圧倒的に多い．このため都府県の酪農場では，飼料を購入濃厚飼料に依存せざるをえない．その

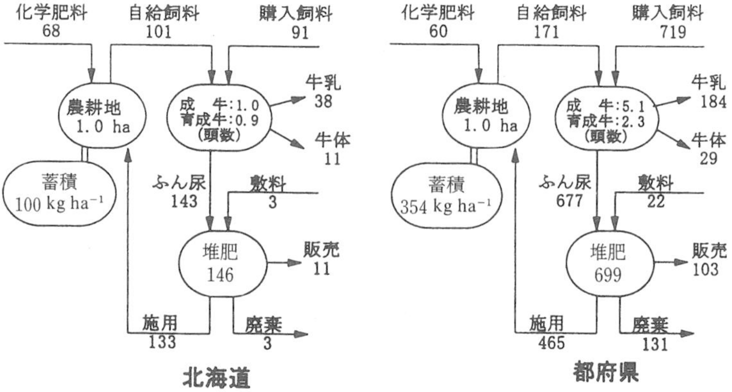

図 22.4　自家農耕地 1 ha 当たりに換算した酪農経営における窒素フロー(築城・原田，1996) 1990 年．単位：kg N ha^{-1}年$^{-1}$．

結果，購入濃厚飼料由来Nが北海道のそれを大きく上回っている．これを食した乳牛の排泄ふん尿由来Nもきわめて多量で，その耕地還元Nは465 kg ha^{-1}であった．これは，許容限界N量（250 kg ha^{-1}）を大幅に超過している．それだけでなく，行先不明になっているNも131 kg ha^{-1}に達している．

この事実は，都府県では購入濃厚飼料を給与することで耕地に依存しなくても乳牛の飼養が可能になった反面，あふれかえるふん尿由来Nは適正に還元される耕地がなく，環境へ流出せざるを得ないことを明確に物語っている．このことは酪農だけでなく，わが国の肉牛や豚，鶏など他の畜産でも同様である．

c．個別酪農場での窒素循環

平均的に見れば，北海道の酪農は単位面積当たりの家畜飼養頭数が少ないため，環境へ悪影響を与える段階に至っていない．しかし，これを個別に検討すると，全く問題がないとはいえない．

北海道北部，草地酪農地帯のある酪農場でのN循環を調査した事例によれば，牧草地（採草地，放牧草地）に投入されるN量はN環境容量より少なく，しかもそのN量と飼料として出ていくN量の差，すなわち見かけ上の蓄積N量も比較的少ない（図22.5）．しかし，牛舎周辺の狭い範囲でみると，N環境容量を大きく超える830 kg ha^{-1}ものふん尿由来Nが蓄積している．北海道のように単位面積当たりの家畜飼養頭数が少ない場合，草地に施与されたNに由来する環境汚染の可能性は少ない．しかし，牛舎周辺の狭い範囲でみれば，ふん尿の貯留方法などに

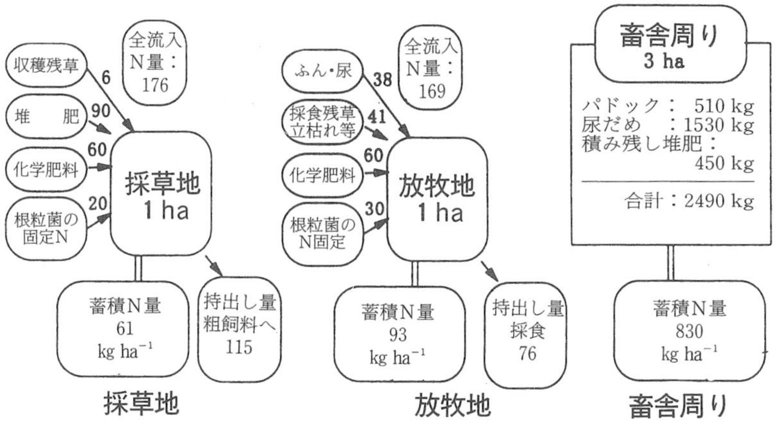

図22.5 北海道北部のA酪農場における蓄積Nの偏在（松中，1999）
単位：kg N ha^{-1}年$^{-1}$．

細心の注意を払わなければ，そこから N が流出して環境を汚染する可能性がある．

排泄ふん尿由来 N を環境汚染物質にしないためには，毎日確実に排泄される N 量を N 環境容量や許容限界 N 量の範囲に収まるように，単位耕地面積当たりの家畜飼養頭数で規制する必要がある．そうしない限り，排泄されるふん尿由来 N は還元される場所がなく，環境に流出して汚染源となる．

d．飼養密度低下のための工夫

北海道の十勝地方では，草地面積当たりの牛（乳牛＋肉牛）頭数が 4.6 頭 ha^{-1} と北海道全体の平均 2.4 頭 ha^{-1} よりかなり多い（1999 年統計資料）．しかし，この地域では畑としての耕地が多く，耕地面積（草地＋畑地）当たりの牛頭数は 1.5 頭 ha^{-1} となって，草地面積当たりの牛頭数よりかなり減少する．このように，畜産農家と畑作農家が結合すれば，ふん尿還元が可能な耕地面積が増え，飼養密度を低下できる．それによって，単位面積当たりの N 負荷量を軽減できる．

22.4 環境へ流出した養分による環境汚染

a．水質汚濁

地下水や表面流去水などを通じて河川・湖沼・海域などの水質や水域生態系に影響をおよぼす負荷の発生源は，二種類に大別される．その負荷の排出場所が特定できる点源（特定発生源）と，排出場所が特定できない面源（非特定発生源）である．牛舎，豚舎，鶏舎などの周辺や工場，下水処理場などが点源である．農地は森林や市街地などとともに面源として扱われている．これらの発生源から流出して水質を汚染する環境負荷物質は，ここで考えている N のほかに，有機物質，リン（P）などの富栄養化要因物質と農薬が含まれる．

1）特定発生源（点源）汚染　酪農場近傍を通過した河川における N 濃度の上昇，あるいは，素堀りふん尿だめ（ラグーン）に貯留したふん尿混合物由来 N による地下水汚染，さらに，畜産関連施設近傍の井戸水中 NO_3^--N 濃度が飲用基準を上回るというような各地の事例が，典型的な点源汚染の実例である．

こうした汚染は，ふん尿貯留施設の規模が飼養頭数からみた適正な容量を満たしていないため，ふん尿中 N が貯留施設からあふれ出て環境へ流出したことによって発生する．このような環境汚染を防止するために，ふん尿貯留施設は 1999 年から「家畜排せつ物の管理の適正化及び利用の促進に関する法律」によって規制されるようになった．

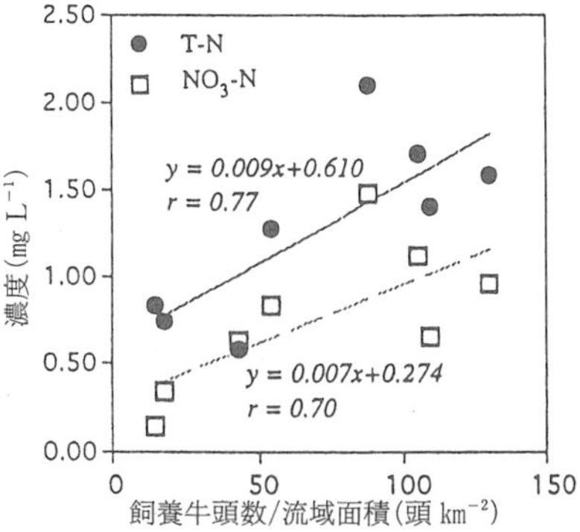

図 22.6　流域面積当たりの飼養牛頭数と河川の全窒素(T-N)，および硝酸態窒素(NO_3^--N)濃度の関係(井上ら，1999)

2)　非特定発生源（面源）による汚染　この種の汚染では発生源が特定できないため，環境汚染物質がどこから発生し，どの程度地下水や河川，湖沼へ流出しているかを定量するのは難しい．しかし，単位流域面積当たりの家畜頭数が多くなると，それに伴ってN負荷量も増加するため，河川水のNO_3^--N濃度が高まる(図22.6)．つまり面源汚染では，環境への負荷量が増加すれば，汚染は確実に進む．

3)　水質汚濁の防止　地下浸透水のNO_3^--N濃度は，耕地への投入Nと作物の吸収Nの収支結果と土壌を浸透する排出水量によって規制される．したがって，NO_3^--Nの地下浸透による水質汚濁の防止には，まず農地に投入するN量を，N環境容量や許容限界N量の範囲内に収めることが重要である．また，作物のN吸収が旺盛でない時期のN施与は避けるべきである．さらに，たとえば高位置から低位置へ，茶園－畑－水田－湿地－河川というような地形連鎖の利用も有効であろう．高位置にある地目から地下浸透したNO_3^--Nは，低位置の地目の作物で再利用でき，最終的には水田と湿地で脱窒作用を受けて，環境に無害な窒素ガス（N_2）に変化して大気に放出されるため，環境汚染の防止につながる．

表面流去によって水域へ流入するような場合は，排出されたNO_3^--Nなどの汚染物質が河川や湖沼に到達するまでに，自然浄化を受ける機会を多くすることが重要である．河川のそばに湿地や河畔林地を設けて流入の緩衝帯として利用すると，自然浄化が進みNO_3^--N濃度が低下する．また，発生源と河川の間が，裸地状態より草地のように作物が栽植された状態であるほうが浄化程度は大きい．

b.　大気への影響とその対策

アンモニア(NH_3)揮散は，施与した養分としてのNの損失だけでなく，大気に揮散したNH_3は，大気中の硫酸基と結合してより強い酸性雨の発生をもたらす．このほか，降下するNH_4^+-Nにより，自然植生の生育かく乱，土壌中での硝酸化成に伴う土壌pHの低下とそれに伴う土壌養分バランスの悪化，植物の養分吸収阻害など，環境への悪影響は大きい．

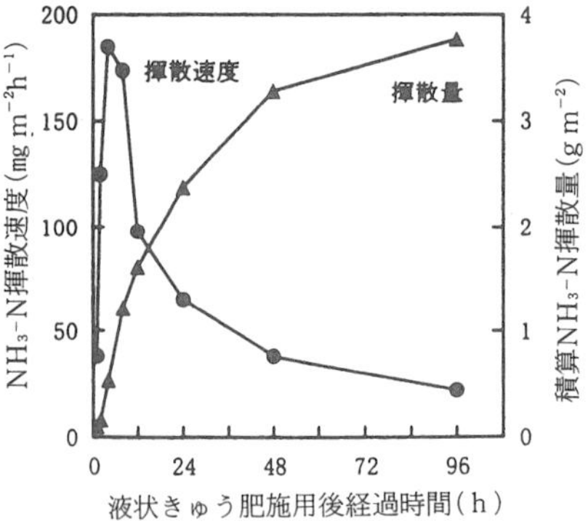

図 22.7 表面施与された乳牛液状きゅう肥からのアンモニア揮散速度と積算アンモニア揮散量の推移(松中・佐藤，2000)
オーチャードグラス栽植，施与量：10 kg m^{-2}，
液状きゅう肥の pH：7.6，
液状きゅう肥の乾物率：5.2%，NH_4^+-N 施与量：20 g m^{-2}.

農地からのNH_3揮散は，家畜ふん尿を草地に施与するように土壌表面へ施与した場合に発生する．化学肥料由来 N は，特別なアルカリ土壌でない限り表面施与であってもNH_3揮散は少なく，尿素でごくわずかに検出できる程度である．また，家畜ふん尿が土壌に覆われると，NH_3揮散はほとんど発生しない．

表面施与した家畜ふん尿からのNH_3揮散の最高値は，おおむね施与後 12 時間以内に現れ（図 22.7），数日以内で揮散が終了する．ふん尿由来NH_4^+-N 施与量に対する揮散NH_3-N 量の割合（揮散率）は，畜種，ふん尿の pH や乾物率，さらに施与量，土壌水分，気温などによって影響を受ける（表 22.2）．

表 22.2 表面施用した家畜ふん尿からのアンモニア揮散率*1に影響する各種要因(松中ら，未発表)

要因	処理内容	揮散率 (%)	現物施与量	測定時間と特記事項
畜種*2	豚 乳牛 鶏	3 21 72	100 t ha^{-1}	96 時間，ただし，鶏は 240 時間後までアンモニア揮散が持続し，そのときの揮散率は 104 %になった．
施与量	標準量 多量	31 40	60 t ha^{-1} 120 t ha^{-1}	120 時間．供試液状きゅう肥の乾物率は 8.1 %，pH は 7.1 であった．
pH	6.6 6.9 7.1	30 35 40	120 t ha^{-1}	120 時間．乾物率が 8 %で，ほぼ同程度の液状きゅう肥を供試した．
乾物率 (%)	3.1 5.2 12.4	31 40 41	NH_4^+-N として 200 kg ha^{-1}相当量	120 時間．供試液状きゅう肥の pH は，7.3〜7.5 の範囲であった．
土壌水分	乾燥 適潤 湿潤	33 39 42	120 t ha^{-1}	120 時間．土壌水分ポテンシャルを乾燥＝−310 kPa，適潤＝−31 kPa，湿潤＝−3 kPa，に維持した．
気温 (°C)	10 15 20	33 50 55	120 t ha^{-1}	120 時間．人工気象室で温度設定，昼夜一定の温度とした．

*1：施与されたNH_4^+-N に対する揮散NH_3-N の割合(%)．
*2：この要因以外，すべて乳牛由来の液状きゅう肥を供試した．

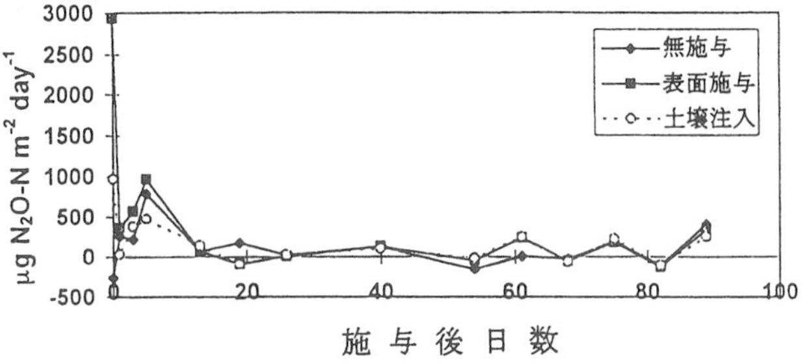

図 22.8 液状きゅう肥施与に伴う亜酸化窒素(N_2O)発生の経時的変化(Chadwick, 1997)
施与時期：6 月，施与量：25 m^3 ha^{-1}，草地：ペレニアルライグラス.

表 22.3 乳牛液状きゅう肥の施与時期，施与方法，施与量の違いが亜酸化窒素(N_2O)の発生に及ぼす影響(Chadwick, 1997)

	3月 (72日間)		6月 (89日間)		11月 (117日間)		
	25表*	25注*	25表*	25注*	50表*	25表*	25注*
施与 NH_4^+-N 量(kg ha^{-1})	44	47	32	32	56	28	28
全 N 施与量(kg ha^{-1})	72	76	44	44	124	62	62
N_2O 発生量(kg N ha^{-1})	0.03[a]	0.08[b]	0.05	0.01	0.26[y]	0.07[z]	0.05[z]
N_2O 放出率							
施与 NH_4^+-N に対する比率(%)	0.07[b]	0.17[a]	0.15	0.03	0.47	0.24	0.19
施与全 N に対する比率(%)	0.04[b]	0.10[a]	0.11	0.02	0.21	0.11	0.08

*25 表：施与量 25 m^3 ha^{-1}，表面施与．25 注：施与量 25 m^3 ha^{-1}，土壌注入.
50 表：施与量 50 m^3 ha^{-1}，表面施与.
a，b，y，z：異文字間に統計的有意差あり（危険率 5 %水準).

このほか N 施与後には，次章で述べる温度効果ガスであるとともにオゾン層破壊にもかかわる亜酸化窒素(N_2O)が発生する．その経時的変化は，調査時の条件で異なる．たとえば，畑地に化学肥料を施与した場合，N_2O の発生は施与後 1～2 週間目に活発となる(鶴田，2000)．一方，草地に乳牛液状きゅう肥を施与した場合，施与直後から数日中に N_2O 発生が最も旺盛となることがある (図 22.8)．これは，乳牛液状きゅう肥に含有される炭素や水分が，もともと土壌中に存在していた NO_3^--N の脱窒を助長するためである．液状きゅう肥の施与方法が N_2O 発生におよぼす影響は施与時期によっても異なり，必ずしも一定の傾向を示さない(表 22.3)．

N_2O 発生の実測データがない場合，IPCC (気候変動に関する政府間パネル) は化学肥料 N，ふん尿などの有機物，生物的窒素固定，および作物収穫残渣などの投入量に排出係数 0.0125 を乗じて推定することを勧めている．

農耕地に施与されるふん尿からの NH_3 揮散は，ふん尿由来 NH_4^+-N をできるだけ土壌中に浸透しやすくし，大気に曝される表面積を少なくすることで抑制できる．あるいは気温の低い時期に施与することや，家畜ふん尿に酸を添加してふん尿のpHを下げることなどでもNH_3揮散が減少する．ただしふん尿からのNH_3揮散を抑制すると，それだけ土壌に浸透するN量が多くなる．これは結果的に，土壌中のNO_3^--Nを富化することにつながる．それゆえ家畜ふん尿からのNH_3揮散を抑制すればするほど，NO_3^--Nによる地下浸透やN_2Oの発生を増加させる可能性もある．したがって，家畜ふん尿に由来するNH_3やN_2Oの大気への放出は，ふん尿処理（たとえば堆肥化など）の過程における発生量や，土壌中に移行したふん尿由来Nの動きなども含め，農耕地全体として考えるべき問題である．

N_2O発生量の抑制にも発生源対策が基本で，農耕地への施与N量を作物の必要量以内に抑制するか，土壌残存N量を減少させるために，作物によるN吸収利用率の高い施与時期や施与方法を採用することが重要である（23章参照）．

〔松 中 照 夫〕

23. 土壌保全と人類

23.1 土　壌　劣　化

土壌は作物生産の観点では再生可能な資源と考えられ，その生産性は限りなく維持向上できると信じられていた．また土壌は生態系において分解の場として認識され，あらゆる環境浄化能を有する土壌微生物が存在すると誤解されていた．19 世紀中頃に登場した化学肥料は作物の不足養分を補充し増収に直結するので，作物生産や環境に問題が生ずるとは予想していなかった．しかし化学肥料だけでは作物養分のアンバランスが生じ，また余剰の養分が地下水や河川湖沼へ移行し水圏の水質汚染や富栄養化を深刻化することが次第に明らかになった．さらに重金属などの人為起源物質による土壌汚染が，作物生産の量的質的低下や生態系の破壊をも引き起こしている．このように土壌のもつ物理的，化学的，生物的機能には，どれも永続性が保証されていない．現実に世界各地で起こっている土壌汚染，森林破壊，砂漠化，土壌の塩類化などは，こうした土壌の生産力・環境浄化能力を著しく低下させ，回復不能な状態に陥らせている．この過大な人間活動による不可逆的な過程を土壌劣化として，ここで概括する．

23.2 土　壌　汚　染

農薬などが作物生産の過程で意図的に農地に散布され，また重金属や難分解性有機物が土壌へ意図せぬままに混入し，土壌汚染を引き起こしてきた．これらの人為起源物質のなかには土壌に長期間残留し，作物生産能を低下させるばかりでなく，汚染の拡大や人間への健康被害や生態系破壊の原因にもなるものがある．

a. 農 薬 汚 染

病虫害を防除するため，また雑草を選択的に枯死させるため，農地に農薬が散布されると，その大部分は表層土壌へ吸着され，一部は作物に吸収され，あるいは水圏に移行したり，土壌微生物によって分解される．さらに作物収穫後もさまざまなポストハーベスト農薬が使用され環境へ放出されている．農薬は微量でも高い生物活性を有しているため，その汚染は深刻である．土壌への吸着や分解活性は農薬の分子構造，土壌の粘土組成や含量，土壌有機物量，土壌微生物量などさまざまな要因で規定される．従来，農薬はその活性を長期間維持させようと分解されにくい化合物(たとえばDDTやBHC：有効成分はγHCH)が使用されたため生態系で濃縮され健康被害を起こし使用禁止となった．しかし現在もこれがなお分解せず環境中に集積している．農薬の生態系への影響は，人間への健康被害以上に未知であり，予測評価を十分行う必要がある．一方，土壌中には特定の農薬を分解する微生物もいることが見出され，分解経路も解明されてきた．たとえばBHCは水田土壌中では比較的速やかに分解されるが，畑土壌でも長期連用することによって分解活性が高まり(図23.1)，その土壌中から分解細菌が分離された．しかし分解され無毒化するまでに，中間産物が思いがけず副作用をもつこともあり，注意が必要である．

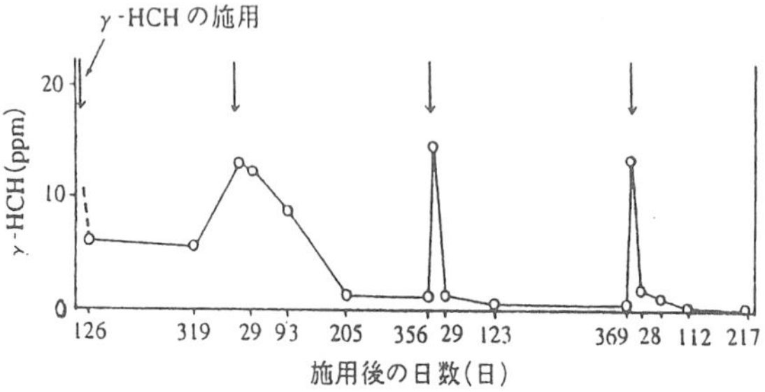

図23.1　γ-HCH(BHC)連用試験区におけるγ-HCHの消失
(Wadaら，1989；Senooら，1990)

b. 重　金　属

土壌汚染を引き起こす重金属としてカドミウム，銅，ヒ素，亜鉛，水銀，鉛，ニッケル，クロムが知られている．これらの重金属はわが国では鉱山で採掘・製錬中に環境中に放出され，深刻な健康被害を各地で引き起こした．とくに栃木県足尾銅山に起因する渡良瀬川鉱毒事件は，明治時代に起こった公害の原点ともいわれる．また富山県神通川流域の汚染地域では土壌中のカドミウム濃度とイタイイタイ病有症率の対応関係が明らかになった．宮崎県土呂久のヒ素鉱毒事件では鉱山下流の水田土壌に亜ヒ酸が集積していた．近年これらの鉱山は多くが閉山され汚染拡大を防止するために客土などの対策が取られており，また上述の三元素は特定有害物質としてその使用が厳しく規制されている．しかし，全国にはこのほかにも多くの重金属汚染地域がある．これはたとえ鉱山でなくても，地質的にもともと岩石中に重金属濃度の高い地域やさまざまなごみ（たとえば電池や蛍光灯など）に含まれる重金属が拡散しつつあるためである．また下水処理汚泥や畜産廃棄物等のなかにも種々の重金属が含まれる場合があり，そのリサイクルには十分留意する必要がある．このほかにPCBやダイオキシンなど微量でもきわめて毒性の高い合成化合物が土壌に混入されるケースは跡を絶たない．

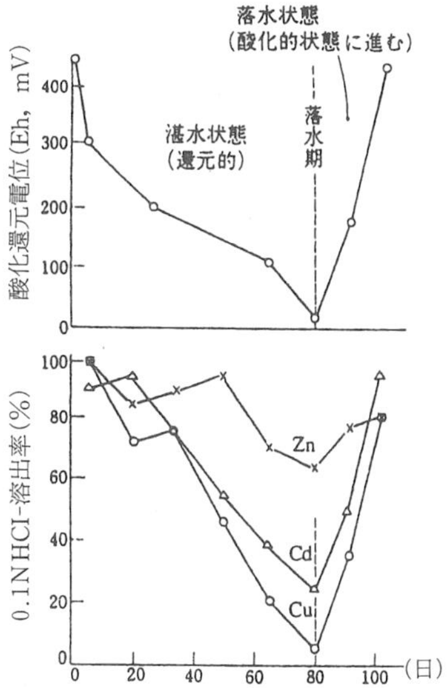

図 23.2　水田土壌の湛水条件下と落水後のEhの変化とそれに伴う重金属の動態(松本，1997)

土壌中でこれらの重金属はさまざまな形態をとり，植物や微生物に吸収されたり代謝される．水田では湛水後，還元状態が発達すると嫌気性の硫酸還元細菌によって硫化物イオンが生成され，これが重金属イオンと反応して硫化物となり，溶解度が低下して植物には吸収されなくなる(図23.2)．中干しや落水後には，硫化物が酸化されると重金属は再び可溶化する．したがって重金属汚染土壌では，収穫まで落水せず水稲栽培することが奨励される．一方，重金属を積極的に吸収する植物や無毒化する微生物による生物的土壌修復技術（バイオレメディエーション）が検討されている（後述および第6章参照）．

23.3 森 林 破 壊

地球上の最大のバイオマスを維持している熱帯雨林の破壊は，温室効果ガスである二酸化炭素(CO_2)の光合成固定量を減少させ，化石燃料の消費増大とあいまって地球温暖化を促進すると懸念されている．また同時に熱帯雨林の貴重な遺伝資源である希少動植物が絶滅することも危惧されており，その保護が進められている．熱帯雨林を支える土壌は意外に脆弱であり，優良材の伐採後には強烈な降雨によって急激に侵食され再び森林を回復するのが困難となる．熱帯では植林も徐々に進められているが，生育旺盛な時期を過ぎると炭素固定速度も低下するので，効果的な植林伐採計画が重要である．

温帯や亜寒帯でも森林破壊は深刻であり，針葉樹林地帯（タイガ）での植林は永久凍土の融解を促進し，地中に堆積された泥炭土中の有機物分解やメタンハイドレート放出（23.4 b 項参照）がさらに地球温暖化を加速させる可能性がある．

23.4 地 球 温 暖 化

土壌は陸上生態系の重要な構成要素であり，地球上の物質循環でも要（かなめ）に位置している．これは陸域だけでなく，大気圏とも深くかかわっており，地球温暖化につながる温室効果ガスの発生や吸収源として土壌が注目されている．

a. **二酸化炭素**（CO_2）

土壌表面からは微生物や植物根の活動に由来するCO_2がたえず放出されている．土壌への酸素（O_2）の吸収とともに土壌呼吸と呼ぶ．しかし地球全体のCO_2放出量に占める割合は工業活動に比べれば無視できるほど小さい．一方，森林生態系ではむしろ光合成活動に由来するCO_2の吸収・固定がまさっており，その活動を支える重要な役割が土壌にはある．上述の森林破壊や多量の有機物を含む泥炭地の開発はCO_2の放出を促進する．

土壌空気では大気に比べCO_2濃度が数百倍以上になるが（第 10 章参照），大気中のCO_2濃度が上昇すると土壌生態系はどんな影響を受けるだろうか．植物はCO_2濃度の上昇によって生育が旺盛になる．大気のCO_2濃度を現在の 2 倍程度にした実験では，植物地上部の生育は 1 割程度促進されるのに対して地下部は 2 割以上の増大が認められている．この結果，土壌にはより多くの有機物が供給され，結果的に土壌微生物量が増大する結果も得られている．水田圃場での同様な実験で

表 23.1　人類の諸活動に由来する主要な温室効果ガスと成層圏オゾン層破壊ガスのまとめ（木村・陽(1997)，八木(2000)をもとに改変）

	CO_2	CH_4	N_2O	CFC 11	CFC 12	HCFC-22	臭化メチル	ハロン
大気濃度	ppmv	ppmv	ppbv	pptv	pptv	pptv	pptv	H-1211 pptv
産業革命以前(1750～1800年)	280	0.8	275	0	0	0	8	0
1992 年	356	1.72	310	268	503	105	10	3
年間変化割合	1.8 (0.5%)	0.015 (0.9%)	0.8 (0.25%)	9.5 (4%)	17 (4%)	−	−	−
大気での寿命(年)	50～200	8.9	120	45	100	11.8	0.7	11
地球温暖化指数*	1	24	360	4600	10600	1900	5	1300
オゾン破壊係数	−	−	−	1.0	1.0	0.055	0.4	3.0
主な人為発生源	化石燃料の使用	水田・畜産 埋立て バイオマス燃焼	化学肥料の使用	冷却剤 発泡剤 洗浄剤		代替フロンとして	土壌・検疫用くん蒸剤	消火剤

*：100 年スケールとして．

は田面水の藻類現存量や窒素固定活性の増加も見出された。土壌が地球環境変動の影響を受ける一つの実証ともいえる。

b. メタン (CH_4)

水田や湿地などの嫌気的土壌環境では有機物分解の最終産物がCH_4となる。CH_4は1分子当たりの温暖化指数がCO_2の20倍以上あり(表23.1), 20世紀に入ってからの水田面積の倍増や有機物施用が水田のCH_4発生増につながる。一方, 同じ有機物でも新鮮な稲わらより堆肥のほうが, また湛水直前のわら施用より秋鋤き込みのほうがCH_4放出量は少ない。さらに中干しや間断灌漑によって土壌を好気的にすることでもCH_4放出量を効果的に低減できる。このように水田は人為的生態系であるためCH_4の削減を行いやすい。ただし, 中干し時には次に述べる亜酸化窒素ガスの放出が起こりやすくなり, トレードオフの関係に留意する必要がある。また水稲収量を維持しつつ灌漑水の管理を進めるための基盤整備などが重要になり, アジア全体ではまだ十分な制御は困難である。一方, 水田雑草にはCH_4酸化を促進する作用もあり, 総合的な評価が必要である。さらに水田表層や森林, 草地, 畑土壌中にはメタン酸化細菌が生息し, 全地球放出CH_4の約1割を吸収している。

これに対して自然湿地は貴重な動植物の宝庫であり, 土壌表層ではCH_4酸化も起こる。しかし熱帯や寒帯では急速な開発が進みつつあり, それに伴う下層からのCH_4放出に注意する必要がある(図23.3)。一方, 凍土中にはハイドレートとして大量のCH_4が蓄積しており, 温暖化により融解が進むと正のフィードバックが起こると懸念されている。

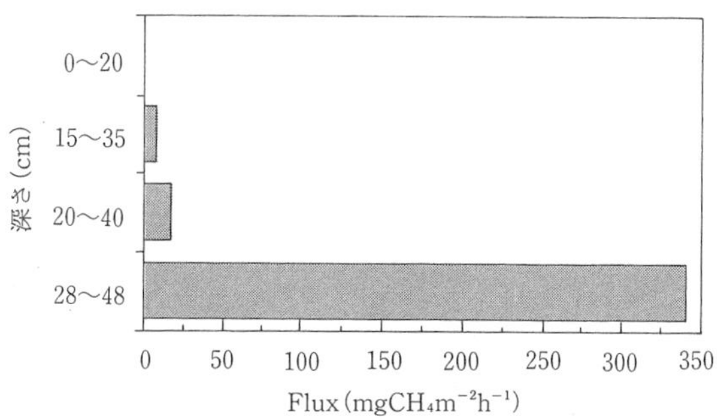

図 23.3 マレーシア, サラワク州の泥炭地断面からのメタン放出量

c. 亜酸化窒素 (N_2O)

嫌気的土壌中では脱窒作用の中間産物として，また好気的土壌では独立栄養細菌であるアンモニア酸化菌による硝酸化成作用の副産物として N_2O が生成する．ただし，水田など湛水環境下では N_2O は溶存したまま，さらに窒素ガス N_2 にまで還元される．畑土壌でも降雨後など微嫌気的条件下，あるいは施肥直後に多量の N_2O が放出される(第 22 章参照)．茶園では施肥量の 5％近くが N_2O として放出されている(図 23.4)．また酸性森林土壌では従属栄養微生物による N_2O の生成もある．N_2O は CO_2 の約 360 倍の温暖化係数をもつと同時に成層圏オゾン層の破壊にもつながり，大気圏の平均寿命が 100 年以上あるため，その発生源の究明と削減対策が早急に求められている．一方，N_2O と同時に一酸化窒素(NO)も放出されており，N_2O と異なり大気中で二酸化窒素(NO_2) に変化しやすいので，酸性降下物の原因となる．

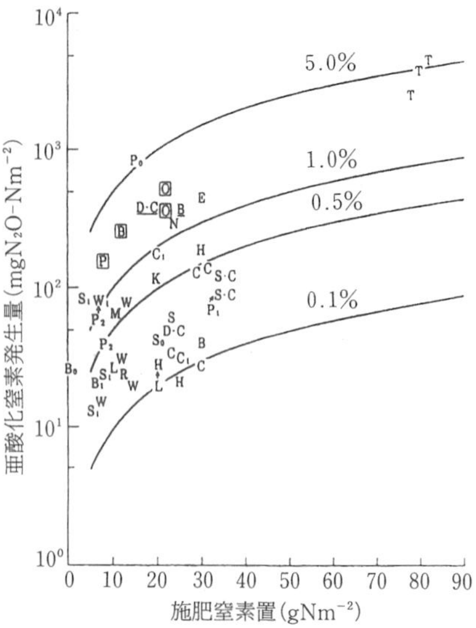

図 23.4　施肥窒素量と N_2O-N 発生量との関係(3 年間にわたる日本各地の畑地での N_2O 発生量調査結果)
記号は土地利用を示す．T：茶園地．

発生源対策の一つとして施肥方法の適正化とともに硝化抑制剤や緩効性肥料の利用が有効である．緩効性肥料は作物の生育に応じて窒素が供給されるため肥料効率の向上にもつながる．また脱窒を促進する有機物の過剰施用や土壌の過湿に起因する微嫌気条件の回避が求められる．一方，乾燥条件では N_2O が減少する反面，NO の生成が増大し，酸性降下物やエアロゾルの増大につながる．さらに下水処理過程での嫌気処理で N_2O 発生が大量に発生する可能性があるが，下水汚泥のコンポストを農地還元すると窒素負荷が新たな N_2O 発生につながる懸念もある．

d. ハロカーボン類

フロン(CFC)，ハロン，ハイドロクロロフルオロカーボン(HCFC)，臭化メチル等，分子内にハロゲン元素を含む炭化水素をハロカーボン類と呼び，成層圏オゾン層の破壊や地球温暖化を起こすことが憂慮されている．これらの主な発生源としては冷却剤・発泡剤・洗浄剤などの工業製品およびハロンは消火剤としての使用がある．臭化メチルは土壌くん蒸剤として農業現場で普及していたが，モントリオール議定書に基づき先進国で2005年，途上国では2015年に全廃することが合意されている．しかしその代替となる有効なくん蒸剤はまだ開発されていない．一方，焼畑や森林破壊に伴うバイオマス燃焼からもCH_4，N_2O，NOなどとともに，臭化メチル・塩化メチルが発生している．

23.5 酸　性　雨

化石燃料の消費に伴う窒素酸化物や硫黄酸化物が長距離移動し，酸性降下物（酸性雨や霧，雪，エアロゾルなどを含む）として生態系を破壊する．大気中のCO_2や海塩由来の硫酸イオンで酸性化する分を考慮しても近年さらに降下物の酸性化（pH 5.6以下）が進んでいる．森林破壊は直接植物に被害を受けるばかりでなく，土壌の酸性化を介して根圏の物質代謝を攪乱する．とくに茎葉部に付着し濃縮され樹幹流として流下した酸性物質は植物に深刻な影響を与える．窒素成分の一部は植物養分として吸収利用されるが，吸収量を上回れば環境汚染につながる．またアンモニア（NH_3）は本来，塩基物質であるが土壌中では硝化細菌によって硝酸イオンに変化するため酸性降下物に含まれる．夏季には南東の卓越風で，たとえば東京など大都市周辺ばかりか，遠く内陸部の軽井沢などまで酸性降下物量が増大している．これに対して，冬季には日本海側で酸性降下物が増大しており，その一部が大陸起源である可能性を示唆している．大陸からの飛来経路では黄砂など塩基性物質で中和されたり都市近傍でもNH_3で中和されるので，みかけの降雨pHだけではその影響が過小評価されてしまう．一方，日本に降下する酸性物質の相当部分が火山性となる年もある．

わが国ではもともと降水量が多いため土壌中の塩基が溶脱されており，また火山灰由来の酸性土壌がひろがっているので，土壌生態系は酸性に抵抗性があるといわれてきた．しかし近年スギなどの立ち枯れ現象も多く報告されており，人為起源の酸性降下物による影響が顕在化しつつある．土壌の緩衝能は土壌中の塩基類や粘土鉱物などで発揮されているが，その容量には限りがあり，早晩その中和能を超え，一次鉱物の溶解など土壌の骨格も破壊されると予想される．土壌への石灰施用など対症療法ではなく，酸性物質の排出源での削減対策（たとえば石炭の脱硫など）を国際的にさらに強化する必要がある．

23.6 砂 漠 化

砂漠化とは「乾燥地，半乾燥地，乾燥半湿潤地帯において，気候変動，人間活動などさまざまな要因に起因して起こる土地の劣化」と定義されている（図 11.4 参照）．気候変動の原因は，上述の地球温暖化などによって降雨パターンが変化し降水量を蒸発散量が上回り，旱魃が起こるもので，アフリカ・サハラ砂漠南縁のサヘル地域では 1967〜73 年に起こった大旱魃によって数十万人もの餓死者が出た．蒸散量が降雨量を上回れば土壌中での水の動きは上向きになり，土壌水に溶解する塩分が地表面に析出し集積される．このため土壌は塩類化され，作物の生育が困難となる．

人間活動は，乾燥地での潅漑や家畜の過放牧，樹木のまき材としての乱伐，土壌破壊などで，気候変動による土壌崩壊を引き起こす．本来人口扶養力の小さい乾燥地域での急激な人口増加は，耕地の拡大によって土壌侵食を招いたり，地下水のくみ上げによる土壌の塩類集積を加速させる．また同じ家畜でもヤギ類は植物の根株まで摂食するため，植被の再生が困難となり砂漠化を促進する．

23.7 土 壌 修 復

人間活動によって劣化し生産性の低下した土壌をいかに回復させるか，そのために土壌修復の技術開発が進められている．前述の重金属の汚染土壌では，重金属の吸収能が高い植物を植え，吸収された重金属をもち出すことが検討されている．この植物による環境修復（ファイトレメディエーション）技術では，重金属に耐性があり効率的に重金属を吸収し地上部へ移行する能力をもった植物が求められている．

また火山噴火など大規模な自然災害後にも植生回復が重要である．長崎県雲仙普賢岳の火砕流跡地には，災害復旧として植物種子・肥料と共生微生物である菌根菌資材の入ったバッグがヘリコプターより多数投下され，10 年後にはそこを基点とした緑が回復しつつある．森林破壊地での植生回復や砂漠の拡大防止にも，地表での土壌浸食や水分を保持するために，新しい緑化技術の確立が急がれる．

一方，湾岸戦争後に残された原油汚染地帯や，有機塩素系化合物により汚染された国内の工場跡地では，土壌や地下水中の分解微生物の活性を高めて浄化する試みが続けられている(図 23.5)．修復技術としては，汚染土壌を処理施設などへ搬送し浄化する方法（オフサイト）と現地で処理する方法（オンサイト）があり，

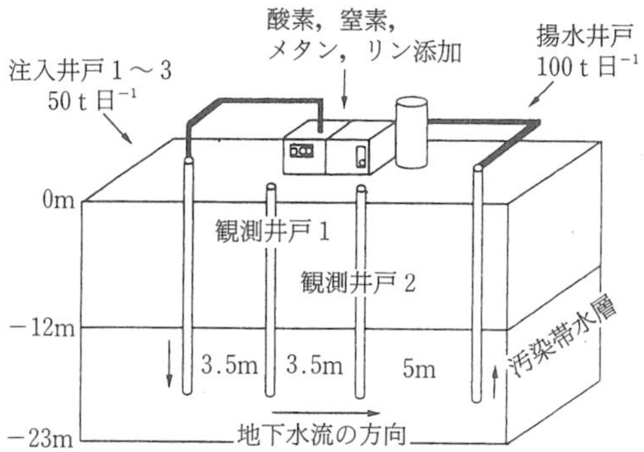

図 23.5 バイオレメディエーション実証試験の概要（内山，1999）
添加栄養塩の濃度は NO_3-N 7 mg L^{-1}，PO_4-P 25 mg L^{-1}.

前者はコストが膨大になる．また微生物を利用する方法として，もともと土壌中に存在する微生物の浄化能力を高める方法（バイオスティミュレーション）と土壌中に分解微生物を接種する方法（バイオオーグメンテーション）があるが，ともに微生物の環境中での挙動や生態に対する十分な理解が不可欠である．図 23.5 は，汚染地下水にメタン・酸素を吹き込み栄養塩を添加してメタン酸化細菌の活性を高め，汚染原因物質のトリクロロエチレンをオンサイトバイオスティミュレーションで浄化した例である．

土壌を，貴重で有限な資源として認識し，次世代が安心して作物生産と環境保全に生かすことができるよう、保全していかねばならない． 〔犬 伏 和 之〕

参考文献

本書全般に関して

1) 岩田進午・喜田大三，土の環境圏，フジテクノシステム（1997）
2) 江川友治ほか監訳，土壌・肥料学の基礎，養賢堂（1989）
3) 木村真人ほか，土壌生化学，朝倉書店（1994）
4) 久馬一剛編，最新土壌学，朝倉書店（1997）
5) 久馬一剛ほか，土壌の事典，朝倉書店（1993）
6) 高井康雄・早瀬達郎・熊沢喜久雄編，植物栄養土壌肥料大事典，養賢堂（1976）
7) 高井康雄・三好　洋，土壌通論，朝倉書店（1977）
8) 中野政詩ほか，土壌圏の科学，朝倉書店（1997）
9) 日本ペドロジー学会編，土壌調査ハンドブック改訂版，博友社（1997）
10) 日本土壌肥料学会，土壌環境分析法，博友社（1997）
11) 日本土壌肥料学会編，土と食糧－健康な未来のために，朝倉書店（1998）
12) 日本土壌肥料学会，土壌肥料植物栄養学用語集，養賢堂（2000）
13) 藤原俊六郎・安西徹郎・小川吉雄・加藤哲郎，新版土壌肥料用語事典，農文協（1998）
14) 藤原俊六郎・安西徹郎・加藤哲郎，土壌診断の方法と活用，農文協（1996）
15) 松坂泰明・栗原　淳編，土壌・植物栄養・環境事典，博友社（1994）
16) 松本　聡ほか，植物生産学(II)―土環境技術編―，文永堂出版（1998）
17) 山根一郎ほか，土壌学，文永堂出版（1984）
18) 横井利直，土壌―土壌のみかた，考え方－，東京農業大学生涯学習センター（1970）

第1章　土壌とはなにか

1) 食料自給率レポート，農林水産省（2000）
2) 地球白書，ダイヤモンド社（2000）
3) 東京新聞，21世紀の人口と食糧（2000）
4) 松井　健，土壌地理学序説，築地書館（1988）

第2章　土壌の構成

1) Araki,S. and Kyuma,K., *Soil Sci. Plant. Nutr.,* **31**(3), 391-401（1985）

第3,4,5章　土壌鉱物／陽イオンと陰イオンの交換と固定／土壌の反応

1) 岩生周一ほか，粘土の事典，朝倉書店（1985）
2) 北川靖夫・渡辺　裕・山本克巳，農業技術研究所報告B第30号（1979）

第6章　土壌生物

1) 相田　浩ら，新版応用微生物学，朝倉書店（1981）
2) 青木淳一，土壌動物学，北隆館（1973）
3) 北沢右三，土壌動物生態学，共立出版（1973）
4) 土壌微生物研究会編，新・土の微生物(1),(2)，博友社（1996，1997）
5) 西尾道徳，土壌微生物とどうつきあうか，農文協（1988）
6) 服部　勉・宮下清貴，土の微生物学，養賢堂（1996）
7) 柳田友道，微生物科学1，学会出版センター（1980）
8) 渡辺弘之，土壌動物のはたらき，海鳴社（1983）

第7章　土壌有機物

1) Eswaran, H., Van den Berg, E. and Reich, P., *Soil Sci. Soc. Am. J.* **57**, 192-194（1993）
2) Etheridge, D.M., Steele, L.P. *et al.*, http://cdiac.esd.ornl.gov/trends/co 2/lawdome.html
3) Hunt, J.M., *Geological Notes*, **563**, 2273-2277（1972）
4) Jenkinson, D.S., Adams, D.E. and Wild, A., *Nature*, **351**(23), 304-306（1991）
5) 熊田恭一，土壌環境，学会出版センター（1980）

6) 熊田恭一，土壌有機物の化学，学会出版センター（1981）
7) Kumada, K., *Chemistry of soil organic matter*, Japan Scientific Society Press (1987)
8) Paul, E.A. and Clark, F.E., *Soil Microbiology and biochemistry*, Academic Press (1988)
9) Schulten, H.-R. and Schnitzer, M., *Biology Fertility Soils*, **26**, 1-15 (1998)
10) Stevenson, F.J., *Humus Chemistry, genesis, composition, reactions*, Wiley (1994)

第 8 章　土壌の酸化・還元

1) 和田秀徳，水田での物質変化と微生物，新・土の微生物 (1) 耕地・草地・林地の微生物、博友社（1996）

第 9,10 章　土壌の構造／土壌水・土壌空気

1) 土壌物理研究会編，土の物理学ー土質工学の基礎ー，森北出版（1979）
2) 土壌物理研究会編，土壌の物理性と植物生育，養賢堂（1979）
3) 三好　洋・丹原一寛，土の物理性と土壌診断，日本イリゲーションクラブ（1977）
4) 渡辺春朗・三好　洋，千葉県農業試験場研究報告 12，99-105（1972）

第 12 章　土壌分類と土壌調査

1) 松井　健，土壌地理学序説，築地書館（1988）

第 14 章　土壌診断と土づくり

1) 農文協編，農業技術体系 土壌施肥編 4，土壌診断・生育診断，農文協（1984）

第 16 章　水田土壌

1) 長内俊一監修，お米の味ーその科学と技術ー，北農会（1982）
2) 川口桂三郎編，水田土壌学，講談社（1978）
3) 多田　敦・豊満幸雄，日本土壌肥料学雑誌，**52**（1981）
4) 千葉県農林部，21 世紀型大区画稲作パイロット事業実績報告書（1997）
5) 日本土壌肥料学会編，水田土壌の窒素無機化と施肥，博友社（1990）
6) 農業土木学会，汎用耕地化のための技術指針，明善印刷（1979）
7) 農業土木学会，農業土木ハンドブック改訂 5 版，丸善（1989）
8) 三好　洋・丹原一寛，土の物理性と土壌診断，日本イリゲーションクラブ（1977）
9) 若月利之，水田土壌，最新土壌学，久馬一剛編，朝倉書店（1997）

第 19 章　草地土壌

1) 東田修司，北海道立農業試験場報告，**80**，1-123（1993）
2) 宝示戸雅之，北海道立農業試験場報告，**83**，1-106（1994）
3) 三木直倫，北海道立農業試験場報告，**79**，1-98（1993）

第 21 章　森林土壌

1) 堤　利夫，森林の物質循環，東京大学出版会（1987）
2) 真下育久，日本の森林土壌，日本林業技術協会（1983）

第 22 章　環境汚染と土壌管理

1) 新政策研究会，新しい食料・農業・農村政策を考える，地球社（1992）
2) 高橋英一，肥料の来た道帰る道，研成社（1991）
3) 築城幹典・原田靖生，環境保全と新しい畜産，農林水産技術情報協会（1997）
4) 北海道，家畜糞尿処理・利用の手引き 1999，北海道（1999）
5) Liebig, J.H.，吉田武彦訳，化学の農業及び生理学への応用，北海道農試研究資料，**30**，1-152（1986）

第 23 章　土壌保全と人類

1) 犬伏和之，地球温暖化と微生物，環境問題と微生物，新・土の微生物(4)，日本土壌微生物学会編，博友社（1999）
2) Inubushi, K. *et al.*, *Hydrological Processes*, **12**, 2073-2080 (1998)
3) 内山裕夫，有機ハロゲン化合物と微生物，環境問題と微生物，新・土の微生物(4)，日本土壌微生物学会編，博友社（1999）
4) 木村真人編，土壌圏と地球環境問題，名古屋大学出版会（1997）
5) Senoo, K. and Wada, H., *Soil Sci. Plant Nutr.*, **36**, 389-395 (1990)
6) 鶴田治雄，土肥誌，**71**(4)，554-564（2000）
7) 八木一行，土肥誌，**71**(5)，718-725（2000）
8) Wada, H., Senoo, K. and Takai Y., *Soil Sci. Plant Nutr.*, **35**, 71-77 (1989)

索　引

ア　行

カ　行

ナ 行

ハ 行

マ　行

ヤ　行

ラ　行

編者略歴

犬伏和之（いぬぶし かずゆき）

1956年　東京都に生まれる
1984年　東京大学大学院農学研究科修了
現　在　千葉大学園芸学部
　　　　生物生産科学科教授
　　　　農学博士

安西徹郎（あんざい てつを）

1948年　千葉県に生まれる
1974年　北海道大学農学部農学研究科修了
現　在　千葉県農業総合研究センター
　　　　生産環境部土壌環境研究室長
　　　　農学博士

土壌学概論　　　　定価はカバーに表示

2001年4月25日　初版第1刷
2019年2月1日　第16刷

編　者　犬伏和之
　　　　安西徹郎
発行者　朝倉誠造
発行所　株式会社 朝倉書店
東京都新宿区新小川町 6-29
郵便番号 162-8707
電　話 03(3260)0141
FAX 03(3260)0180
http://www.asakura.co.jp

〈検印省略〉

ISBN 978-4-254-43076-9　C 3061